失われた江戸のUFO事件
「虚舟」の謎

飛鳥昭雄・三神たける 著

異形の舟に乗っていた蛮女は異星人か!?
地底王国シャンバラと「イエスの聖櫃」

まえがき

日本人とユダヤ人は民族として兄弟である。いわゆる「日ユ同祖論」は江戸時代に日本を訪れたスコットランド商人ノーマン・マクレオドに始まる。ヨーロッパで多くのユダヤ人と接してきた人間であったからこそ、日本文化とユダヤ文化の共通性および類似性に気づいたのだろう。ひょっとしたら、マクレオド自身、祖先にユダヤ人がいたのかもしれない。彼が注目した失われたイスラエル10支族の末裔であったからこそ、確信的に日ユ同祖論を展開できたのだとすれば、まさに運命的ともいえよう。

一方で、日本人による日ユ同祖論の、いわば草分け的な存在として知られるのが高根正教氏である。彼は小学校で教鞭を執る傍ら、『聖書』を深く研究。とりわけ『新約聖書』の「ヨハネの黙示録」を独自の視点で分析した。しかも、ヘブライ語やギリシア語ではなく、なんと日本語の言霊《ことだま》をもって聖句を読み解き、ついにはソロモンの秘宝、すなわち所在が不明となっている「失われた契約の聖櫃《せいひつ》アーク」が日本列島の四国、剣山《つるぎさん》に眠っているという結論に至った。

発想や着眼点が突飛であるのみならず、高根氏は仮説を実証するべく、自ら剣山の発掘に乗りだす。1936年、昭和11年のことである。同志とともに、山頂の直下にある鶴岩と亀岩を手がかりに固い岩盤を砕き、ソロモンの秘宝を捜し求めた。結果、天井が人工的なアーチ状の洞窟に到達し、そこで表面が磨かれた鏡石や玉石を発見する。

残念ながら、契約の聖櫃アークを目にすることはなかったが、高根氏の熱意に動かされた旧日本海軍大将、山本英輔氏も1950年に剣山の発掘を試み、そのとき100体のミイラを発見したとされる。同様に、ロマンを求め、たったひとりで禁止されているはずの発掘を1957年から24年間行った宮中要春氏という方も忘れてはならない。高根氏の仮説は息子である高根三教氏へ受け継がれ、彼のお弟子さんたちが研究を続けている。

今もって契約の聖櫃アークは見つかってはいないが、彼らを突き動かしたのは、いったい何だったのか。正統なアカデミズムの世界にいては、けっして剣山に失われた契約の聖櫃アークが隠されているという見解にはならないはずだ。高根氏のいう言霊学は、もはや理屈を超越している。神秘主義の御神託、神学的な表現でいえば、まさに預言だ。絶対神から一方的に与えられる叡智、そうユダヤ教神秘主義カッバーラである。

共著者であるサイエンス・エンターテイナーの飛鳥昭雄氏が謎の秘密組織「八咫烏《やたがらす》」から伝え聞くところによれば、確かに契約の聖櫃アークは、この日本に存在する。日本でもっとも重要な神社の地下殿に安置されている。しかも、かつて契約の聖櫃アークは剣山に運ばれたことがあったというのだ。

これは、いったいどう解釈すればいいのだろうか。八咫烏が高根正教氏に接近して、契約の聖櫃アークが日本にあることを密かに伝えたとでもいうのか。直接、高根三教氏や関係者に話を聞いたが、どうも、そうした事実はないようだ。となると、やはり言霊の力か。改めて高根正教氏の著作『四国剣山千古の謎』を紐解いてみると、そこにこんな文章があることに気づく。

「我国の古事記では『天照の大神』と呼んで居るが、これは名ではなくして、『天で照らし居る大なる神』と言う事で、これを希伯ではエホバと呼んでいる」

おわかりのように、高根氏は天照大神《あまてらすおおみかみ》が創造神エホバ、すなわちヤハウェだと主張しているのである。カッバーラにおいてヤハウェはイエス・キリストと同一神である。飛鳥説では「天岩戸開き神話」をもとに、天照大神＝イエス・キリスト説を展開しているが、まさに、その答えを先取りしているのだ。高根氏は「ヨハネによる福音書」にある「言は神であった」という聖句にこだわった。冒頭に「初めに言があった」と記されているように、言葉は時空を超える。カッバーラの神髄が、そこにはあるのだろう。日ユ同祖論をテーマにしている本書も、そうした一冊であることを願ってやまない。

謎学研究家　三神たける

もくじ

第８章―「シャンバラの聖櫃」とエイリアンが仕掛けた呪詛―――389

●――14

第1部

虚舟の異邦人はヨーロッパにも現れていた!!

ベルギーUFO事件とソ連崩壊の真相

パラダイム!!
時は止まることなく
流れ
歴史も停止する
ことはない!

人類は
発展と進歩の階段を
上昇しながら
多くのターニング
ポイントを経て
新たな発見を
戸惑いと畏敬の目で
受け入れていく!

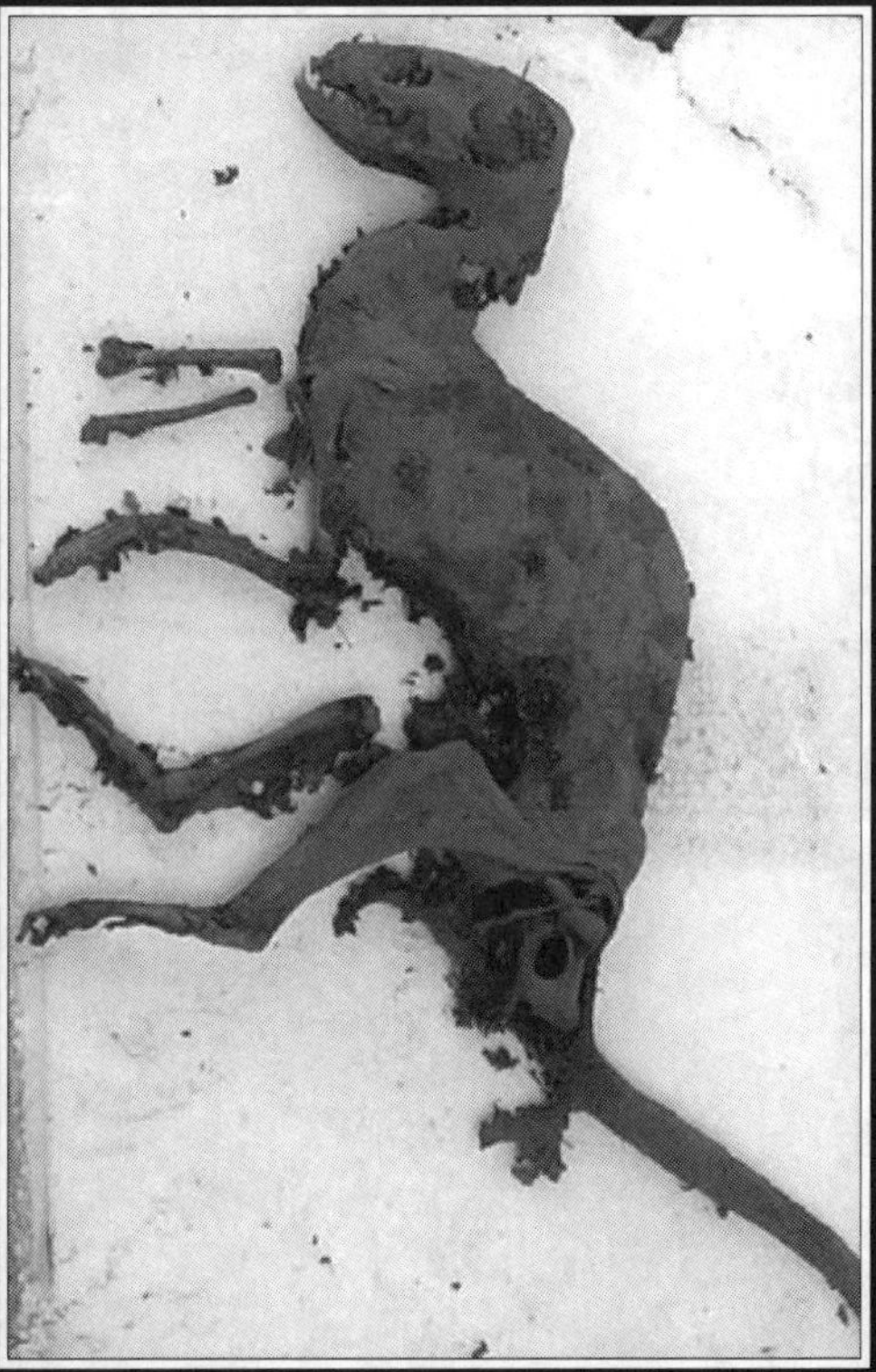

私の名は
あすかあきお
漫画家です！
私は
サイエンス・
エンターテイナー
として
アカデミズムが
黙殺する
最先端情報を
暴露し
公開することを
使命としています！

その過程で
多くの
有名人や
著名人との
出会いが
あります！
高野誠鮮氏と

これからも
最先端情報を
取り込みながら
ミステリー
地帯を
探索する
つもりです！

講演会・ツアー・
各種イベント・
SNS・CATV・
地上波TV……
ラジオ・
ネット配信にも
出演しています！

また
オフィシャルサイト
「飛鳥昭雄ワールド」・
「アスカジーラ」で
さまざまな情報を
発信しています!!

〈ASKAZEERA〉〈ASKA AKIO WORLD〉

飛鳥堂では
foomii(有料メルマガ)の
「ASKAサイバニック
研究所」で
飛鳥情報を
毎週5本のペースで
発信しており

Amazonと
Yahoo!で
飛鳥堂オリジナル
DVDやグッズを
販売し

同時に
オール飛鳥昭雄の
季刊誌「ASKA」
「ハイパー・エレメント
ASKAシリーズ」の
新刊書・小説を
Kindle版とともに
発行しています!!

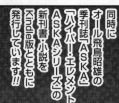

「TR－3B」は
アストラの
コードネームをもつ
アメリカ製UFOである!!

ミスターあすか!
これが秘密裏に入手したTR-3Bの
実験機の事故現場の写真です!!

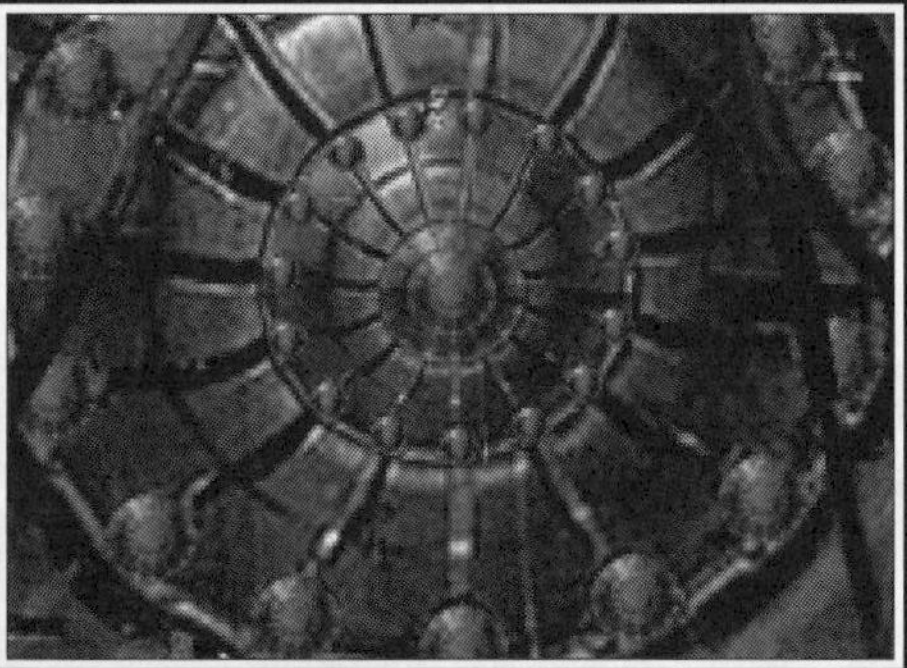

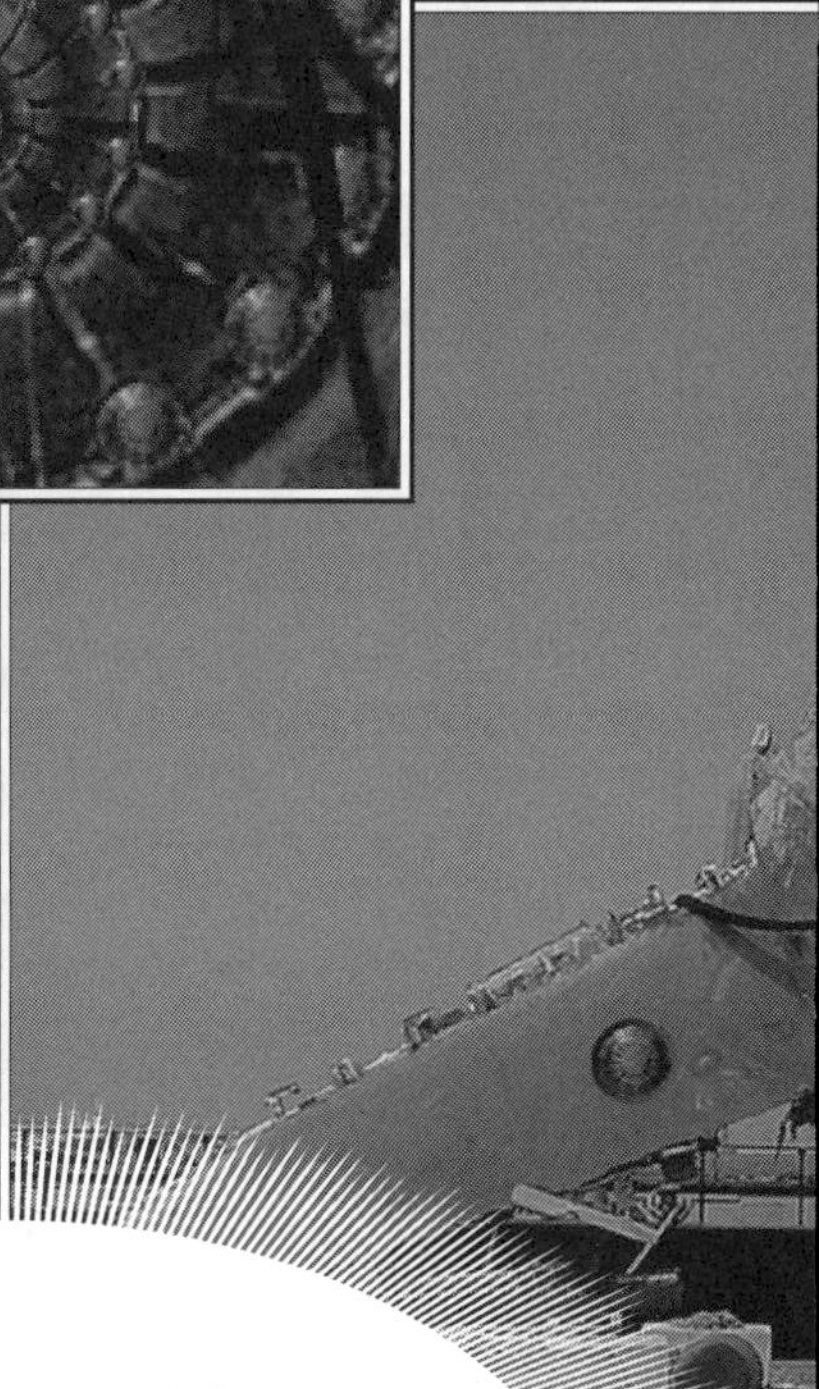

このように中央に反重力装置が装備されており
海中から軍が引き上げている証拠写真です！
これを公表すればアメリカ軍はロズウェル事件を
否定できなくなります！
ミスターあすかの手で
この秘密を暴露してください!!

これをいくらで手離すつもりですか?
OH!! ミスターあすか……!!
お金など受け取るつもりはありません!
ロズウェル事件の墜落UFOを
アメリカ軍がエリア51に隠していることを
暴露してくれるだけで十分です!!

ミスター・ロバーツ あなたは使命感のある無欲な人に見える……
そう自負できるよう努力しているつもりです ミスターあすか!!
残念だよ……ミスター・ロバーツ！
君の あすかつぶしの目論見《もくろみ》は失敗だったヨ！

あなたが持ち込んだTR-3Bのクラッシュ画像はフェイクです!!
軍事兵器の観点からこれには両翼があり

ツイン・ジェットエンジンのカバーも見えている!!
まぎれもなくアメリカ海軍の主力戦闘機F‐14トムキャットのクラッシュ画像を加工したものでこれを本物だと公開したら世界中の笑い者になる!!
NAVY

なぜこんなフェイクを見せるために私をここまで呼んだのですか？
だってここは日本からはるかに遠いベルギーのブリュッセルですよ!!

よく見抜いたなミスターあすか!
さすがはオレが敵として認める
男だ!!
ああああ～～～っ!!

ポール・スタンリー!! CIAのお前がどうしてベルギーにいるんだ!?
おいおいミスターあすか そうつれなくするなよ!! 久しぶりに会えたんじゃないか♥

するとこの悪質な仕掛けはお前が仕組んだのか
!?
まあまあまあまあ……
そうカッカするなミスターあすか!
このことはミスター・カトウの
組織の許可を取っている!!
ニヤッ

この画像はYouの
実力を確かめるための
フェイクだよ!!

クラッシュ画像は2002年
地中海のクレタ島南海上を航行中の
アメリカ原子空母ジョン・F・ケネディから
発艦に失敗したF-14Bを
海中からサルベージした6月8日に
撮影されたものだ!!

この茶番のためにわざわざベルギーに呼んだのか!?
その前にいっておくが
俺とてYouの顔は見たくない!
上司の命令なので仕方がないのさ!!
だってよ……サイ九郎!
ふ〜ん!偉そうな態度は変わらないね!
彼の名はサイ九郎!
私の弟子である!

ミスターあすか! CIAがYouを生かしておく理由は役に立つ可能性があるからだ! それだけは忘れないことだな!!
…………!!
せ……先生……おどしてるよ いつもみたいに……

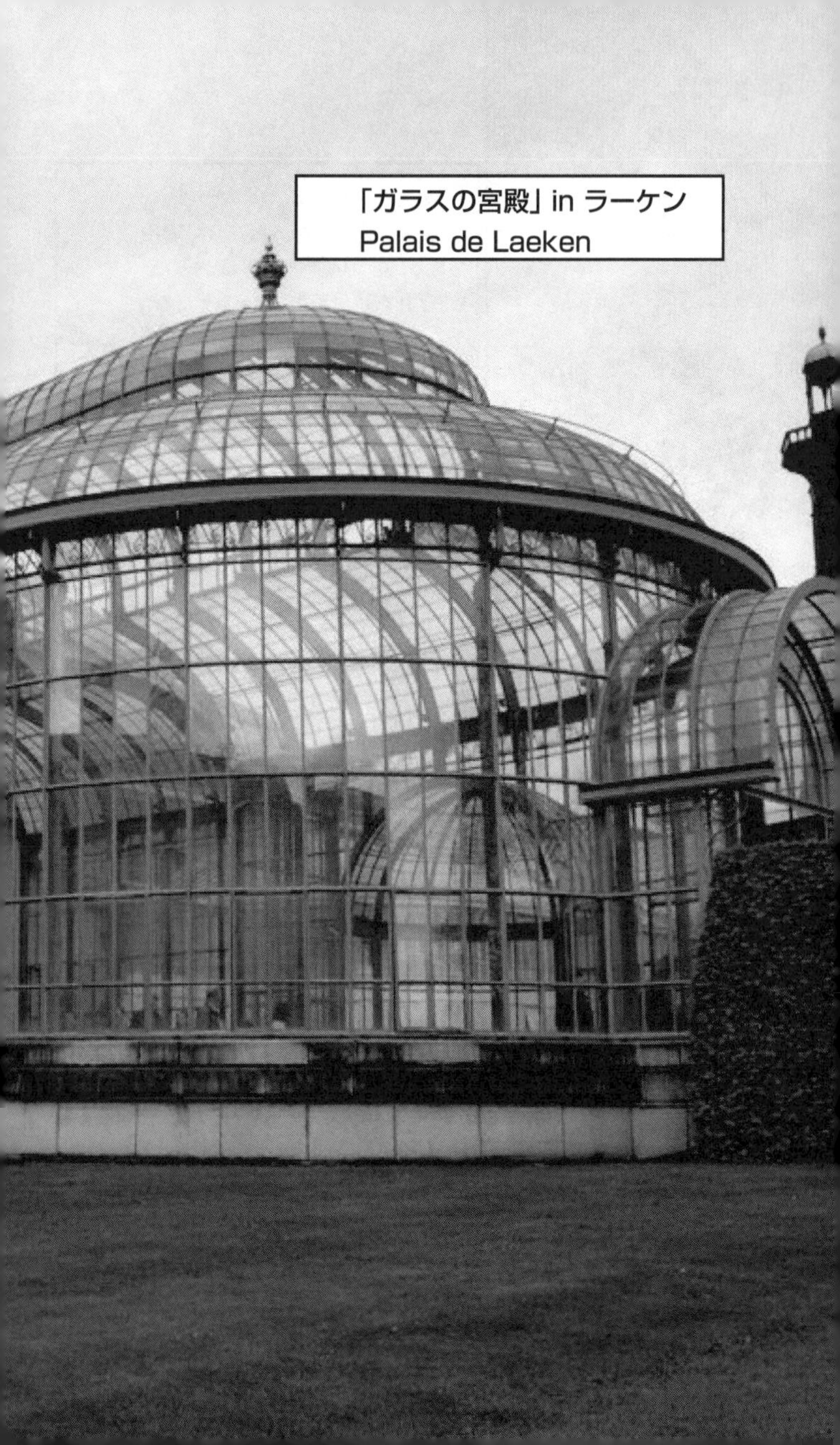

「ガラスの宮殿」in ラーケン
Palais de Laeken

ミスターあすか!
ここは1873年にレオポルド2世が建てた
アールヌーヴォー様式の植物園で
王宮はこの裏にある!!

俺がYouをここに連れてきたのはある人物と会ってもらうためだ!!
どうせいつものことだ！
CIAがからむとろくなことがない！

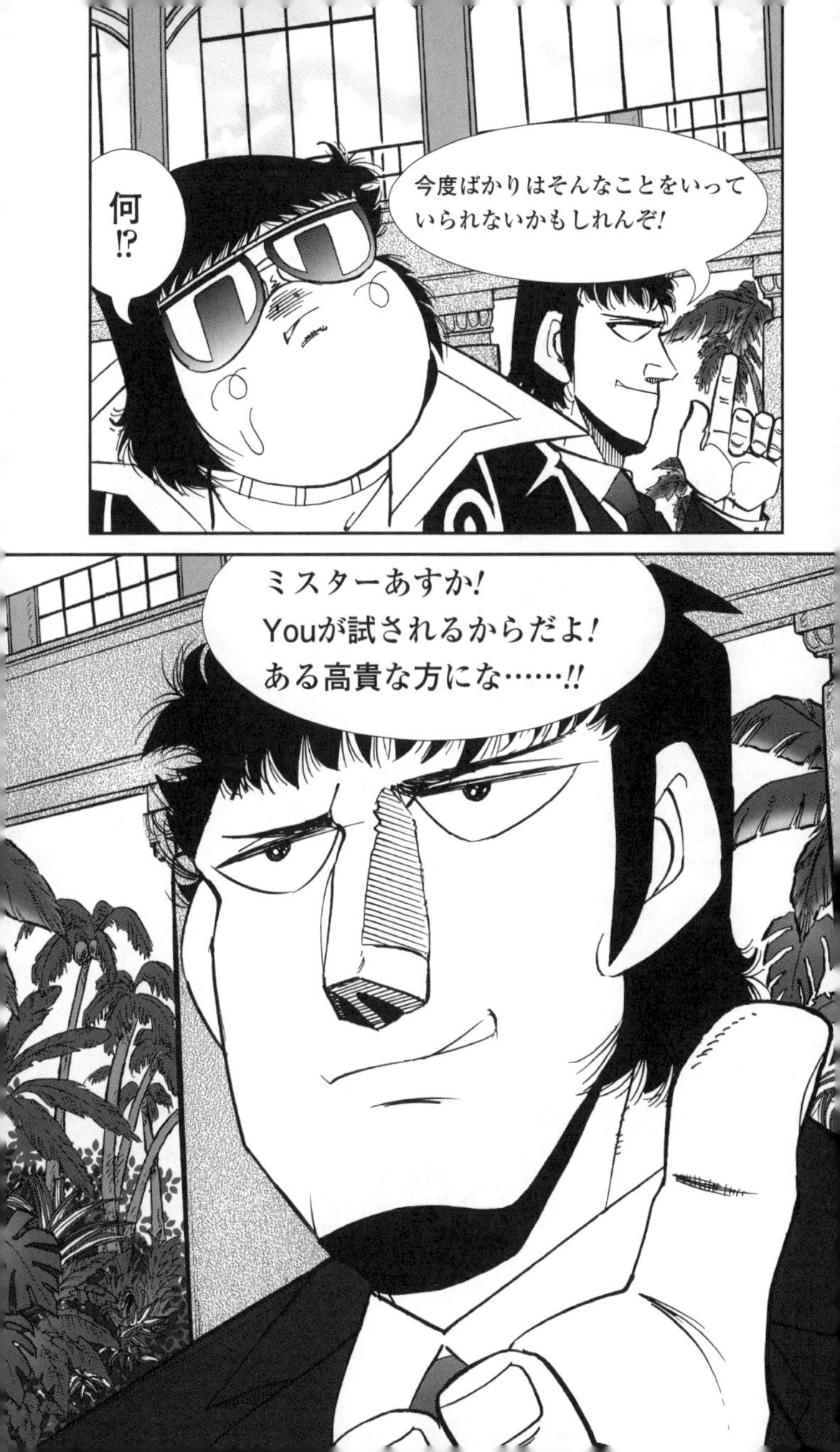
今度ばかりはそんなことをいってられないかもしれんぞ!
何!?
ミスターあすか! Youが試されるからだよ! ある高貴な方にな……!!

連れてまいりました！
もしこの男が答えを見つけたら
われわれにも共有させて
いただけますでしょうか!?
私に二言はない!!

だれ……？
さあ？
あすかとやら
まずはこれを見よ！
パカ

これは……私が以前に公開した1952年7月19日から29日まで続いたワシントンDC UFOフラップ事件の証拠写真だ!!
SAUCERS OVER WASHINGTON, D.C.
HARRY G. BARNES, SENIOR AIR ROUTE TRAFFIC CONTROLLER FOR THE CIVIL AERONAUTICS ADMINISTRATION, WAS IN CHARGE OF THE NATIONAL AIRPORT, WASHINGTON, D.C., A.R.T. CONTROL CENTER ON THE NIGHT OF JULY 19, 1952. "BRIEFY," HE STATES IN A NEWSPAPER ARTICLE, "...OUR JOB IS TO CONSTANTLY MONITOR THE SKIES AROUND THE NATION'S CAPITOL WITH THE ELECTRONIC EYE OF RADAR..." SHORTLY AFTER MIDNIGHT ON THAT DATE, SEVEN PIPS APPEARED SUDDENLY ON THE CONTROL CENTER'S SCOPE. ED NUGENT, JIM COPELAND, AND JIM RITCHEY, ALL EXPERIENCED RADAR CONTROLLERS, CHECKED THE OBSERVATIONS. THE AIRPORT CONTROL TOWER RADAR OPERATOR VERIFIED THE SAME SIGHTING. THEY WERE OVER "THE RESTRICTED AREAS OF WASHINGTON, INCLUDING THE WHITE HOUSE AND THE CAPITOL..."

そしてこれは1989年11月29日からベルギーのワロン地方で始まったUFOフラップ事件の写真である!1990年5月までベルギー中に現れたUFOの目撃者の数は5万人以上にも及んでおる!!

わかっていると思うが
あまりにも有名なベルギーUFOフラップは
今ではフェイクとされている!!
夜空に現れたUFOはディスコ・ショーの
ライトと判明しており
ブリュッセル上空に現れたのはイタズラの
飛行船だった!!

スクランブルで飛び立ったF-16は
旧世代の基地レーダーのゴーストを
追跡しただけで
F-16のパイロットはだれもUFOなど
目撃していないのだ!!

とどめの一発は最も鮮明で信憑性が高かったUFO写真が自分の作品だと公表した青年パトリックの登場だった!!

1996年12月17日、ベルギー下院議会に
国防大臣だったジャン・ポール・ボーンスレを
糾弾する書面が提出されたが
その内容はありもしないUFO事件に
出動したF-16が互いに相手を
ロックオンしたことの責任追求だった!!

ミスターあすか
わかっているとは思うが
俺はお前を助けてやっている
つもりだぞ!!
それはどうも……頼んでもいないのに！
フン……
この展開はまだ理解できないがひとつだけいえることがある！

ＣＩＡが外国人に右を向けといったら左が正しいということだ！
そうだろう！ポール・スタンリー!!
それにホームベース形ＵＦＯの写真はほかの場所で何枚も撮影されているためフェイクではない!!

ミステリーサークルのときも同じだった!!世界中がイギリスの穀倉地帯に出現する円形痕で話題になると
突如それを自分たちで作ったという人間が登場してくる!
The Mowing-Devil:
Or, Strange NEWS out of
Hartford-ſhire.

and fooled the world
. . and a baseball cap
1991年
イギリスの「トゥディ」紙が
ミステリーサークルの
製作者として
ダグ・バウワーと
ディブ・チョーリーの
ふたりの老人を紹介すると
ミステリーサークルは
すべてフェイクだとされ
ふたりはイグ・ノーベル賞を
翌年に受賞する!!

イギリスのネス湖に棲む怪物ネッシーもそうだった!!昔の記録や最近の目撃報告からネッシーは実在すると考えられていた!
そのネッシーの最も有名な証拠が1934年に撮影された外科医(産婦人科医)の写真だった!
Ex Libris Columba
Cheued Shaw
S. Columba

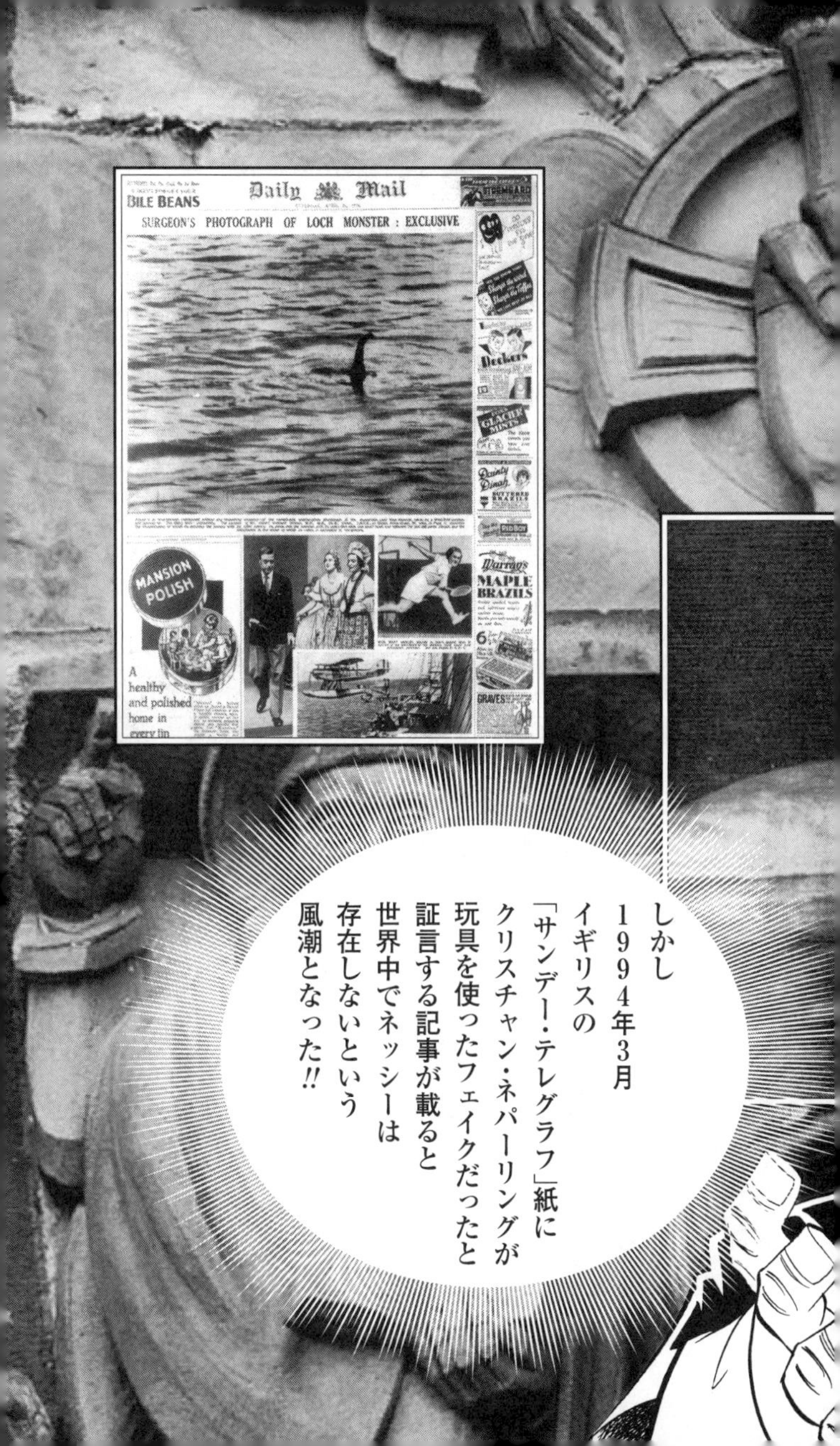
Daily Mail
BILE BEANS
SURGEON'S PHOTOGRAPH OF LOCH MONSTER : EXCLUSIVE
MANSION POLISH
A healthy and polished home in every tin
MAPLE BRAZILS
GRAVES
しかし
1994年3月
イギリスの
「サンデー・テレグラフ」紙に
クリスチャン・ネパーリングが
玩具を使ったフェイクだったと
証言する記事が載ると
世界中でネッシーは
存在しないという
風潮となった!!

都合の悪いものを
たったひとつの嘘で
叩き落とす!!
そのCIAが今回は真逆をやっているのはどういうわけだ?
どういう意味かな?
ごまかすな!
いったい何十年のくされ縁と思っている!?
お前が出てくる以上はよほどのことらしいなベルギーで起きたUFO事件は!?
フッ!!
あいかわらず
イヤな奴だ……
ミスターあすか!

1989年11月29日ベルギーのオイペンを巡回中の憲兵隊員がホームベース形のUFOを目撃しその後150人もの目撃報告があり
翌年2月11日からも2日連続で現れその後も5月まで半年間もUFOフラップが続いている！
その前半はエイリアンUFOの仕わざだが後半の事件はアメリカ軍とNATO軍のやらせ演出でお前たちCIAも関わっていたはずだ!!

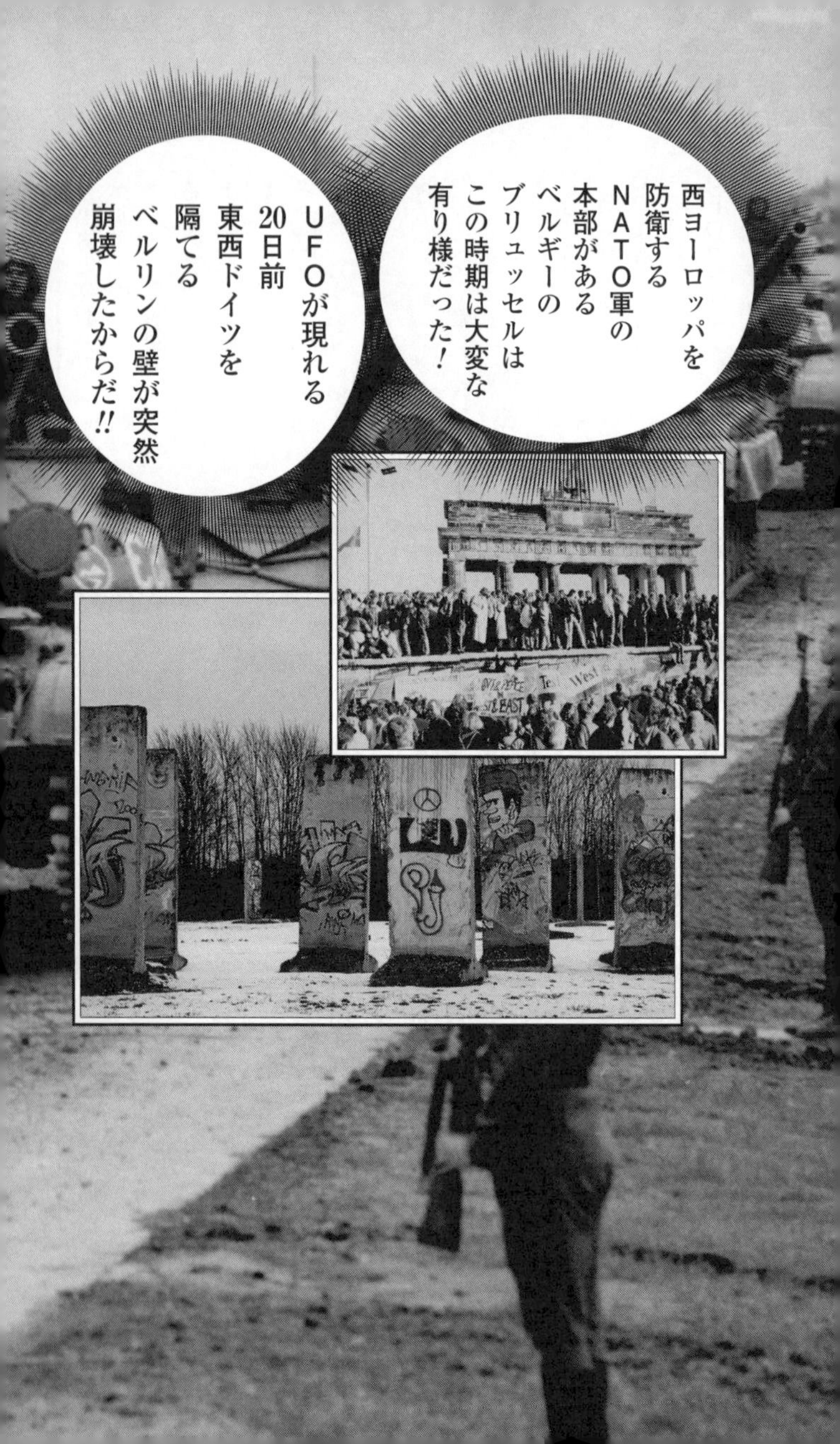
西ヨーロッパを防衛するNATO軍の本部があるベルギーのブリュッセルはこの時期は大変な有り様だった！
UFOが現れる20日前東西ドイツを隔てるベルリンの壁が突然崩壊したからだ!!

米ソ冷戦時の
旧ソ連は
復讐のために
ワルシャワ条約機構軍の
電撃攻撃を
西ヨーロッパに
いつ仕掛けるか
わからない状況で
ベルギー軍は
UFOフラップに
かこつけた
最新のECMレーダーの
実践訓練を
CIAの協力で
行っていたからだ!!
270°
770K
060R
256°28

アメリカは1947年7月のロズウェル事件をきっかけにして同年9月18日にCIAを設立し同じ9月18日に軍事力強化を急ぎ空軍を設立した!!
DEPARTMENT OF THE AIR FORCE
CENTRAL INTELLIGENCE AGENCY
UNITED STATES OF AMERICA
さらに1952年3月から連続したワシントンDCのUFOフラップ事件をきっかけに同年の11月4日にあわててNSAを設立している!
UNITED STATES OF AMERICA
ミスターあすか!
そんなどうでもいい過去の事件を暴かせるためにYouをベルギーまで呼んだわけではない!!

NATO本部が置かれるベルギーの
王室にもレーリッヒの箱と
同じものが残されていたのだ!!

ニコライ・レーリッヒは20世紀初めに
アメリカ政府の協力も得てインドから
チベットを探険して地底世界シャンバラに
入ったと考えられている男だ!!

レーリッヒは旧ソ連の独裁者スターリンにもシャンバラの箱を届けたとされそれを知った中国の毛沢東は地底への出入り口があるチベットに軍を送っている!!
似たような箱はフランク王国のカール大帝にも届けられ思い悩んだ大帝はこの事件の目撃者を一掃したとされる!

チベットの
サンポ渓谷で
しばらく行方不明に
なったレーリッヒは
シャンバラに
入ったとされ
彼の描く
シャンバラの使いは
必ず箱を持って
いる!!

CIAがYouを呼んだのは
そこだよ!!
この絵に見覚えがあるな
ミスターあすか？
如此蛮字船中ニ多ク有之
硝子障子
外ハチヤンニテ塗タリ
鉄ニテ張リタリ
ネリ玉青シ
假髪白シ何トモ辨シカタキモノナリ
此箱二尺許四方
これは日本の昔のUFO事件とされる「虚舟《うつろぶね》」と
箱を持つ「蛮女《ばんじょ》」の絵だ!!

ミスターあすかとやら……ベルギー王室にあるレーリッヒのシャンバラの箱にも虚舟と同じ文字の手紙が入っておる!!
この謎をCIAのためではなくベルギー王室のために解き明かしてくれぬか!?そうでないとカール大帝のように不安で夜も眠れぬ!!

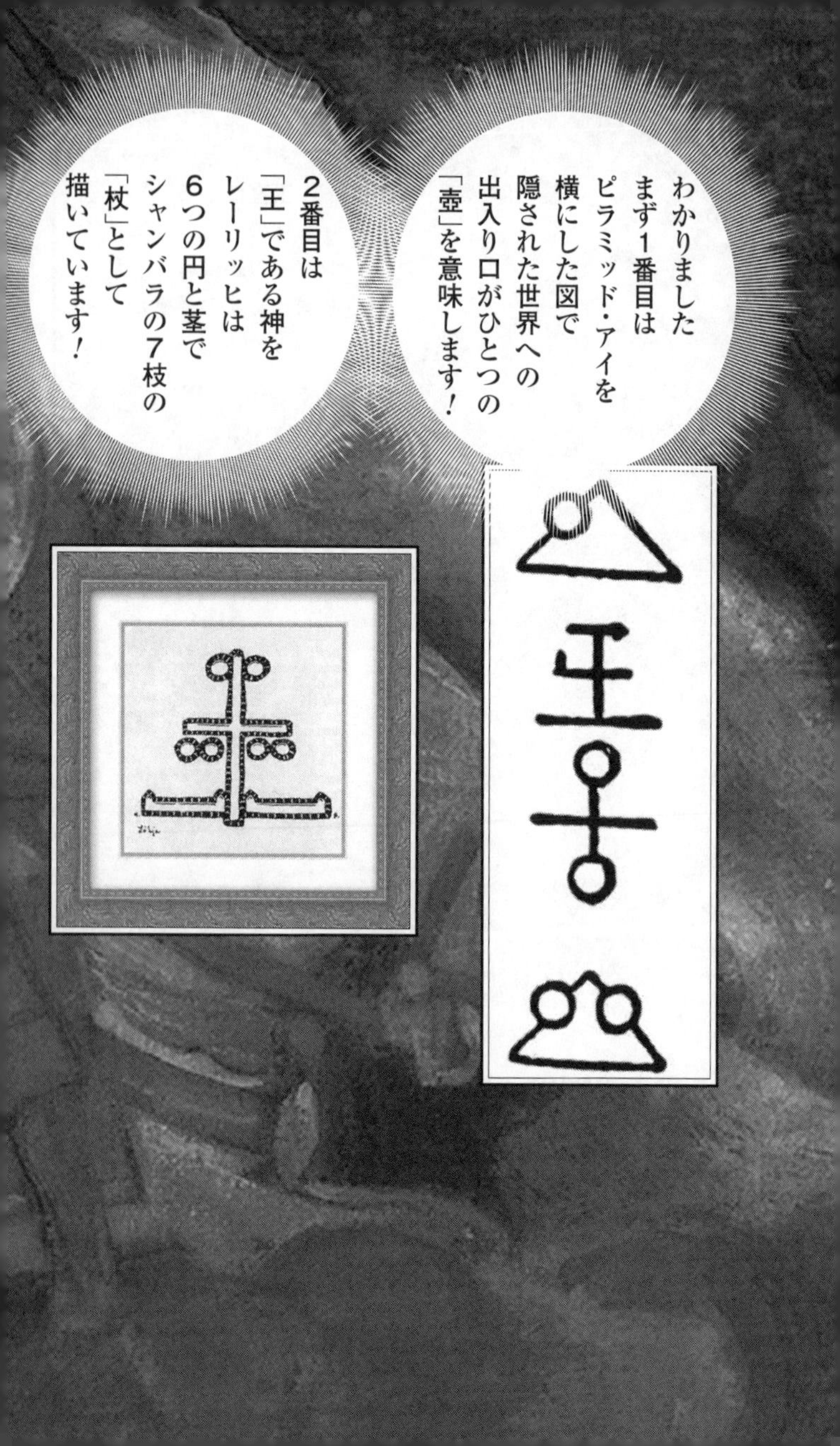
わかりました
まず1番目は
ピラミッド・アイを
横にした図で
隠された世界への
出入り口がひとつの
「壺」を意味します！
2番目は
「王」である神を
レーリッヒは
6つの円と茎で
シャンバラの7枝の
「杖」として
描いています！

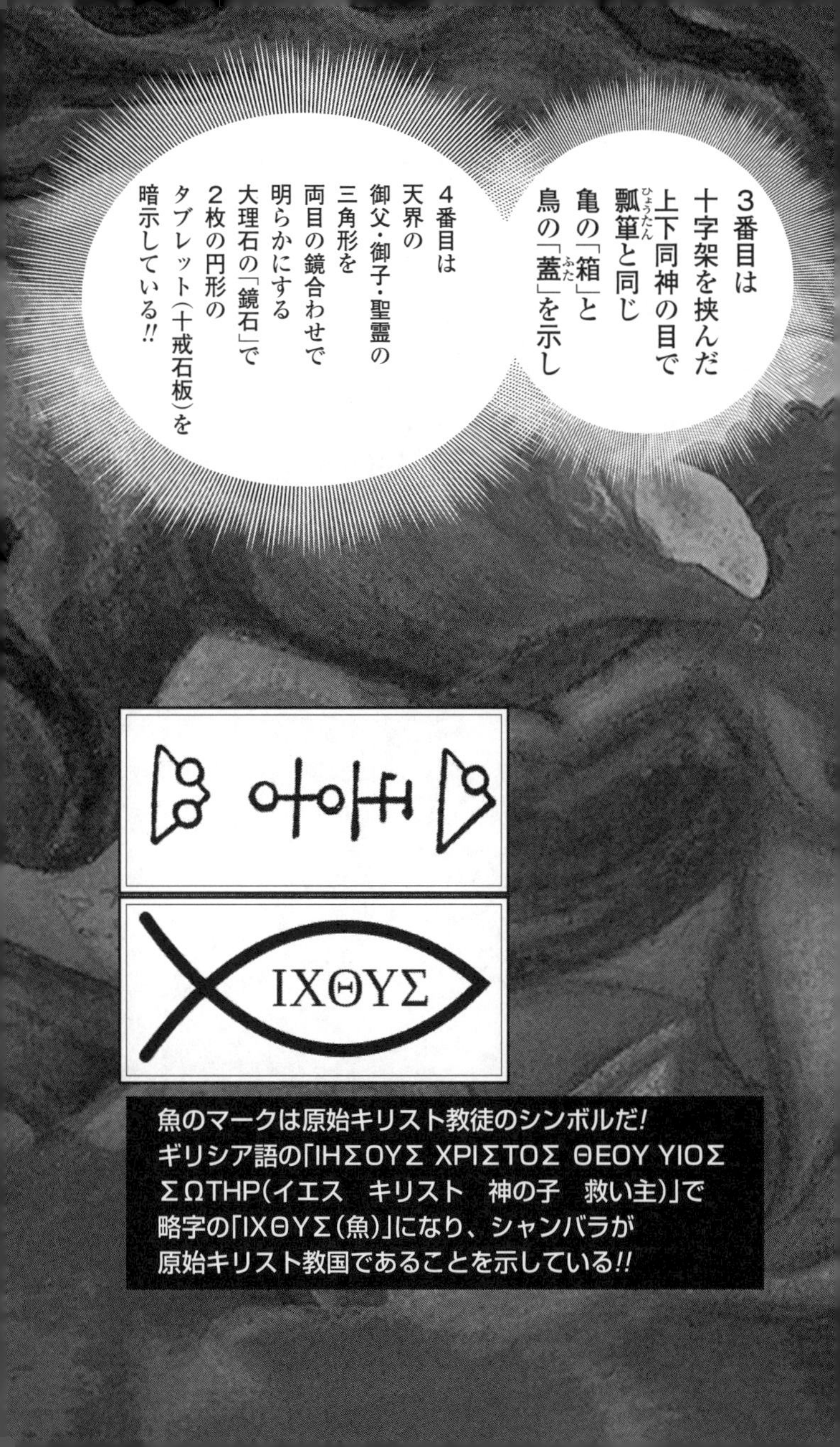
3番目は十字架を挟んだ上下同神の目で瓢箪《ひょうたん》と同じ亀の「箱」と鳥の「蓋《ふた》」を示し
4番目は天界の御父・御子・聖霊の三角形を両目の鏡合わせで明らかにする大理石の「鏡石」で2枚の円形のタブレット（十戒石板）を暗示している!!
ΙΧΘΥΣ
魚のマークは原始キリスト教徒のシンボルだ!
ギリシア語の「ΙΗΣΟΥΣ ΧΡΙΣΤΟΣ ΘΕΟΥ ΥΙΟΣ ΣΩΤΗΡ(イエス　キリスト　神の子　救い主)」で
略字の「ΙΧΘΥΣ（魚）」になり、シャンバラが
原始キリスト教国であることを示している!!

つまりユダヤの「三種神器」と「契約の聖櫃アーク」をもつ民族には逆らうなというメッセージか？
どうとろうとCIAの勝手だよ！
ならば世界最強のアメリカがそれを奪うまでのことだ!!
レーリッヒはほかにもシャンバラの箱の絵画を残している
側面が三角の蓋と四角の箱で聖櫃アークを象徴し
右下に六角形の六芒星(ダビデの星)を描き
左下に5つの丸で五芒星のカラスを描いている！
レーリッヒの「シャンバラの箱」の三本飾りと六花弁でイスラエルの絶対三神を暗示し、燈明で「ソロモン神殿」と「ヘロデ神殿」にあった「メノラー」を示し、古代の石棺と同じ形でシャンバラ（アルザル）と日本の深い関係を暗示する。ちなみに「出雲大社」の心御柱《しんのみはしら》はシャンバラの聖印を意味している！

プロローグ

ベルギー王室に贈られたエイリアンからのメッセージ

日本とエイリアン

日本は神の国である。元号が変わる。それは時代の節目でもある。日本のみならず、世界も大きく歴史の転換期を迎える。元号という時代の名が変われば、名は体を表すという諺のごとく、人類史の潮流、いわば海でいう潮目が変化する。

昭和天皇が崩御された1989年。元号は昭和から平成へ。1月7日で昭和が終わり、1月8日をもって平成が始まった。今から30年以上前だ。当時の日本人はバブル経済に浮かれ、この世の春を謳歌していた。やがて来る経済恐慌や氷河期とも形容される暗黒の時代が訪れることなど、だれひとり想像もせず、ただ、今という時を永遠に続く祭りやフェスティバルのごとく楽しんでいた。

まさに、そんな浮かれた時代の絶頂期に元号が切り替わったのだ。ひょっとしたら、これもまた、天の配剤なのかもしれない。

時は来た。事実、そう判断した人々がいる。地球人ではない。エイリアンである。といっても、異星人ではない。宇宙人ではあるが、現在、この地球上に棲んではいない「異人類」である。

世にいう「未確認飛行物体：ＵＦＯ」を製造しているのは、彼らである。アメリカ軍の上層部は、そのことを理解している。エイリアンとは何者か、地球を訪れている地球外知的生命体の正体を知っている。知ったうえで、すべてを隠蔽《いんぺい》し、かつ情報操作を行っている。エイリアンが遠い星からやってきた異星人であるという概念を一般に流布させた張本人は何を隠そう、アメリカ軍の諜報機関「国家安全保障局：NSA」である。

さらに、NSAを手足のように使っているのが、強大な力をもった軍産複合体をバックに設置された「陰の政府：シークレットガバメント」である。彼らはエイリアンの正体を知ったうえで、緻密な国際戦略を立てている。なかでも戦略の中枢に置かれているのがほかでもない、この日本である。

1945年、日本は第2次世界大戦に敗れた。結果、連合国の支配下に置かれた。ダグラス・マッカーサー率いる「連合国軍最高司令官総司令部：GHQ」が乗り込み、すべての統治権を握った。これを継承したのがアメリカである。

日米安全保障条約のもと、日本の支配権はGHQからアメリカ軍に引き継がれた。その象徴が「日米合同委員会」である。アメリカ軍と日本の高級官僚によって組織された日米合同委員会には、選挙で選ばれた政治家は、ひとりもいない。委員会といっても会議ではない。アメリカ軍からの指令を日本の高級官僚が受け、それを実行していく。政治家は指令を都合よく解釈し、都合よく辻褄を合わせるだけである。

当然ながら、日本の政治家に本当のことを教えるわけがない。軍事機密はもちろん、水爆開発よりもレベルが高いアバブ・トップシークレット扱いであるエイリアン情報など、日本政府が知る由もない。

しかし、アメリカ軍からの指令の裏には、エイリアン問題がある。エイリアンを念頭に置いて、日本に指令を下している。対エイリアン戦略において、日本は不可欠の存在なのだ。日本なくして、エイリアン問題は語ることができないことをシークレットガバメントの連中は、いやというほど認識しているのである。

それゆえ、日本の元号が昭和から平成へと変わったことを受け、彼らはエイリアンの動向を注視した。あらゆる手段を使って調査した結果、案の定、地球外知的生命体であるエイリアンは壮大なる計画のもとに行動を開始した。もっとも、そのことを自覚する日本人は、およそ皆無であったが。

社会主義国家の崩壊

近現代史において、1989年という年は時代の大きな節目であった。とくに共産主義国家を理想とする社会主義者、世にいう左翼の方にとっては、その価値観をゆさぶられる事件が相次いだ。

6月4日、お隣、中国で大規模な民主化運動が高まり、ついにはデモに発展。これを危惧した中国共産党は武力によって反政府運動を抑え込み、結果、1万人以上の犠牲者が出たともいわれる。民主化を叫ぶ学生が戦車に轢かれるなど、ショッキングな映像が全世界に配信され、当局への批判が世界的に高まった。

社会主義国家における民主化運動の高まりはアジアのみならず、ヨーロッパでも顕著であった。当時、ヨーロッパは大きくふたつの陣営に分かれていた。

アメリカと西ヨーロッパを中心とする自由主義国家群とソビエト社会主義国家連邦、通称、ソ連と東ヨーロッパを中心とする社会主義国家群が対立。核兵器を保有する超大国が世界の覇権をめぐって代理戦争を繰り返す冷戦が長く続いていた。

この世の掟は弱肉強食。すべては軍事力がものをいう。軍事的パワーバランスを保つため、積極的に軍備拡大が進められた。軍事力強化のため、両陣営は莫大な予算を兵器開発にあてた。経済成長を無視した軍拡は、やがて各所にほころびが出る。経済成長するためには民主主義が不可欠。自由主義国家でなければ、高度な経済成長などできないというのが現代経済学の常識である。

1980年代、西欧諸国が発展する一方で、東欧諸国は軍事産業だけが突出するいびつな構造となり、それが国民の不満として高まったのだ。ソ連のミハイル・ゴルバチョフ大統領はペレストロイカという名の改革を推し進め、中国の最高指導者である鄧小平《とうしょうへい》は市場経済の導入を図った。

だが、革命という民衆暴動によって誕生した社会主義国家は、同じく民衆暴動によって終焉を迎えることになる。ソ連の支配下にあった東欧諸国で、次々と民主化運動が高まり、ついには体制を転覆させる事態となる。後に、一連の社会主義体制の転覆が「東欧革命」と呼ばれたことは、歴史的な皮肉でもある。

発端となったのは東ドイツである。当時、ヨーロッパにおける自由主義国家群と社会主義国家群の間には明確な境界、世にいう「鉄のカーテン」が存在した。なかでも、第2次世界大戦の敗戦国であったドイツは東西に分割。かつての首都ベルリンには物理的なコンクリートの壁が設置された。人や物、さらには情報は、この「ベルリンの壁」で文字通り遮断されていた。もし、ここを不法に越境する者がいれば、容赦なく銃撃され、実際、命を落とした者はひとりふたりではない。

1989年11月9日、まさに東西冷戦の象徴ともいうべきベルリンの壁は、民主化運動に熱狂するドイツ国民によって破壊された。ベルリンの壁が崩壊したことで、東ドイツの共産党一党独裁は放棄され、翌1990年、ついには西ドイツと再統一することになる。

ベルリンの壁崩壊の衝撃は、瞬く間に東欧に広がった。1989年12月にはルーマニアのチャウシェスク大統領が暗殺され、国家体制が転覆。時を同じくして、チェコスロバキアの独裁体制が覆され、1990年9月にはポーランドでも共産党が敗北し、まさに雪崩を打つがごとく、東欧の民主化は進んだ。当然ながら、社会主義インターナショナルの牙城であるソ連も例外ではない。支配下にある共和国同士の内部分裂が加速し、1991年12月、ゴルバチョフ大統領が辞任することで、ソビエト連邦最高会議が解散。ここにロシア革命から72年続いたソ連は崩壊したのである。

一連の東欧革命は、ひとえに民衆による民主化運動が原動力になっている。人々が求めたのは軍拡ではなく、経済的な豊かさであり、自由な社会だった。カール・マルクスが理想として掲げた共産主義国家は幻想にすぎなかった。政治科学による歴史の必然として語られた社会主義国家は、文字通り失敗に終わった。

だが、歴史学者や国際評論家たちがけっして言及しない事実がある。東欧革命が成功した裏には、もうひとつ重要な背景があるのだ。エイリアンである。1989年、ヨーロッパ上空に、エイリアンUFOが飛来していたのだ‼

ベルギーのUFO事件

東西冷戦のころ、世界は二分されていた。ヨーロッパでは軍事的にふたつの陣営に分かれて対立していた。ひとつはソ連を親玉とする社会主義国家群から成る「ワルシャワ条約機構：WPO」同盟で、本部はポーランドのワルシャワではなく、ソ連の首都モスクワにあった。もうひとつはアメリカを中心とする自由主義国家群から成る「北大西洋条約機構：NATO」同盟で、本部はベルギーの首都ブリュッセルに置かれた。

1989年に起こった東欧革命はWPOにとっても大きな衝撃であった。共産党による一党独裁国家が次々に民主化したのだ。いわば西側諸国の価値観によって東欧諸国の政治体制が再編されたということは、ソ連にとっては脅威であるとともに、あってはならない非常事態であった。軍事的なパワーバランスが崩れることになれば、第3次世界大戦が勃発する事態に発展しかねない。

いや、実は勃発寸前だった。超大国ソ連が東欧諸国の民主化を指をくわえて見ているはずはない。ひとつの国の独裁体制が崩れれば、それは周辺国へドミノ倒しのように波及していくことは明白。それを食い止めるには武力しかない。ベルリンの壁崩壊前後、ヨーロッパは異様な緊張感に包まれていたのだ。

だが、ソ連軍が動くことはなかった。いや、動くことができなかったといったほうが正しい。なぜなら、見えない軍事介入があったからだ。UFOの出現である。エイリアンが自らの存在を誇示するかのように、ヨーロッパ全土に飛来したのだ。ソ連側は、すべての情報を隠蔽したが、自由主義国家である西側は、そうはいかない。

最初に事件が発覚したのは、ベルリンの壁が崩壊したわずか20日後のこと。11月29日の夕方、ベルギーの古都オイペンで勤務する警察官ふたりが突如、まぶしく光り輝く飛行物体に遭遇。当時の資料によると、物体の直径は約30メートル。全体的に三角形、正確にはホームベースのような五角形をした円盤状のフォルムをしていた。さらに、底部には3つのライトが三角形の頂点に位置し、中心部には、それとは別に大きなライトが光っていたという。

UFOを目撃したのは警察官だけではない。地元の住民も多数目撃しており、報告されただけでも125件に上った。しかも、これは序章にすぎなかった。同様のUFOは連日のごとく、オイペン以外の都市でも目撃されるようになる。ベルギー国内だけでも、1990年5月には1万人を超えて、おそらく少なく見積もっても5万人以上は物体を目にしていた計算になるという。

問題はNATOの本部があるブリュッセルである。ここにもUFOは現れた。正体不明の飛行物体の存在、それは明らかな領空侵犯である。1990年3月30日の深夜、パトロール中の警察官から謎の飛行物体が3機現れたという緊急報告を受けると、ただちにベルギー空軍が戦闘機F—16を2機、スクランブル発進させた。現場の空域に到着すると、確かにUFOがいる。レーダーにも機影が映っている。

交信を試みるものの、返事がない。手順に従い、安全保障上の脅威になると見なし、ミサイル攻撃の態勢に入った。すべての準備が整い、ターゲットをロックオンした。

と、まさに、その瞬間である。UFOは瞬時に3000メートルから1300メートルに急降下し、そこから時速1800キロに急加速。あっという間に視界から消えた。もはやレーダーにも機影はなかった。

呆然とするパイロットたちだったが、それで終わりではない。しばらくすると、またしてもUFOが出現。まるで、もてあそぶかのように戦闘機を翻弄しつづけた。状況から、圧倒的な技術力の差を見せつけていることだけは確かだった。お前たちよりもはるかに強大な力をもった存在がいることを忘れるな。それがUFOの搭乗者たちからの無言のメッセージだったことは間違いない。

ベルギーUFOフラップの真相

後日、軍部は記者会見を行ったが、UFOの正体は不明のまま。一説にアメリカの戦闘機F—117ではないかとされたが、まったく機影が異なるうえ、性能が比べ物にならない。苦し紛れに、デルタUFOはレーダーに映ったゴースト映像だと釈明したものの、真実を知っているのは軍当局だった。

ベルギーの「ＵＦＯ集中目撃事件：ＵＦＯフラップ」については、いろいろな意見や説がある。撮影された写真に関しても、照明を使ったトリック説が指摘されている。なんでも、パトリックなる青年がＵＦＯ写真を偽造したと告白したのだとか。ＵＦＯ事件にありがちな愉快犯の登場である。

火消しに躍起になっているのは、もちろん軍部である。ベルギー軍はもちろん、危惧しているのはＮＡＴＯ軍である。とりわけ、神経を尖らせていたのはアメリカ軍だ。アメリカ軍は「中央情報局：ＣＩＡ」を使って情報操作を行い、懐疑論者を勢いづかせているが、それだけ事態は深刻だったことを物語っている。

しかし、真実はひとつ。この飛鳥昭雄の手元にはＮＳＡのＵＦＯ極秘ファイルがある。元ＮＳＡ幹部ブルーム・マッキントッシュ（偽名）にちなんで名づけた『Ｍ―ファイル』には、ベルギーフラップの飛行物体がエイリアンＵＦＯであることが明確に記されている。筆者は、形状から「デルタＵＦＯ」と称しているが、これこそエイリアンが搭乗している超ハイテク飛翔体にほかならない。

ベルリンの壁崩壊直後、ソ連が軍事侵攻し、ＮＡＴＯと全面戦争にならなかったのは、ひとえにエイリアンの存在があったからだ。第３次世界大戦勃発を防ぎ、全面核戦争を回避できたのは、この世には圧倒的な軍事力をもったエイリアンが存在することはもちろん、いざとなれば本格的に軍事介入することをWPO軍およびNATO軍が自覚したからなのである。エイリアンがその気になれば、一瞬にして、両軍の兵器をすべて無力化することなど、赤子の手をひねるよりたやすいことなのだ。

だが、転んでもただでは起きないのがシークレットガバメントである。驚くべきことに、NATO軍はUFOフラップを逆手にとり、これを隠れ蓑として軍事訓練を開始したのだ。いつ侵攻してくるかわからないWPO軍に対して最新ECMレーダーの実験を行うなど、臨戦態勢を整えていたのだ。UFOフラップの前半はエイリアン事件だが、後半はCIAが仕掛けた偽エイリアン事件であることが『M―ファイル』には記されている。

エイリアンは、けっして攻撃を仕掛けてくることはない。あくまでも絶対平和主義者である。彼らに弱肉強食という思想はない。真逆の思考をもつシークレットガバメントにしてみれば、いずれ科学技術が追いつけば、エイリアンと対等な立場になると思っている。いつかは戦争で勝ち、支配者になることを本気で考えている。

その執念はすさまじく、現在では地球製UFOの開発にまで成功している。極秘裏にエイリアン・テクノロジーを手に入れて、重力制御の飛翔体を完成させている。コードネームはオーロラからアストラ、そして現在は「TR―3B」と呼ばれ、密かに実戦配備している。もちろん、それをカムフラージュするための情報操作、すなわちフェイク映像の拡散にはぬかりがない。

ベルギー王室の聖櫃

なぜUFOフラップはベルギーが発端だったのか。その大きな理由はNATOである。NATOの本部がブリュッセルにあるからだ。ブリュッセルには「ヨーロッパ連合：EU」の本部もある。いわば西欧の要ともいうべき組織の中心がベルギーに置かれているのは、いったいなぜなのか。地政学的、かつ戦略的な意味があるのは当然だが、忘れてはならないのは王室である。ベルギー王家はブリュッセルに宮殿を構えている。エイリアンが意識していたのは、まさにベルギー王室の存在なのだ。

具体的な名前は差し控えるが、1989年のUFOフラップを目の当たりにして、ベルギー王室の方々には、ひとつ気になることがあった。デルタUFOに関して、心当たりがあったのである。ついに、その時が来たか。確信めいた思いが胸に去来したという。

理由は一個の箱にあった。非常に高貴なもので、「聖櫃《せいひつ》」と呼ぶにふさわしい箱である。ベルギー王室の秘宝であり、門外不出の聖櫃なのだとか。伝え聞くところによれば、聖櫃は今から100年ほど前、ひとりのロシア人から時の国王「アルベール1世」に手渡されたもの。中には動物の鞣革《なめしがわ》があり、謎の文字が書かれていたという。

⬆ベルギー王アルベール１世に手渡されたという謎の聖櫃《せいひつ》。その後、アルベール１世は精神が不安定になっていったという。

ベルギー王室の祖先はザクセン＝コブルク＝ゴータ公、ヴェッティン家に連なり、ザクセン公は「カール大帝」によって公位を授けられた。カール大帝といえば、フランク王国の王にして、神聖ローマ帝国の初代皇帝「シャルル・マーニュ」である。

ベルギー王室に伝わる秘史として、かのカール大帝もまた、謎の人物から同様の聖櫃を受け取ったことがある。当時、ヨーロッパにおいて比類なき最高権力者であり、怖いものなど何もなかったはずのカール大帝であったが、なぜか聖櫃を手にしたときから、突如、情緒不安定になった。見えない恐怖におびえるようになり、聖櫃を語ることは絶対タブーとされた。さらに箝口令《かんこうれい》ではあきたらず、ついには聖櫃の存在を知る者を口封じのために皆殺しにしたというの

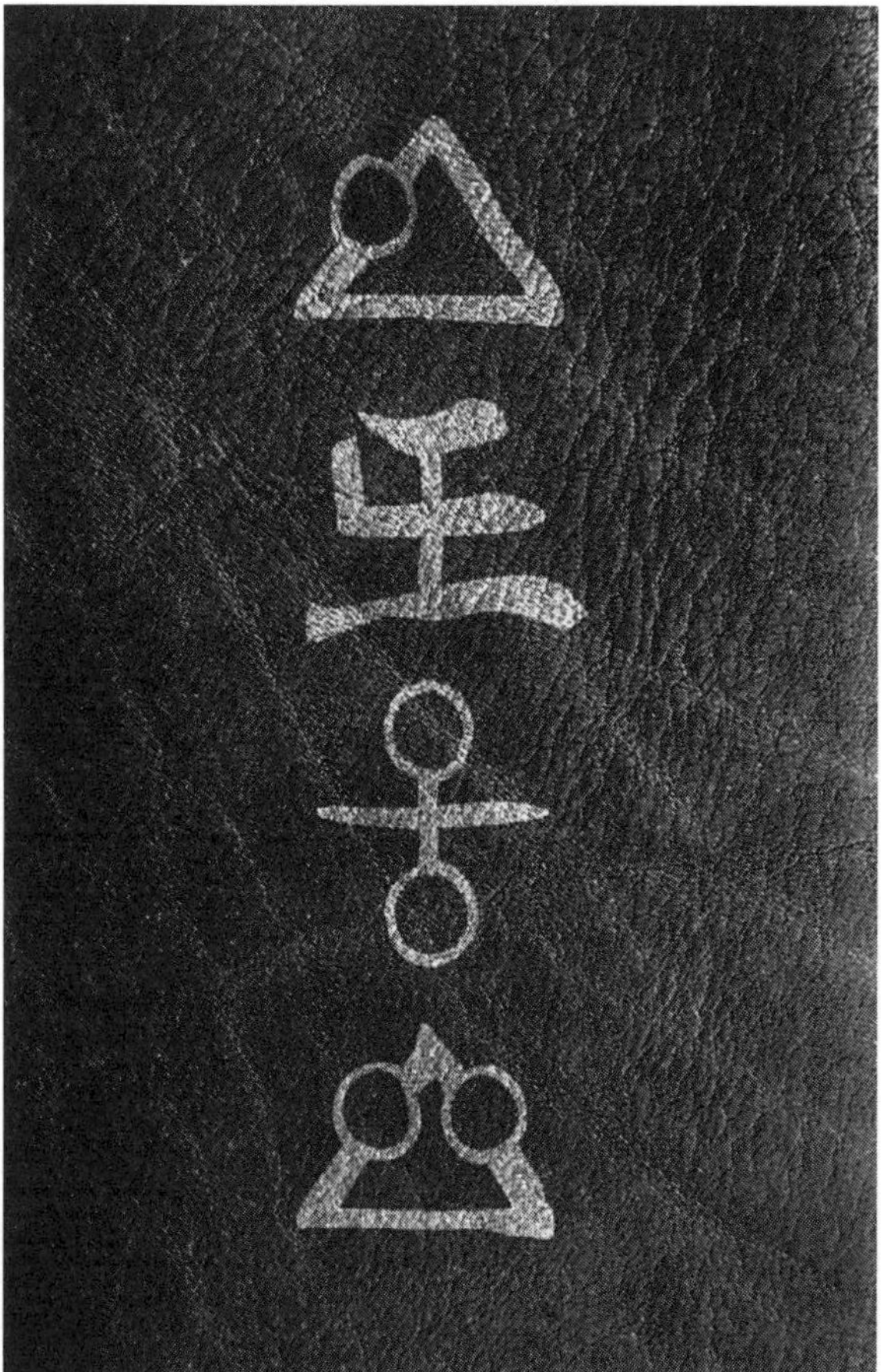

⬆聖櫃内の動物の鞣革《なめしがわ》に書かれていた虚舟《うつろぶね》事件の謎の宇宙文字。

である。

カール大帝をそこまで追い詰めた聖櫃とは、いったい何か。聖櫃の何がカール大帝を苦しめたのか。考えられるのは中身である。聖櫃の中に入っていた鞣革であり、そこに記された文字である。

聖櫃を贈られたときから、アルベール1世は不安にさいなまれるようになった。伝説のカール大帝を苦しめた聖櫃が今、目の前にある。カール大帝と同様、自分の身にも何か不吉なことが起こるのではないか。不安は恐怖になり、やがて精神が不安定になっていく。最後は山で遭難して亡くなったが、その原因は聖櫃にあったのではないか。現在のベルギー王室の方々は今でもそう思っているという。

では、聖櫃に入っていた鞣革には、いったい何が記されていたのだろうか。解読不明の文字が4つ、縦に並んでいる。見たところ、英語のアルファベットやロシア語のキリル文字ではなさそうで、該当する文字がない。ヨーロッパ以外の言語を比較しても、これといった文字がない。

まったくもって解読不能。困ったベルギー王室は広範な人脈を通じて、ある秘密組織に相談することにした。秘密組織といっても、秘密結社ではない。名前を明かすことはできないが、シークレットガバメントに対抗する秘密組織とだけいっておこう。先の『M―ファイル』を飛鳥昭雄にもたらしたのも、この秘密組織である。

かくして、問題の文字は飛鳥昭雄に照会があった。しかるべき手続きの後、厳重に封印された資料が送られてきた。さぞかし不可解な文字なのだろうと思っていたが、実際に目にして驚いた。言葉を失うとはこのことだ。見覚えがあったのだ。鞣革に書かれていた謎の4文字は、まぎれもなく江戸時代のＵＦＯ事件、世にいう「虚舟《うつろぶね》事件」の宇宙文字だったのだ‼

第1章

滝沢馬琴が記した「虚舟事件」はUFO遭遇事件だったか!?

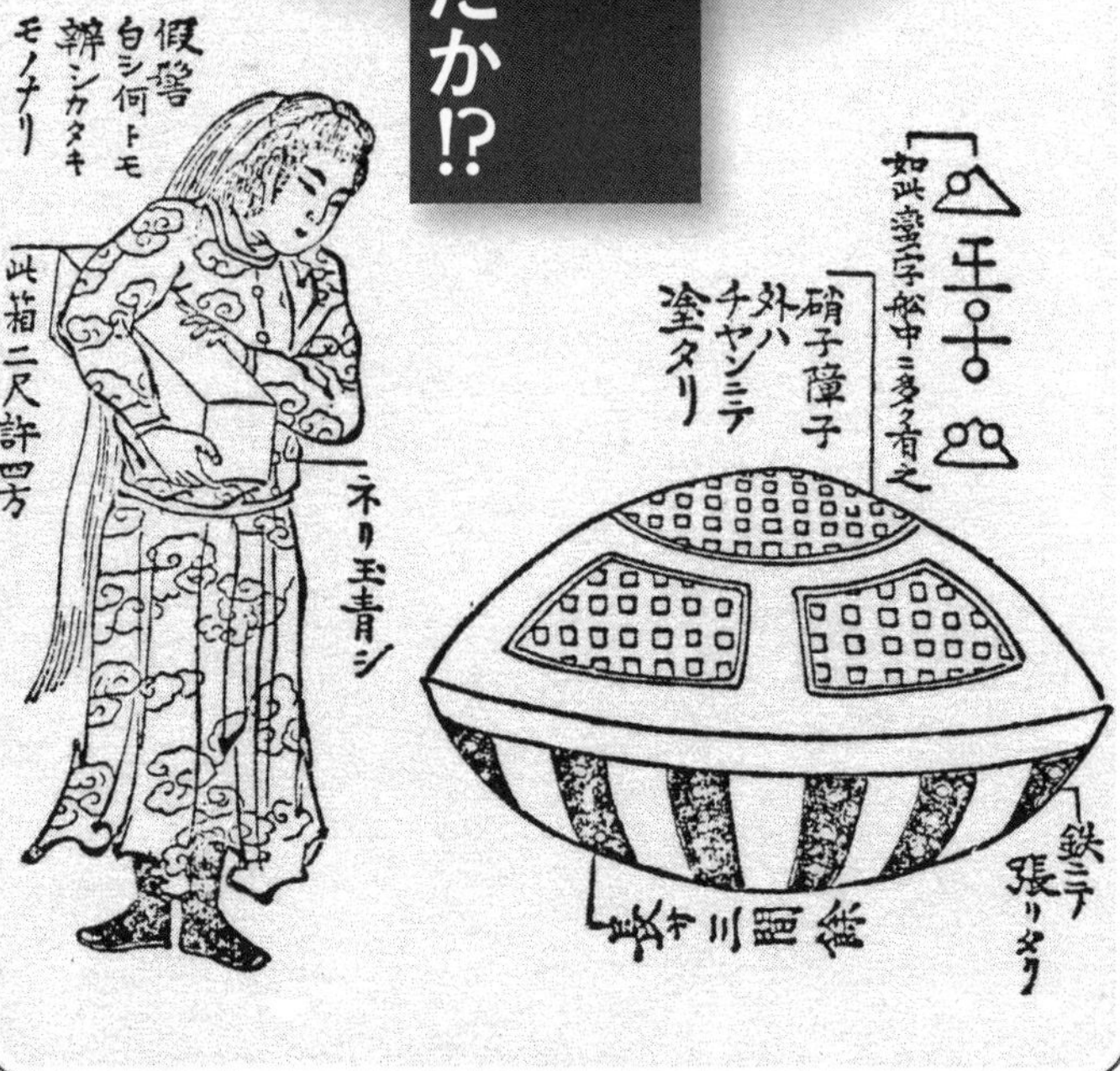

『兎園小説』の「虚舟の蛮女」

日本人の気質は、いつの時代も変わらない。江戸時代、好事家《こうずか》たちは奇談なるものを見聞きしては、まるで実際に見てきたかのように吹聴してまわった。知識人の間では、いいネタを仕入れたとばかり、仲間たちと情報を共有。ちょっとしたサークルのようなものが作られた。『南総里見八犬伝』で有名な「滝沢馬琴」、世にいう曲亭馬琴もまた、その主宰者のひとり。彼は友人の山崎美成とともに「兎園会《とえんかい》」なる会合を月一で開いていた。メンバーは今日でいう都市伝説を披露し、大いに盛り上がっていた。

文筆家でもあった馬琴は仕入れたネタを文章にしたためた。というより、同人誌的な雑誌のために兎園会を作ったのかもしれない。しかして、そのタイトルは「兎園会」から名づけて『兎園小説』。古今東西のミステリー事件を集めた文書は、さしずめ江戸時代の月刊「ムー」といったところだろうか。

実はこの中に日本のみならず、後々、全世界の宇宙考古学者、最近では古代宇宙飛行士来訪説支持者たちの注目を集めることとなる「ある重大な事件」が記されていた。発表されたのは1824年。記事のタイトルは「虚舟《うつろぶね》の蛮女《ばんじょ》」。事の顛末は、こうだ。

「時に享和《きょうわ》3年春、旧暦の2月22日の午後のことであった。小笠原越中守が治める常陸国《ひたちのくに》の『はらやどり』なる浜に一隻の『虚舟』が流れてきた。

地元の人たちが船体を引き揚げたところ、それは香箱《こうばこ》のような形をしており、高さは約3・3メートルで、直径は約5・5メートル。天井はガラス張りで、隙間には松脂が塗ってある。船体の底は鉄板を重ねて貼っており、強固な造りになっていた。

ガラス窓を通して内部を見ると、そこに異人の女性がいた。彼女の髪と眉毛は赤く、肌の色は桃色。白く長いつけ髪を背中に垂らしていた。それが動物の毛のようでもあったが、よくわからない。

まったく言葉が通じず、どこから来たのか、聞くことさえできない。蛮女は約60センチ四方の箱を持っていた。大切なものらしく、片時も身から離そうとはせず、人を寄せつけようともしない。

舟の中には4リットルほどの水が入った瓶と敷物が2枚、お菓子のようなもののほか、練り肉のような食べ物があった。蛮女は港の村人たちが集まって、あれこれ話している様子をのどかに見つめているだけであった。

古老がいうには、きっと蛮国の王女に違いない。嫁いだ先で密夫がいることがばれた。男は処刑されたが、彼女は王女ゆえ殺すことができず、やむなく虚舟に乗せて海に流し、あとは運を天に任せたのだ。

もし、そうならば、箱の中身は密夫の首ではないか。同じようなことが近くの浜で昔あった。漂着した虚舟には俎板《まないた》の上に載せた生首があったという話だ。この蛮女も、箱の中に愛した男の首が入っているゆえ、肌身離さないのだろう。

いずれにせよ、この一件はどうしたものか。役所に届ければいろいろ大事になり、費用もかかる。かつて、隠密のうちに処理をしたことがあるゆえ、今回も蛮女を元の虚舟に乗せて、そのまま沖へ押し流してしまったという。

なんとも非情なことをしたものである。慈悲の心があれば、こんなことにはならなかったものを。蛮女は不幸であった。

ところで、虚舟の中には『』のような蛮字が書かれてあった。近ごろ浦賀沖に停泊したイギリス船にも、同じような蛮字があった。思うに、蛮女はイギリス人か、もしくはベンガルやアメリカなどの王女なのだろうか。はっきりとしたことはわからない。

当時の好事家が写したものが伝わっているが、いずれも絵や説明文がおおざっぱで、なんとも残念でならない。もし事情を知る人がいたら、ぜひ聞いてみたいものだ」

同様の記事は『兎園小説』のほか、兎園会のメンバーでもあった屋代弘賢《やしろひろかた》が編纂した『弘賢

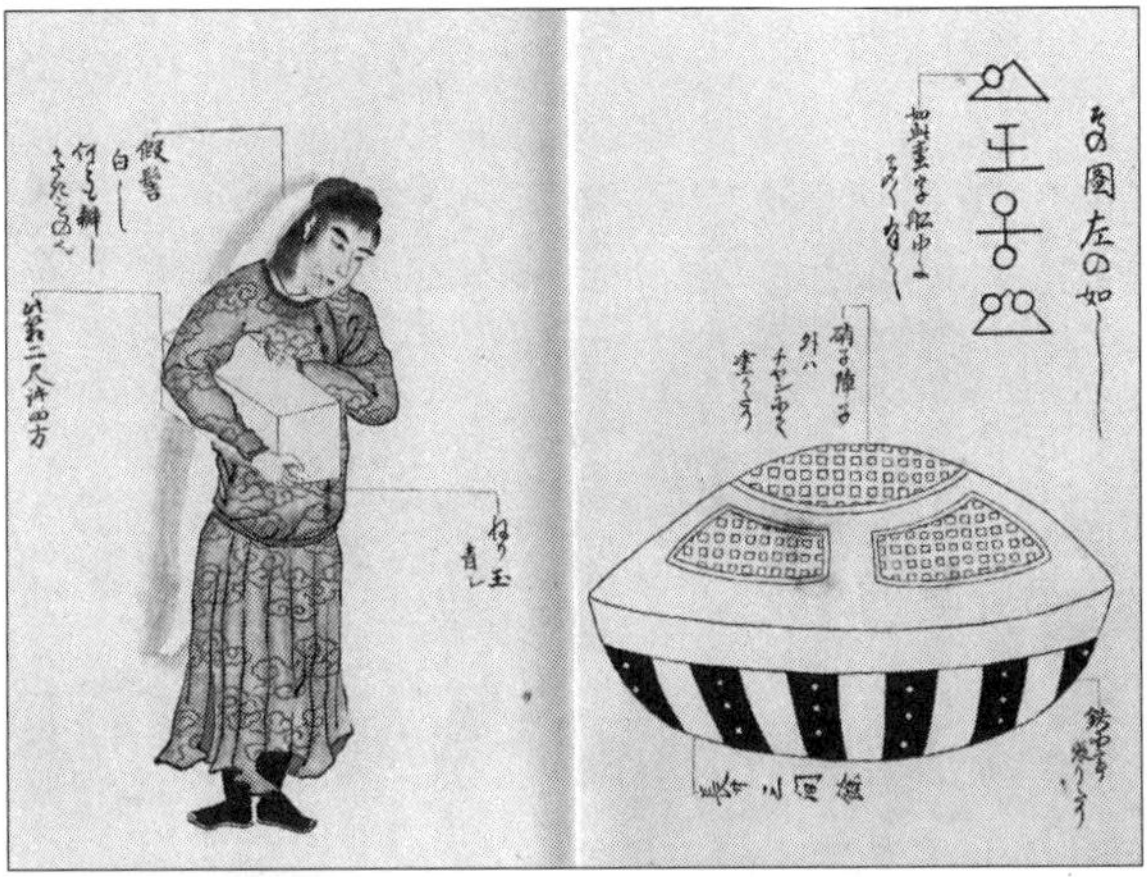

⬆（上）『兎園《とえん》小説』で発表された「虚舟《うつろぶね》の蛮女《ばんじょ》」。香箱のような形をした船に箱を持った異国の女性が乗っており、船内には謎の文字が書かれていたという。（下）「虚舟の蛮女」の写し。

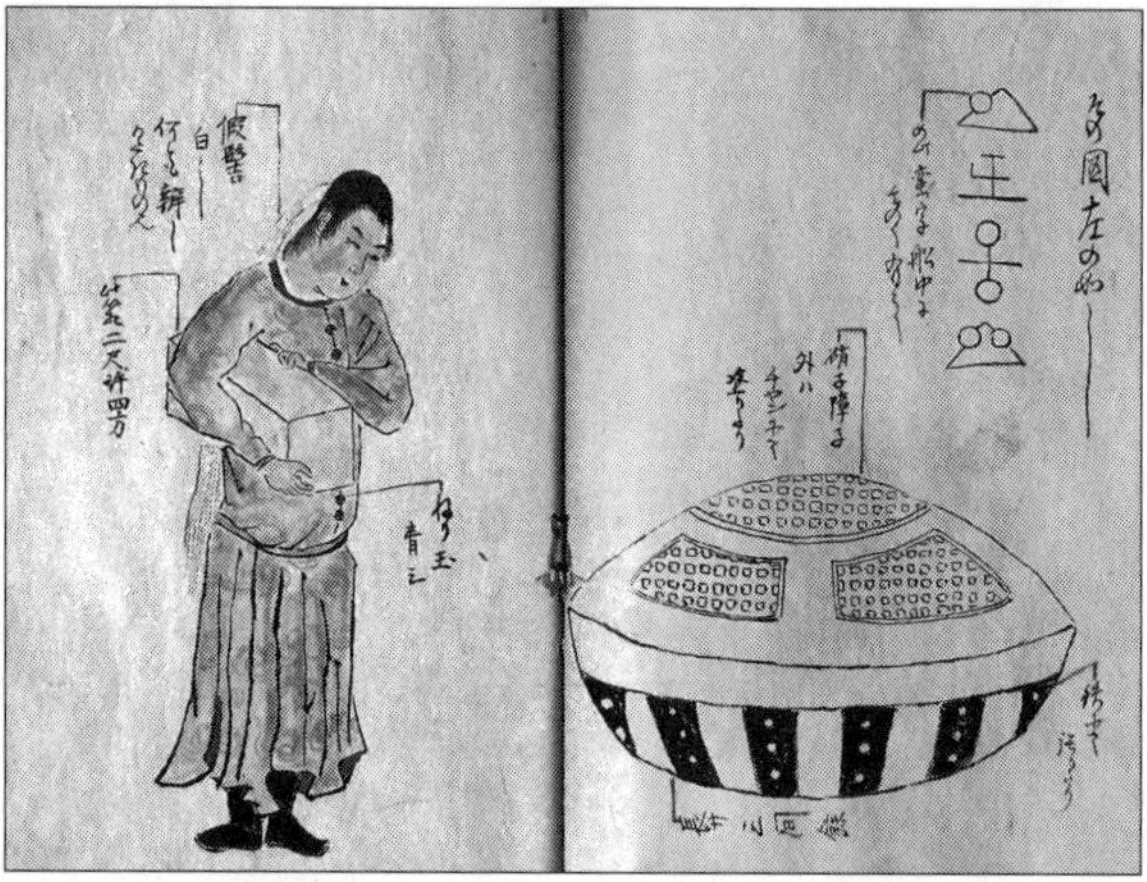

⬆屋代弘賢《やしろひろかた》が編纂した『弘賢随筆』でも紹介された「虚舟の蛮女」。

随筆』にも収載されている。いずれも、実際に原稿を書いたのは滝沢馬琴とその息子、滝沢琴嶺《きんれい》らしい。

『梅の塵』の「空船の事」

滝沢馬琴が記した「虚舟の蛮女」なる珍妙な出来事は、俗に「虚舟事件」として、当時、好事家の間では有名であったらしい。『兎園小説』が出版されて20年ほど後、1844年に発表された『梅の塵《ちり》』にも詳細が記されているのだが、細部が少々異なる。表題は「空船の事」とある。

「時に享和3年春、旧暦の3月24日のことである。常陸国『原舎浜：はらとのはま』というところに「異船」が漂着した。

船の中は空洞で、お釜のような形をしていた。

⬆長橋亦次郎《ながはしまたじろう》の随筆集『梅の塵《ちり》』で紹介された虚舟事件。女性が乗っていた船がお釜のような形になっている。

お釜の半ばには刃のようなものがあり、そこから上は黒塗りで、四方に窓があった。いずれも障子があり、松脂で固められていた。下のほうには筋金が打ってある。これらは最上の南蛮鉄である。

船の高さは約3・6メートル、横幅は5・4メートル。この中に、ひとりの婦人がいた。年齢はおよそ20歳ぐらいに見える。身長は1・5メートルで、肌の色が雪のように白く、あざやかな黒い髪を垂らしている。顔は、とても美しかった。見たこともない服を身につけており、その織物の名前はわからない。

言語はまったく通じない。何が入っているのかわからない小さい箱を持っており、けっして人を寄せつけなかった。

船内には敷物らしいものが2枚あった。やわらかそうな素材であったが、詳しいことはわからない。食べ物として、お菓子と思われるものや練り物、それに肉類があった。また、茶碗がひとつあり、見事な模様が描かれていたが、よくわからなかった。原舎浜は小笠原和泉公の領地である」

虚舟が異船と表記され、描かれた船体は少々外見が異なる。虚舟は香箱だが、異船はお釜のようだと表現しているだけあって、周りにつばがある。もっとも、両者の間には20年という歳月が流れているので、誤差の範囲か。ストーリーもほぼ一致しており、同じ事件を伝えたものだと考えて間違いない。

『漂流記集』の「小笠原越中守知行所着舟」

虚舟事件に関しては『兎園小説』や『梅の塵』のほか、『漂流記集』の「小笠原越中守知行所着舟」や『鶯宿《おうしゅく》雑記』の「常陸国うつろ船流れよし事」、『伴家文書《ばんけもんじょ》』の「うつろ舟奇談」、『新古雑記』、『異聞雑著』のほか、事件を報じた「瓦版の刷り物」などが知られている。

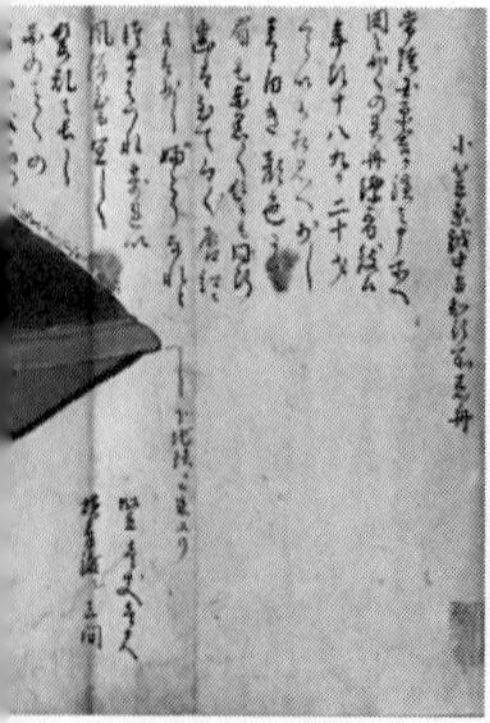

細かい部分で差異があるものの、およそ同じストー

⬆『漂流記集』では「小笠原越中守知行所着舟」として記載されている「虚舟事件」。絵には彩色がほどこされている。

リーで、描かれた蛮女と虚舟の印象も近い。そこで『漂流記集』から紹介しよう。書かれた年代は不明だが、その内容はこうである。

「常陸国『原舎ヶ浜』なる所に、図のような『異舟』が漂着した。

異舟の中には女がいた。年齢は18、19か、20歳くらいに見える。少し青白い顔色で、眉毛が赤黒く、髪も同様である。歯はいたって白く、口紅をしている。手は少し太いが、爪はきれいにしている。見た目はよろしいが、髪が乱れていた。

図のように、箱を抱えていた。中には、よほど大切なものが入っているのだろう。けっして人を寄せつけなかった。

彼女の声は甲高く響き、何をいっているのかわからない。容姿はきれいで器量もいい。日本でも美人である。外国生まれなのだろう。

異舟の中には、非常にやわらかい敷物が2枚。菓子のようなもの、練り肉のような食べ物があったが、名前はわからない。茶碗のようなものがひとつ。きれいな模様があり、石でできている。火鉢のようなものがひとつ。彫り物がしてあり、鉄製か、もしくは焼き物のようだ。異舟の中には、このような文字『』があった。

以上、右のような報告があった。

箱は一辺が60センチ四方で、木目が美しい白木作り。女の服装にある留め具は水晶。ビロウドでまだらの金筋。よくわからないが、錦のような織物。

異舟は萌黄色《もえぎいろ》をしており、船体は鉄製で朱塗り。高さ3・9メートルで、幅は5・5メートル。すべて鉄製で、筋金は南蛮鉄、縁は黒塗りで、上部は自由に開けることができる。開閉部分は水晶でできており、窓はガラスで、格子は水晶製。全体的に紫壇《したん》のように見えたが、詳しいことはよくわからない」

ほぼ同じ内容だが、いっしょに掲載されている絵が目を引く。彩色がほどこされているのだ。異舟には『梅の塵』の異船のように縁があり、赤く塗られている。船体の色分けもはっきりしており、リアルだ。何より、女の衣装がきわめて現代的である。

『鶯宿雑記』「常陸国うつろ船流れよし事」

続いて、こちらは『鶯宿雑記』である。書かれたのは『兎園小説』よりも前。少なくとも1815年ごろと思われる。

「享和3年8月2日のことである。常陸国鹿嶋郡阿久津浦にある小笠原越中守の知行所から報告があり、さっそく現地調査を行った。だが、ここに掲げた絵のような『漂流船』のみで、詳しいことはわからないゆえ、光太《こうだ》夫《ゆう》に相談した。外国語の通訳も同行させたが、これまたよくわからない。

『ウツロ船』には21～22歳ぐらいの女がひとり乗っていた。船内にはお菓子や水、肉漬けのような食べ物がたくさんあった。

女は白い箱をひとつ持ってい

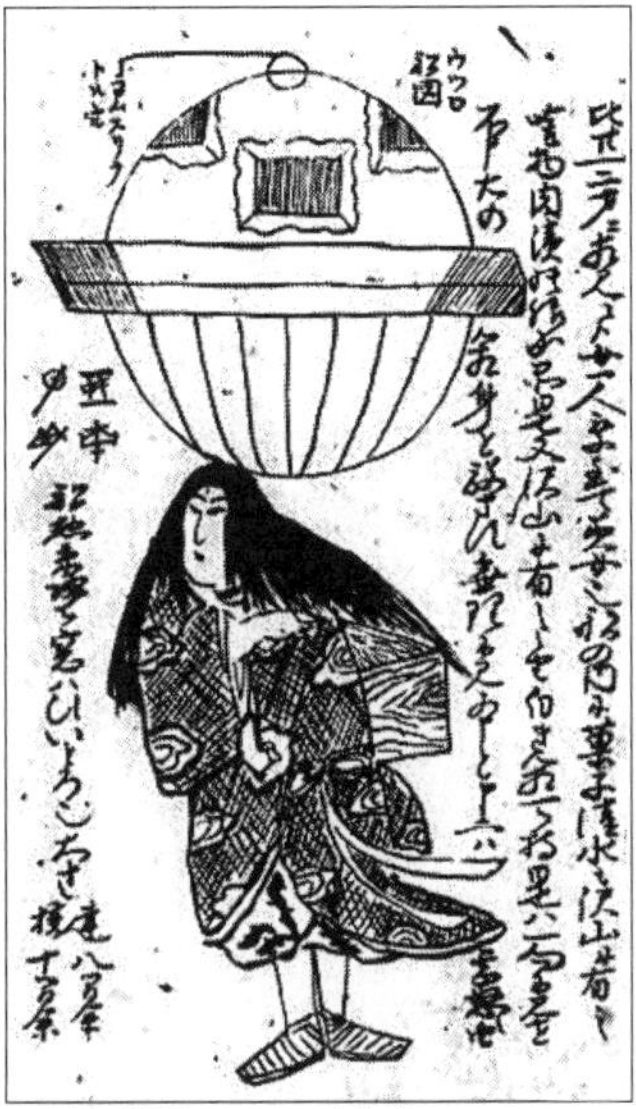

⬆駒井乗邨《こまいのりむら》による『鶯宿《おうしゅく》雑記』の絵図。この書には「小笠原越中守の知行所からの報告」とある。

た。他人には見せようとはせず、肌身離さず持っていた。無理に見ようとすると、ひどく怒った。船は全体的に朱色に塗られており、窓にはガラスがはめられていた。

右の話は自分、すなわち駒井乗邨《こまいのりむら》が御徒頭《おかちがしら》で、江戸勤務のときに聞いた話である。江戸ではわかりかねるので長崎へ使いを送ったが、女がどこの国の者だとわかったのかについてもわからないままだった。

自分が考えるに、光太夫というのは伊勢国白子《しろこ》の船頭にして、ロシア北部に漂着した光太夫に違いない。彼は現在、小石川御薬園《こいしかわおやくえん》に幽閉されている。自分も、つてをたどってロシア語を翻訳してもらったことがある」

駒井乗邨は謎の文字をロシア語ではないかと考えているようだが、興味深いことに、その形は『兎園小説』や『梅の塵』、さらには『漂流記集』とはまったく異なる。共通するのは4文字という点だけだ。成立がほかの資料より早いだけに、こちらのほうがオリジナルに近いのか。非常に気になる。

「瓦版」の「虚舟事件」

江戸の「虚舟事件」に関しては、まだ学術的な研究はされていない。少なくとも、国文学や民俗学のテーマで深く分析し、学界で発表された論文はない。現在、もっとも「虚舟事件」を深く研究されているのは岐阜大学の田中嘉津夫名誉教授である。田中教授は加門正一というペンネームで『「うつろ舟」ミステリー』（楽工社）という本を書かれており、これに新しい情報を付加した英語の著作『THE MYSTERY OF UTSURO-BUNE』もある。いずれも「虚舟事件」を研究する者にとっては必読の書である。

著書の中で、田中教授は「虚舟事件」のネタ元は『兎園小説』を書いた滝沢馬琴本人ではないかと指摘している。というのも、事件があったとされる享和3年、すなわち１８０３年の翌年、つまりは１８０４年に出回った一枚の瓦版に「虚舟事件」のことが記されているのだ。しかも、その筆跡が滝沢馬琴のものと似ているという。まずは、内容を見ていただきたい。

「このような文字『』が船内にあった。

去る亥年2月中旬のことである。ここに掲げた絵のような舟が沖合に現れたが、しばらくすると見えなくなった。ところが、同じ年の8月に嵐があり、小笠原越中守の知行所である常陸国かしま郡『京舎ヶ浜』に、この舟が漂着した。

『う津ろふね』の中には、ひとりの女がいた。年のころは19歳ぐらいで、身長は約１８０センチ、顔は青白く、眉毛や髪は赤黒かった。容姿は美しく器量もいい。美人ながら、声は大きく、

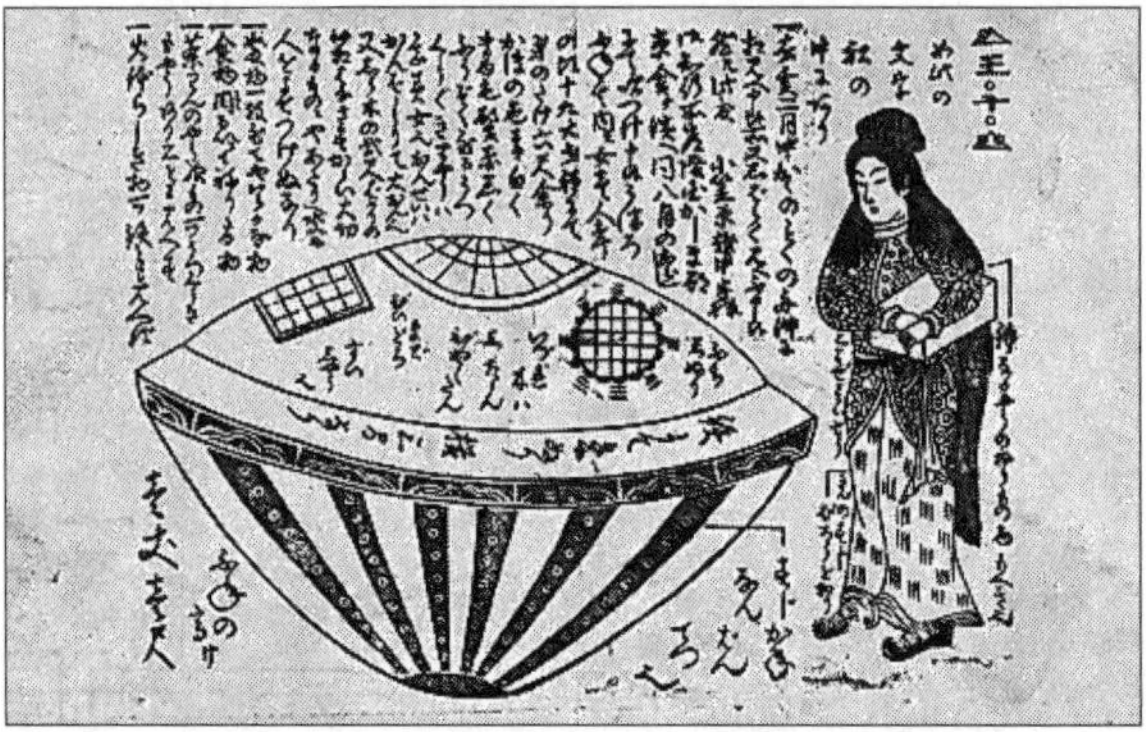

⬆1804年に出回った瓦版。これを書いたのは滝沢馬琴の可能性がある。

甲高い。

女は約60センチ四方の白木の箱を持っていた。よほど大切なものが入っているのだろう。箱を肌身離さず、他人を寄せつけなかった。

舟の中にはやわらかい敷物が1枚、練った肉のような食べ物、美しい模様がある石製の薬椀がひとつ、火鉢らしきものがひとつあった。女の服装は錦のような萌黄色の織物で、留め具は水晶、金筋のビロウドだった。船体は縁が黒塗りで、どの木も紫壇と白檀。窓はガラスと水晶製。全体に朱塗りの鉄製で、大きさは幅5・5メートル、高さ3・3メートル。筋金は南蛮鉄である」

瓦版とは、いわば江戸時代の新聞のようなもの。とくに特ダネを奉じる号外だ。奇異な事件が起こったときに、大衆の耳目を集めるために刷られる。作製にあたっては、記事の文章はもちろんだが、見出しや絵の選定など、編集能力も必要とされる。当時、それだけの技量があり、かつ「虚舟事件」にも通じていた人物の手によるものであることは間違いない。では、いったいだれか。

田中教授が睨んだのが滝沢馬琴である。『南総里見八犬伝』を手掛けた馬琴ならば、文章能力はピカイチ。絵描きの知人もたくさんある。『兎園小説』を作ったくらいだ。編集能力もあったはずだ。

そこで、田中教授は虚舟事件を扱った『虚舟瓦版』の文字と滝沢馬琴の直筆としてわかっている資料から同じ文字を抽出し、かつ当時の標準的な手書き文字を『古文書大字叢』から選んで比較、詳細なる筆跡鑑定を行った。結果、類似性は明らかだった。限られた資料ではあるが、虚舟事件を記した瓦版を書いたのは滝沢馬琴本人である可能性がきわめて高いという。

田中教授の説が正しければ、虚舟事件テラーは滝沢馬琴だったことになる。馬琴を抜きにして、虚舟事件は語れない。田中教授の言葉を借りれば、滝沢馬琴は虚舟事件の「黒幕」だった可能性が高いのだ。

事件現場の地名

虚舟事件の謎を解くにあたって、一度、内容を整理しよう。資料によって多少の差異はあるが、共通点を絞り、さらに表記も統一しておく。

まず、事件があったのは享和３年２月、西暦で１８０３年２月。場所は常陸国の海岸。お釜のような外観をした「虚舟」が浜に漂着した。中には明らかに日本人ではない「虚舟の蛮女」がいた。蛮女は飾りがついた洋服を着ており、容姿は端麗で、かつ日本語を理解できない。小脇にはひとつの木製の箱「虚舟の聖櫃《せいひつ》」を持っていた。虚舟の内部には食料品と食器があり、見慣れない「虚舟文字：」が記されていた。

さて、問題は、ここ。はたして、報じられた虚舟事件は実際に起こったのか。作り話の可能性はないのか。事件があった時期が１８０３年２月だとして、場所は常陸国のいったいどこなのか。困ったことに、資料によってこれがバラバラなのだ。

先述したように『兎園小説』では「はらやどり」とあり、『梅の塵』は「原舎浜：はらとのはま」、『漂流記集』は「原舎ヶ浜」、『鶯宿雑記』は「阿久津浦」、『虚舟瓦版』は「京舎ヶ浜」とある。地名が混乱しているのは、伝聞のせいなのか。資料を書き写す過程で間違ったのか。元は「京舎ヶ浜」だったが、「京」を「原」と書き間違えて「原舎ヶ浜」。それを略して「原舎浜」となり、これが「はらとのはま」と誤読されて、いつの間にか「はらやどり」となったとすればなんとなく説明はつくものの、肝心の「京舎ヶ浜」なる地名がどこにもない。

逆に事件が事件だけにあえて架空の地名にしたという説もある。あえて実名を伏せることは報道の世界ではままあること。古川薫氏の小説『空飛ぶ虚舟』は、その設定で描かれている。

⬆虚舟事件の現場である舎利浜《しゃりはま》（茨城県神栖《かみす》市）。

しかし、２０１４年、この問題に関して大きな進展があった。新たな虚舟事件の史料が発見されたのだ。忍術を伝える伴家から発見された古文書で、そこには虚舟の漂着地が「常陸原舎り浜」と記されていたのだ。

注目は「原舎り浜」である。先の「原舎浜」および「原舎ヶ浜」に近い。原文では、それぞれ「常陸国原舎浜」および「常陸国原舎ヶ浜」となっており、「常陸原舎り浜」ときわめて似ている。これまで「常陸国・原舎浜」および「常陸国・原舎ヶ浜」と解釈されてきたが、ひょっとして「常陸国原・舎浜」および「常陸国原・舎ヶ浜」と区切って解釈するのが正しいのではないか。

実は、ここで重大な事実が判明する。伊能忠敬が作製した日本地図の中に「常陸原」という地名が記されていたのだ。場所は茨城県の鹿島灘である。しかも、驚くべきことに、そこには「舎利浜《しゃりはま》」という地名も確認できた。

つまり「常陸原舎り浜」は「常陸原・舎利浜」だったの

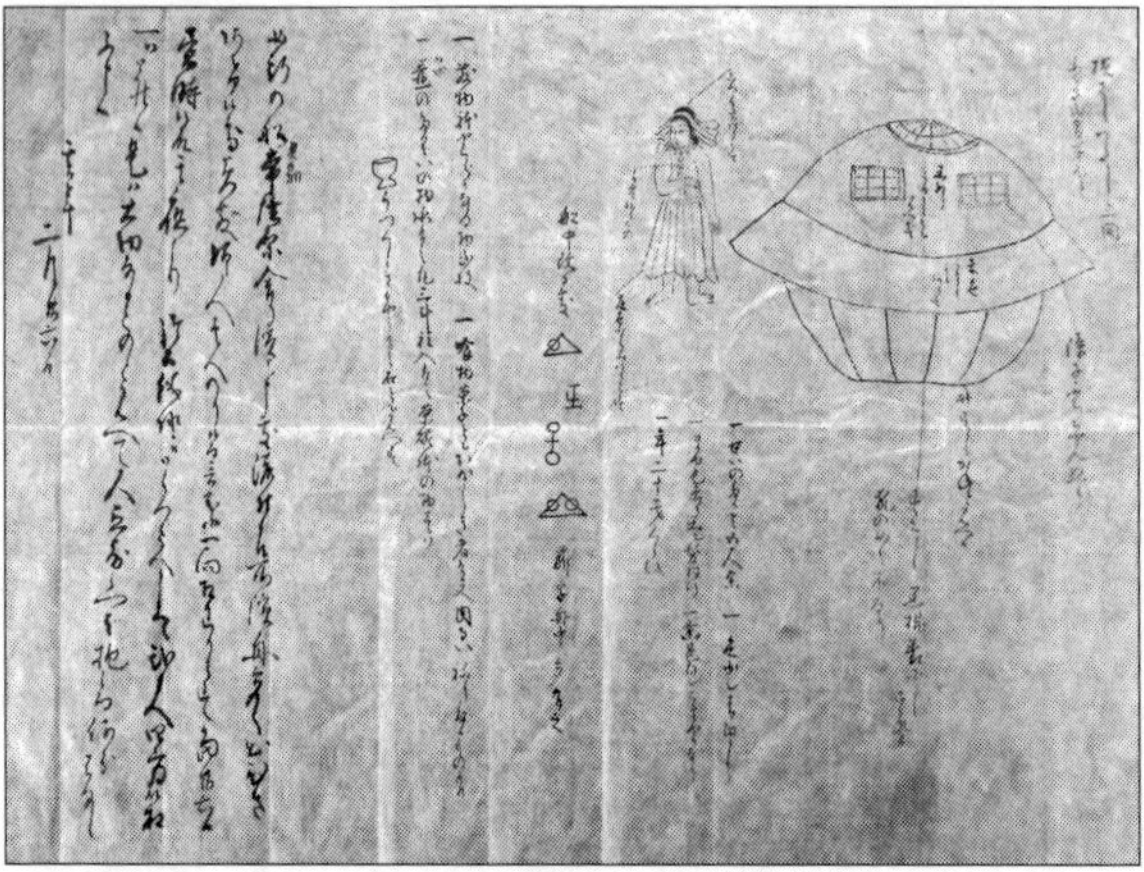

⬆虚舟事件発生の約１か月後に書かれた『伴家文書《ばんけもんじょ》』。オリジナル資料にもっとも近い。

だ。舎利浜という地名は現在も残っており、住所でいえば茨城県神栖《かみす》市波崎《はさき》舎利浜である。

しかも、もうひとつ重要な点があると、田中教授はいう。ほかの資料では、漂着場所を「小笠原越中守の知行所」として紹介しているが、実際のところ、そのような事実はない。鹿島灘周辺に小笠原越中守の知行所はない。そもそも新史料、すなわち田中教授名づけて曰く『伴家文書』には「小笠原」の名前がない。あるのは実在する地名だけで、これが虚舟事件のオリジナル資料に近いとすれば、きわめて信憑性が高いという。

年代的な考証からいっても、書かれた日付は「亥年享和3年3月26日」とある。虚舟事件が起こったとされる１８０３年2月だ。『兎園小説』では１８０３年2月22日とあるので、約１

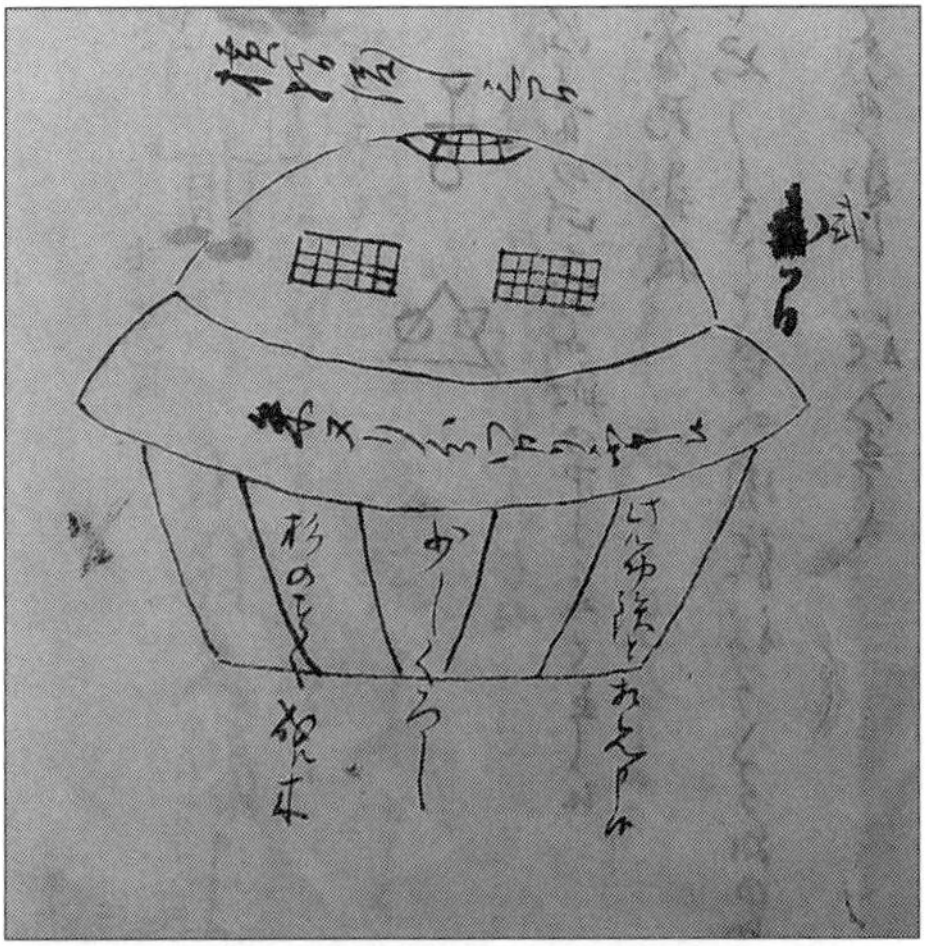

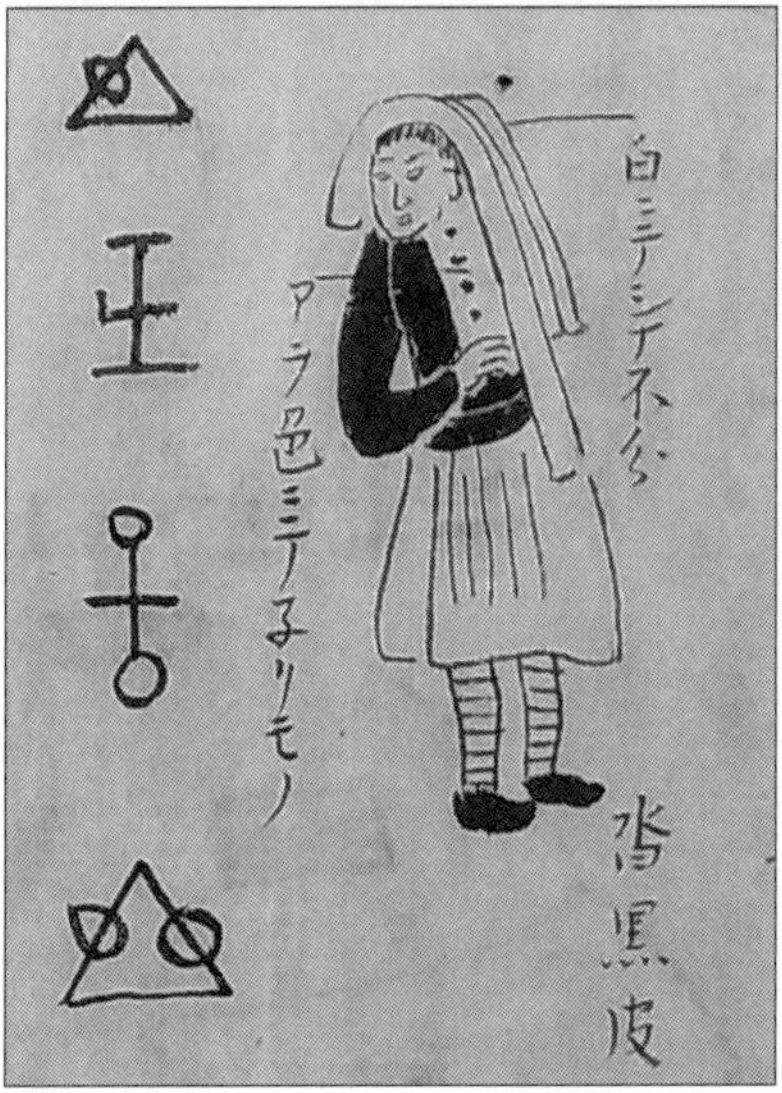

⬆2021年に新たに公表された浣花井著『異聞雑著』（榊原文書、高田図書館所蔵）で紹介された虚舟事件の円盤状の船。

⬅同じく『異聞雑著』に描かれた虚舟に乗っていた女性と謎の文字（写真＝茨城新聞社）。

か月後である。したがって、『伴家文書』は事件発生からもっとも早い時期に書かれたものか、もしくは書写されたものだと田中教授は指摘する。

さらに興味深いのは文書の由緒である。『伴家文書』は、もともと忍術書だった。甲賀流忍術を伝える古文書である。甲賀流伴党第21代目宗家で、三重大学特任教授である川上仁一氏が発見した。状況から、当時、常陸国で起こった事件に関する情報を入手した忍者がすみやかに報告したものと思われる。いわば客観的な情報ゆえに、内容も信頼できるというのである。

虚舟事件はフィクションか

虚舟事件の現場は判明した。茨城県の舎利浜である。『兎園小説』が正しければ、事件が起こったのは1803年2月22日である。場所と日時が特定できたことで、虚舟事件の信憑性は大いに高まった。やはり、事件は実際に起こったのか。

これに対して、田中教授は学者らしく冷静な立場を崩さない。あくまでもストーリー自体はフィクションであると考える。というのも、実は似たような話がたくさんあるからだ。場所と日時が違う虚舟事件が江戸時代の史料にあるのだ。たとえば、民俗学者の柳《やなぎ》田《た》國男《くにお》が紹介した肥後国八代地方に伝わる「牡丹長者物語」の大筋は、こうだ。

「元は源氏の公家の娘が身の誤りで、うつろ舟から島流しにされた。うつろ舟は紫壇黒壇唐木で作られ、ガラス窓も作られた。中には、蘇鉄団子や菓子などの食料が入れられてあった」

著書『うつろ舟ミステリー』には、江戸時代の虚舟事件として、柳原紀光《やなぎわらもとみつ》の随筆『閑窓自《かんそうじ》語《ご》』と尾張藩士の朝日文左衛門が書いた『鸚鵡籠中記《おうむろうちゅうき》』、それに医師の橘南谿《たちばななんけい》による『東西遊記』が紹介されている。

「寛政《かんせい》8年1月2日、加賀の『見屋のこし』というところに、異国の小舟が一艘現れた。舟の中に、美女ひとりと男の首がひとつ乗っていた。その舟はガラスがはってあり見かけないものだった。言葉は通じなかったが、この男女は主君を殺した罪で流されたに違いない。この事件を国守に報告したが、取り上げてはいけないとのことでもう一度海に流した」(『閑窓自語』)

「今日、熱田の海に空穂船《うつぼぶね》が漂着した(このころ、伊勢で目撃されていたが、それが流れ着いたのか)。窓があってガラスが張ってあった。船の中に身分の高い女性が乗っていた。非常に美人だった。横に坊主の首があり、その首を大きな釘が貫いていた。乾燥した菓子を食料としていた」(『鸚鵡籠中記』)

「越後にいた頃、倉若三郎左衛門という人と親しくなった。この人が話すに『去年の夏のことだが、この国の今町の浜辺にウツボ舟が流れ着いた。白木の箱で出来た舟だった。怪しい舟だと浜辺にいた人が近寄って中を見ると、年の頃十六七歳の女性が一人乗っていた。瓶に入った水と菓子一箱が置いてあった。誰で、何処《どこ》から来たのかも分からない。「あなたは誰か」と尋ねると……』との話だった」(『東西遊記』)

ご覧になっておわかりの通り、「虚舟事件」との類似性は明らかだ。推進力のない虚舟にひとりの美しい女性がいる。言葉が通じず、傍らには男の首がある。船内には、わずかな食料があるだけ云々と、基本要素は同じだ。こうした資料を比較検討するだに、「大変残念ではあるが」と前置きしつつ、田中教授は「虚舟事件」は「作り話と考えるのが合理的であろう」と述べる。

浦島太郎と玉手箱

虚舟事件がフィクションだとすれば、それをプロデュースしたのは、やはり滝沢馬琴だろうか。今のところ、もっとも可能性が高い。田中教授がいう黒幕だ。

仮に、ストーリーそのものは作り話、いわば小説だったとして、だ。モデルになった事件はないだろうか。小説には、みな「型」がある。文学的に、多くのストーリーは最終的に神話に回帰するという説もある。

お気づきだろうか。虚舟事件にあって、江戸時代の「虚舟事件もどき」にはない要素がふたつある。ひとつは蛮女が抱えていた「虚舟の聖櫃」。もうひとつは船内に書かれていたという謎の「虚舟文字」である。

このうち「虚舟の聖櫃」について考えてみよう。箱が登場する神話とくれば、そう、だれもが知っている御伽噺《おとぎばなし》「浦島太郎」である。『御伽草子《おとぎぞうし》』は室町時代に成立したが、「浦島太郎」の元ネタは日本の国史『日本書紀』である。雄略《ゆうりゃく》天皇の時代の出来事だとして、同時代の『丹後風土記』を引用する形で「浦嶋子《うらのしまこ》伝説」が記されている。浦島太郎のモデル、浦嶋子は実在した人物である。

一般に知られている「浦島太郎」の話は、あるとき浜で子供たちにいじめられていた亀を助けたことから始まる。亀は恩返しに、浦島太郎を龍宮城へ連れていく。龍宮城では乙姫に歓迎され、楽しいひと時を過ごす。やがて望郷の念にかられた浦島太郎は元の世界に戻ると告げる。このとき、乙姫は浦島太郎に「玉手箱」を手渡す。ただし、けっして開けてはいけないという忠告をして。地上へ戻ってみると、不思議なことに浦島太郎を知る者は、だれもいない。聞けば、なんと700年も時が経っていたのだ。失望した浦島太郎は禁じられていた玉手箱の蓋を開けてしまう。すると、中から煙が出てきて、浦島太郎は一瞬にしておじいさんになってしまったという。

元本の『御伽草子』では、亀はいじめられていたのではなく、浦島太郎が釣り上げて逃がしたことになっている。その亀も、実は乙姫の化身である。最終的に浦島太郎は鶴になり、亀である乙姫といっしょになってハッピーエンドとなる。

さらに原本である『丹後国風土記』では、行き先は龍宮城ではなく、蓬莱《ほうらい》、すなわち常世国《とこよのくに》とされる。海底ではなく、海の向こうにある理想郷だ。かつて中国では、東海には仙人が住む三神山があり、それぞれ蓬莱山《ほうらいさん》、方丈山《ほうじょうさん》、瀛洲山《えいしゅうさん》と呼ばれた。一説に、それは日本列島のことであるという。

さて、あらためて虚舟事件と比較してほしい。いうまでもなく、虚舟の蛮女は龍宮城の乙姫である。異国の美女にふさわしい。龍宮城の乙姫は浦島太郎に玉手箱、もしくは「玉匣《たまくしげ》」を手渡す。玉匣はまさに虚舟の聖櫃である。亀が乙姫の化身だとすれば、それは蛮女が乗っていた虚舟であろう。亀甲船のように、しばしば海亀は舟に見立てられてきた。

虚舟事件の黒幕である滝沢馬琴は、しばしば丹後を訪れていた。もちろん、浦島太郎伝説は知っていたはずだ。浦島太郎のモデルが実在した浦嶋子であり、彼は丹後の人間であったこと

も。そこで、虚舟事件を創作するにあたり、アイテムとして玉手箱を用意したとは考えられないだろうか。もし、そうなら、これは壮大な話へと発展する。

浦島太郎とUFO

浦島太郎伝説でもっとも不可解というか、不条理なこと。それは玉手箱である。なぜ、開けてはいけないものを贈り物としたのか。おじいさんになってしまうなら、そもそも浦島太郎に渡さなければいい。浦島太郎も浦島太郎で、なぜタブーを破って箱を開けたのか。人生に絶望したからといって、何も開ける必然性はどこにもない。

何か妙である。龍宮城から地上へ戻ってみると、すでに700年が経っていた。原本では300年とあるが、いずれにせよ、これはタイムスリップである。ほぼ一瞬にして、未来へとワープしてしまった。龍宮城での3日間が地上では300年。時間の流れが違うという設定だが、現代人にしてみれば、ちょっと視点を変えるだけで、実にリアルな話となる。

そう、相対性理論である。アインシュタインが提唱した特殊相対性理論によれば、光の速度に近づけば、時間の流れが遅くなる。たとえば、光速度に近いスピードで地球の周囲を宇宙船で飛行した後、再び地上に戻ってくれば、そこは未来である。宇宙船の中では1日の出来事が地球上では100年経っていたとしても、理論上成り立つのだ。

原本である『丹後風土記』には、浦嶋子が釣り上げた亀は、亀は亀でも、五色の亀だったと記されている。五色の亀とは、五色の光を放つ亀、もっといえばさまざまな色の光を放射した宇宙船、もっといえばUFOだったのではないだろうか。

日本語で海は「アマ」とも読む。同じく、天と書いても「アマ」と読む。浦嶋子が出会った亀とは、空飛ぶ円盤だったとは考えられないだろうか。実際に浦嶋子はUFOに遭遇して、宇宙へ行った。光速度に近いスピードで飛行して帰還したとき、すでに地上は300年が過ぎていた。

さしずめ、玉手箱は救急医療品が入った薬箱、もしくは精密機械だった。扱い方をよく知らない浦嶋子は環境の変化に耐えきれずに、急速に老化が進み、やむなく玉手箱を開いたものの、うまく使いこなせず、最終的には亡くなったのかもしれない。

もちろん、滝沢馬琴が相対性理論を知っているはずはない。ただ、浦島太郎の物語には、実際に起こったUFO遭遇事件が隠されており、そのことを知った可能性はゼロではない。翻って、虚舟事件である。ひょっとして、虚舟はUFOだったのではないか。

虚舟事件とUFO

虚舟、もしくは空穂舟が海岸に漂着したという話は、それほど珍しいことではない。嵐に見

⬆1958年、ブラジルのトリンダデ島で撮影された土星型UFO。

舞われたり、流刑として流されたケースもあるだろう。現在でも、北朝鮮から流れ着いた船にご遺体があったという話も聞く。先の柳田國男翁も、「うつぼ舟の話」なる論考を書いているくらいである。

だが、虚舟事件は特別である。異国の女性が乗っていたことよりも、問題は虚舟の形状である。先が尖った船体ではない。お釜という表現もあるように、航海を目的とした船舶ではない。流刑を目的とした船だとしても、なぜガラス窓があったのか。江戸時代にあって、ガラスは貴重な素材であったに違いない。当時としては最先端の技術を用いた船舶であったことが窺える。

本当に虚舟は航海を目的とする舟だったのか。一連の資料に描かれた絵図を見た現代人ならば、すぐにUFOを連想するに違いない。円盤型、もしくは土星型UFOだ。漂着したというが、実際はなんらかのトラブルが発生し、海面に着水。そのまま岸辺へと機体が流れ着いたのではないだろうか。

このことにいち早く気づいたのが作家の斎藤守弘氏である。彼は著書『サイエンス・ノンフィクション』および月刊「コズモ：UFOと宇宙」第5号において、虚舟がUFOではないかという論考を発表している。

有名なコンタクティであるジョージ・アダムスキーがコンタクトした金星人は男性ではあったが、女性のように美しかったという。蛮女もまた、容姿端麗な異星人だったとしても不思議ではない。

大切に持っていた箱は現代でいうカメラではないか。通信機器にほかならず、見慣れない文字は異星人が使っていた言語、いわば宇宙文字だったのではないかというのだ。

斎藤氏の仮説はUFOファンの間で大反響を呼んだ。宇宙考古学、最近では古代宇宙飛行士来訪説を支持する研究家の間では、日本でもっとも有名な歴史的UFO事件だとして認識されている。

実にエキサイティングな話であるが、実際のところ、どうなのだろう。歴史的な背景も含めて、次章では虚舟事件の真相に迫っていくことにしよう。

第2部
江戸のUFO事件に隠された かぐや姫と浦島太郎の正体
虚舟事件の謎と パンドラの箱

パラダイム!!
時は止まることなく
流れ
歴史も停止する
ことはない!
人類は
発展という階段を
上昇しながら
多くのターニング
ポイントを経て
新たな発見を
戸惑いと畏敬の目で
受け入れていく!

ベルリンオリンピック(1936年)

私の名は
あすかあきお
漫画家です！
私は
サイエンス・
エンターテイナーとして
アカデミズムが黙殺する
最先端情報を暴露し
公開することを
使命としています！

その過程で
多くの有名人や
著名人との
出会いが
あります！
伝説の漫画編集者（故）角南攻氏と

これからも
最先端情報を
取り込みながら
ミステリー
地帯を
探索する
つもりです！

また
講演会・ツアー・
各種イベント・
SNS・CATV
そして
ラジオ
ネット配信にも
出演しています！

オフィシャルサイト
「飛鳥昭雄ワールド」
「アスカジーラ」で
さまざまな情報を
発信しています！

〈ASKAZEERA〉

〈ASKA AKIO WORLD〉

飛鳥堂では
有料メルマガfoomiiの
「ASKAサイバニック
研究所（毎月800円＋税）」で
飛鳥情報を
毎週5本のペースで
発信しており

ショップ飛鳥堂と
アマゾンで
飛鳥昭雄の本や
DVDなどを
販売

同時に
飛鳥昭雄の
MOOK本や
新刊書・小説を
電子版を含めて
発行しています！

曲亭（滝沢）馬琴!!
江戸時代後期から明治時代まで生きた戯作者である！
『南総里見八犬伝』など多くの黄表紙（読本）を著した！
晩年
奇談・珍談の「兎園会《とえんかい》」を開き
〝虚舟《うつろぶね》〟を紹介する!!
釜寺（東運寺）杉並区方南

馬琴が語った
奇談とは
享和3年（1803年）
旧暦2月22日
虚舟に乗った
蛮女《ばんじょ》が
常陸国《ひたちのくに》（茨城県）の
鹿島灘《かしまなだ》に流れつく
ことから始まる！

蛮女は箱を
手に持っていて
お釜形の鉄の舟の
ガラス窓から
見えた不可解な
文字も紹介された！

村人たちは
恐れをなして
蛮女とともに
虚舟を
押し流したが

よほどの怪奇な話
だったのだろう
江戸の「瓦版」と
似た内容が
尾張や京都
東北まで
伝わった証拠が
見つかっている！

この話が世界中に
知られると
たちまち
UFO研究家から
注目されるように
なる!!

ケネス・アーノルドの
空飛ぶ円盤事件や
エイリアンの搭乗員の
死体が回収された
ロズウェル事件が
次々と起きた時代に

スペインで起きた
ウンモ星人の
円盤に描かれた「王」が
虚舟に記された文字と
酷似していることから
蛮女はウンモ星人では
ないかと噂《うわさ》された！

ところが
疑似科学研究家の
皆神龍太郎氏が
西欧風の枠の入った
錦絵を発見し
見よう見まねの
オランダ文字と
似ていることに気づく!!
勢州桑名渡
n Foundation for History and Culture

さらに
長崎くんちの山車《だし》に
東インド会社の
御朱印船があり
そのロゴマークと
似ていることも
指摘する!!

岐阜大学工学部の
田中嘉津夫名誉教授は
鹿島灘に近い
蚕霊山星福寺《しょうふくじ》にある
箱を持つ本尊
金色姫《こんじきひめ》の像に
着目する！

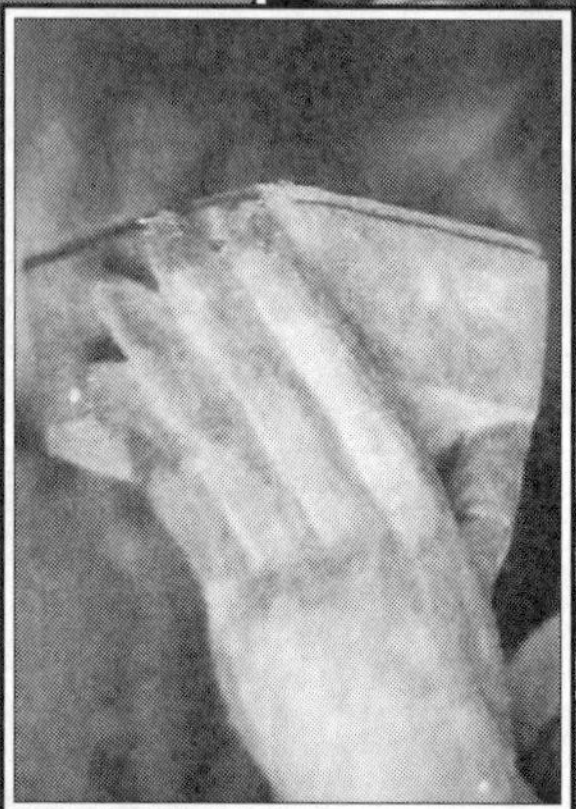

その金色姫の
護符にある
曲亭陳人敬識が
虚舟の『兎園小説』の
著作者だった
曲亭馬琴の別名
だった!!

金色姫には
不思議な伝説が
ある！

天竺《てんじく》から舟で
常陸国に漂着した
金色姫は
老夫婦に助けられ
看病されるが
亡くなってしまう！

その後
老夫婦の夢に
現れた金色姫が
お腹がすいた
というので
唐櫃を開けると
中にたくさんの
蚕がいて
日本に養蚕が
伝わったという
のだ!!

天竺の
仏陀は入滅前
北の果ての理想郷
「シャンバラ」の存在を
いい残したとされる！

地下世界の
シャンバラは
地上の支配者に対し
書簡を入れた箱を
メッセンジャーに
託して運ばせた
という!!

チベットの
サンポ渓谷から
シャンバラに入った
とされる
ニコライ・レーリッヒも
箱を持つ
メッセンジャーを
いくつもの絵画に
描いている！

今回も
あの男の
登場から
始まる……
あすか先生
教授からの
メッセージを
お伝えします！
この男こそ
謎の組織からの
メッセンジャー
ミスター・
カトウ
である！
IKAI

教授はあすか先生を京都に赴《おもむ》かせ
京都の深き山里で虚舟の謎を解き明かすことを望んでおられます!!
京都の山里ですか……!?

花脊《はなせ》（京都府左京区）
貴船神社
鞍馬寺から
峠を越えて1時間
人も少ない
山村が広がっている！

その奥に
一軒の老舗《しにせ》旅館
があり
われわれはそこに
雪深い中
向かうことに
なった！

先生〜〜〜！
京都の冬って寒いより冷たいよ〜〜〜！
ヘっくし
彼の名はサイ九郎！
私の弟子である！
ミスター・カトウまだ先なの？

すぐそこにもう見えています!
サイ九郎くん!周囲の民家の屋根の側面をごらんください!
ん?
……
……
あれって三角形になにか……目ん玉!?

この山里の家の破風《はふ》には家紋をピラミッド・アイにしたものがいくつもあります!!
ああ〰〰っ！ほんとうだああ〰〰っ!!

これと同じものは
籠《この》神社の隣の
丹波篠山《たんばささやま》の
丸山集落でも
見たことがある
!!
徳川家康の「丹波篠山城」の谷筋にある寒村にもある

お越しやす！こちらでとうにお待ちしてはります！
どうも！
おおお〜〜っ!! ようやくこんな山奥まで来てくれはりましたなあ〜〜!!

千客万来千客万来い〜〜〜〜っ!!

こ…これは!?
おかめとひょっとこ〜〜〜っ!!
以後よろしゅうに!!
千客万来ということはわれわれの前にも多くの客が?

※三千世界：仏教界が唱える仏国土。

いやいやうちだけは……
蛙どす!!!
おたくはんは常陸国のお客はんでっしゃろ?
はい!関西から引っ越した茨城人です!
ほなら怨霊にならはった平将門《たいらのまさかど》はんの本丸でおまんがな!!

将門公に仕えた蛙もたしか三本足の青蛙神《せいあじん》！
三本足の蛙は陰の象徴であり本物は虎魚《おこぜ》である。
秦始皇帝《しんのしこうてい》のころ祖神は男神の伏羲《ふっき》と女神の女媧《じょか》で伏羲が太陽で三本足の烏に女媧は月で三本足の蛙となる……！
つまりあなた方は二羽一対で陰陽の八咫烏《やたがらす》!!

そな
いわんといて
おくれやす！
いややわぁ
お客はん！
ぴょん
日本では
お月さんに
おるんは
ピョンピョン跳ぶ
兎でおまして
蛙や
おまへんで！
ぴょん
残念ながら
女媧に従った
動物が兎で
女媧の
同音異義語の
嫦娥《じょうが》は
夫から
不老不死の薬を
盗んで飲み
月に逃れて
兎といっしょに
住んだとあり
それが
「鳥獣戯画」にも
表れています!!

そんなもん どっちゃでも よろしおまんがな!!
いや! そうは いかない!!
兎を 何羽と数えるのは 長い耳を 翼に見立てているためで これで兎が鳥と 同一となり 伊勢の神と 出雲の神も 同一神となります!!
曲亭馬琴が 著した 虚舟の掲載本が 兎の名を冠した 「兎園小説」なのも 偶然と思えない!!

わからん
お人やな！
そんなもん
ただの偶然
どすがな!!
スクッ
かぐや姫!!
えっ!?
かぐや姫も
海《あま》から突然
陸に流れついた
金色姫のように
突然に
天《あま》から
竹林の中に
現れます！

かぐや姫は
月夜より明るく
輝く竹の箱で
地上に現れ
金色姫のように
老夫婦の世話を
受けた後
死んでしまい
ます!!
あんさん、
ええかげんに
しなはれ!!
かぐや姫は
死んでなんか
おまへんで
月へ帰ったんや
おまへんか!!
太陽のように
輝いた姫が
月に帰ったと
いうことは
お迎えを受けて
静寂の陰へと
旅立ったことを
意味します!!

ああ〜〜っ
アホらし！
とんだ見込み違いやで!!
ええか
あんたはんがどんなお偉いお人かは知らんけど
ほんまの虚舟の蛮女の正体はこれや!!
これ見たらサッサと尻尾まいて帰りぃ!!

なななななあああ～～～～～～っ!!
せ…先生～～～～!!

あれって外国の女に箱!!
もう負けだよ先生!!
思ったとおりだ!!
……はあ?
女の名はパンドラ!!
そして箱を持って突然地上に現れている!!

これはわてらからのほんの餞別や！
これにこりたら二度とわてらに近づかんといて！
なにをバカなことをいっている!!
まだ勝負はついていない!!

ギリシア神話では男しかいない世界に人類の災いとしてゼウスが送ったのが人類最初の女パンドラだとする！
プロメテウスは弟のエピメテウスに箱を持ってくるパンドラに注意するよう警告するが弟は従わずにパンドラを妻とする！

やがて
パンドラは
好奇心に負けて
箱を開けると
すべての災いが
箱から飛び出し
地上がカオス状態に
陥ってしまった
という!!

だから
なんや!?
記紀神話が聖書だったということです！
またそれかいな！
ゼウスは天の父なる神！
プロメテウスはヤハウェであり現人神《あらひとがみ》のイエス・キリスト!!
エピメテウスは大天使ミカエルでアダムとして創造される！
そしてパンドラはその妻イヴとなります！

となると御父は造化三神の中心天之御中主神《あめのみなかぬしのかみ》
ヤハウェでありイエス・キリストは高御産巣日神《たかみむすひのかみ》
人類の祖で大天使ミカエルは伊邪那岐命《いざなぎのみこと》
その妻パンドラは伊邪那美命《いざなみのみこと》となります!!

あんたはんの主張なんかカビの生えた古くさいもんや!
ギリシア神話が記紀神話なんかそのイザナギが死んだ妻がいる黄泉《よみ》下りと同じオルフェウスを見てもわかるわ!!

ならば話は早い！
イヴが開けたパンドラの箱は「禁断の樹」のこと！
その箱は壺とも解釈されるため禁断の樹の実でイヴの性器から人類が次々と生まれ出て世界中で戦争を引き起こす暗示！

ヘビは男性器でもあり
フタを開けたら災いを地上に起こす箱とは──
逆らう者や都を次々と滅ぼす契約の聖櫃《せいひつ》アークそのもので箱の八つの角（三叉）をもつ八岐大蛇《やまたのおろち》でもある!!

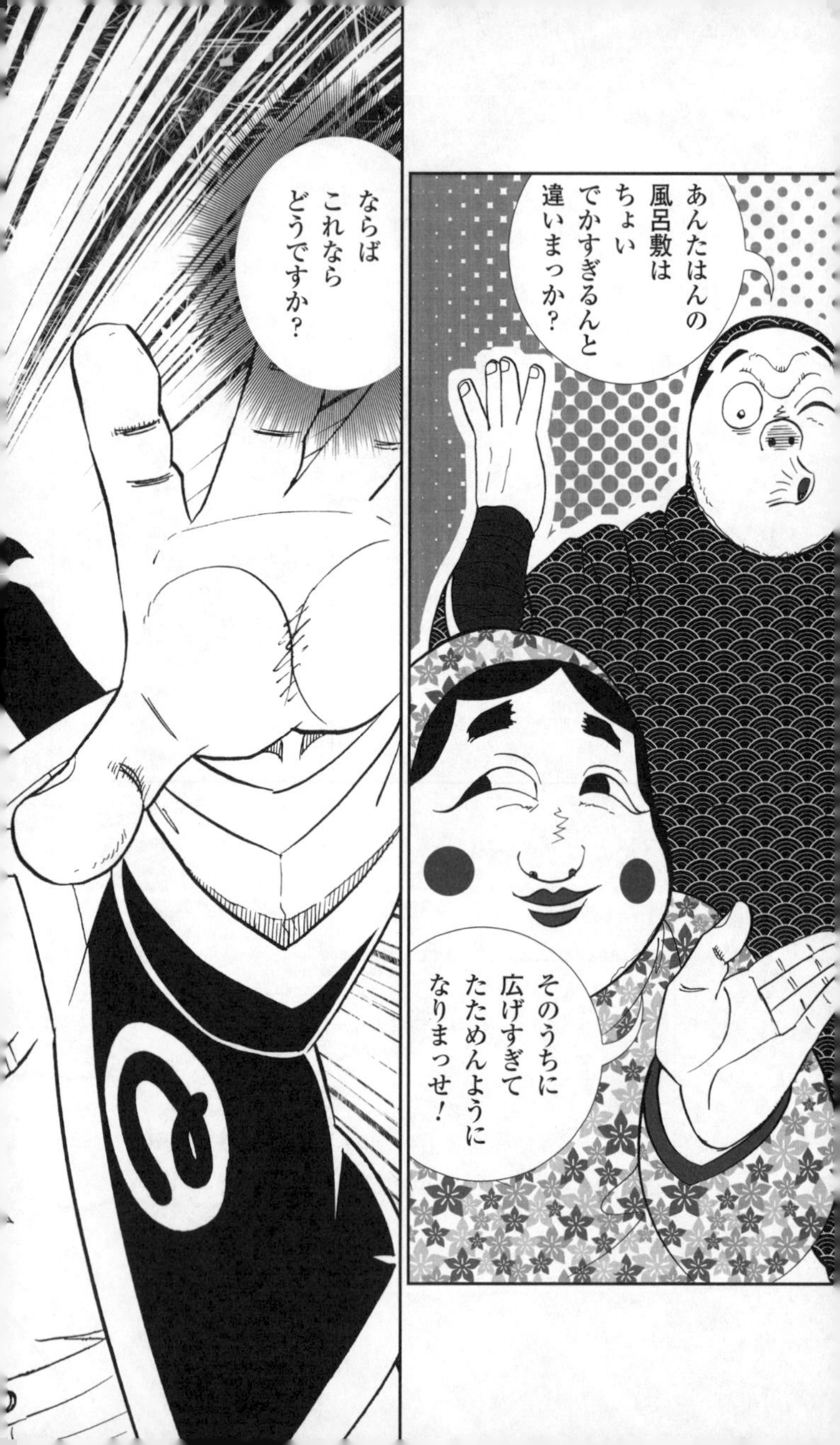
あんたはんの風呂敷はちょいでかすぎるんと違いまっか？
そのうちに広げすぎてたためんようになりまっせ！
ならばこれならどうですか？

虚舟の箱の正体は浦島太郎が龍宮城でもらった……
玉手箱だった!!
歸國浦島

お…おおおたくはん頭のほうは大丈夫でっか？
大丈夫やあらへんあらへん！
いたって大丈夫ですよ！
籠神社がひかえる丹後に伝わる浦島太郎の伝承はほかとは違います!!
……
……
先生…どう違うの？

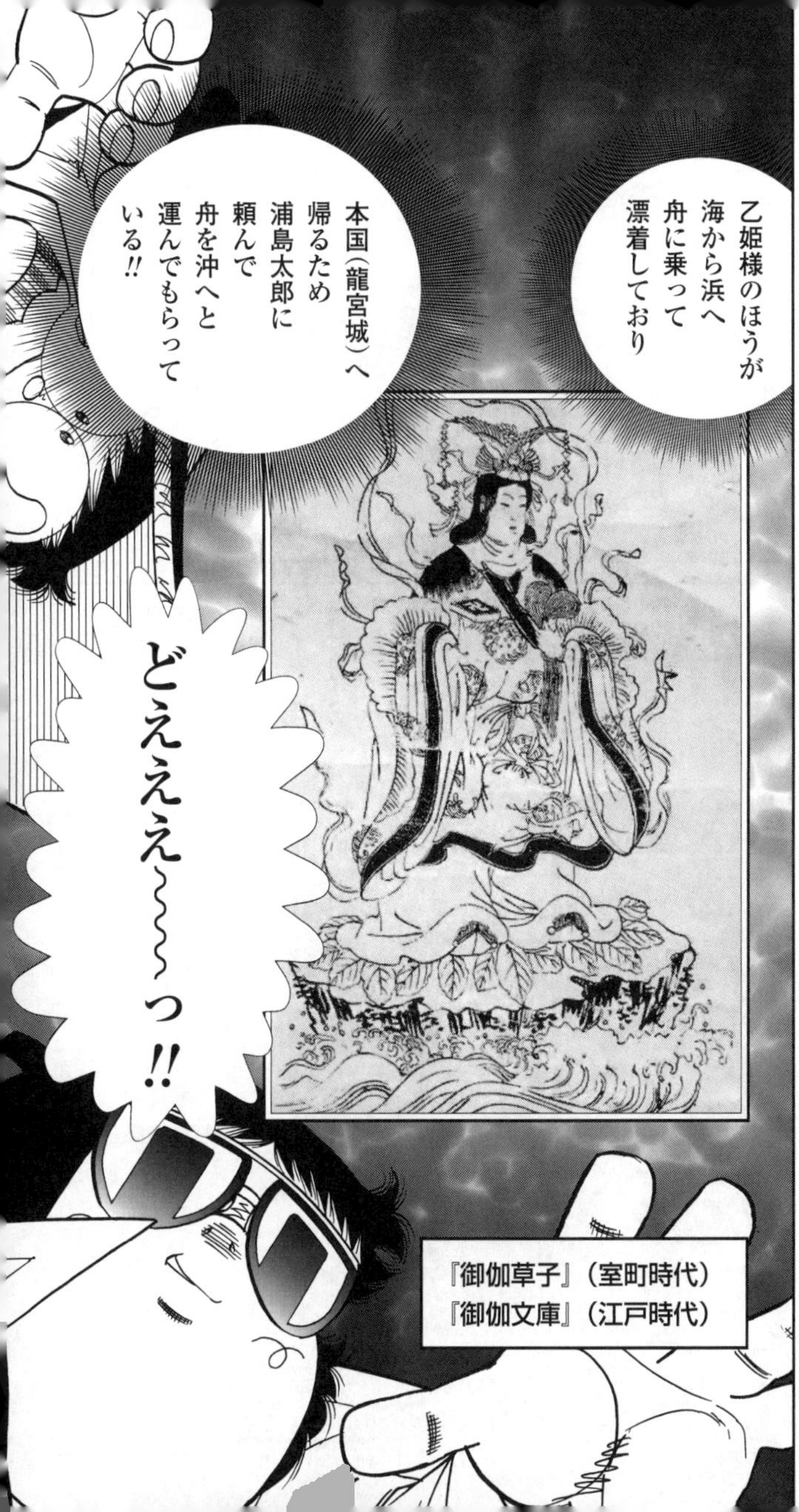
乙姫様のほうが海から浜へ舟に乗って漂着しており
本国（龍宮城）へ帰るため浦島太郎に頼んで舟を沖へと運んでもらっている!!
どえええ〜〜〜っ!!
『御伽草子』（室町時代）
『御伽文庫』（江戸時代）

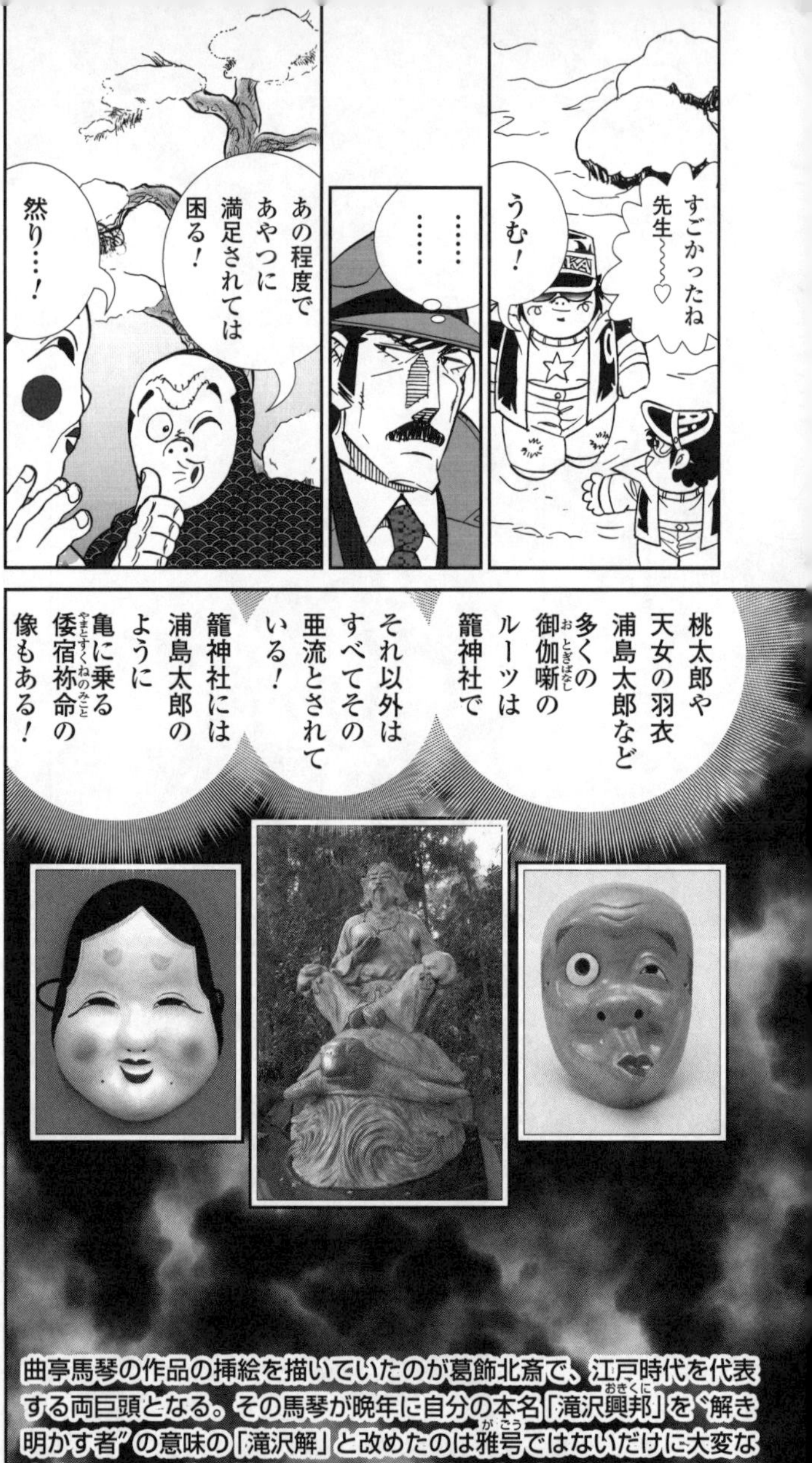
すごかったね先生～～～♡
うむ！
……
……
あの程度であやつに満足されては困る！
然り……！
桃太郎や天女の羽衣浦島太郎など多くの御伽噺《おとぎばなし》のルーツは籠神社で
それ以外はすべてその亜流とされている！
籠神社には浦島太郎のように亀に乗る倭宿祢命《やまとすくねのみこと》の像もある！

曲亭馬琴の作品の挿絵を描いていたのが葛飾北斎で、江戸時代を代表する両巨頭となる。その馬琴が晩年に自分の本名「滝沢興邦《おきくに》」を〝解き明かす者〟の意味の「滝沢解」と改めたのは雅号《がこう》ではないだけに大変な意味をもつ!!　後に判明するのが徳川幕府と「虚舟」が尋常ではない関係だったことである!!

第2章

「虚舟事件」の背後に潜む謎の渡来人「秦氏」!!

舎利浜の星福寺

虚舟《うつろぶね》事件には、まだ謎がある。すべてが解明できたわけではない。滝沢馬琴が事件そのものに関わっている可能性はあるが、はたして、現実に起こったことなのか。田中嘉津夫教授は、あくまでも創作、フィクションであると考えている。

だが、その一方で、事件が起こったとされる現場は特定された。常陸原舎利浜《しゃりはま》、すなわち現在の茨城県神栖《かみす》市波崎《はさき》舎利浜である。手がかりとなった『伴家文書《ばんけもんじょ》』には、架空である小笠原越中守の知行所という文言がなく、しかも、事件が起こったとされる日時から約1か月後に記されていた。

脚色があったにせよ、元となった事件は実際に起こったのではないか。その可能性は、もちろん否定できない。いずれにせよ、事件の調査の基本は現場である。刑事ドラマではないが、現場百遍である。

現地に立つと、目の前に広がるのは太平洋。外海特有の白波が押し寄せる。遠浅の海岸は、否応なしに水平線の向こうにある異国を想起させずにはおられない。漂着物ひとつひとつが、まるで異界からの贈り物のようだ。

今から約２２０年前、いったい、ここで何が起こったのか。異国の漂流船がたまたま漂着し

⬆虚舟《うつろぶね》事件の現場である舎利浜《しゃりはま》の近くにある星福寺《しょうふくじ》。

たのか。それとも、海ならぬ天からやってきたＵＦＯが着陸したのか。

仮に、すべてがフィクションだったにせよ、事件には必ず理由がある。殺人事件でいえば、必ず動機がある。物語を創作するにしても、常陸国《ひたちのくに》舎利浜でなければならない理由があったはずだ。

そう考えて現場周辺を調査すると、気になる寺院が一軒。名を「千手院星福寺《せんじゅいんしょうふくじ》」という。真言宗智山派《ちさんは》のお寺だ。山門に掲げられた名前に含まれている「星」に目が釘付けになる。星といえば、宇宙だ。虚舟事件がＵＦＯ事件だとすれば、これは何か重大な手がかりがあるかもしれない。

思わず力が入ってしまうが、調べてみると、どうも違うらしい。星は星でも、異星人ではなく、占星術のことを指している。真言宗といえば、弘法大師空海である。遣唐使として唐に渡った空海は、さまざまな経典を持ち

←↑星福寺に祀られている馬《め》鳴《みょう》菩薩像（左）とそのお前立《まえだち》（上）。

帰っている。なかにはインド占星術に由来する「宿曜道《すくようどう》」の経典もあった。宿曜道は密教占星術としても知られる。

　空海が持ち帰ったのはインド占星術だけではない。なんと西洋占星術の経典も持ち帰っている。古代アレクサンドリアの天文学者クラウディオス・プトレマイオスが著した『テトラビブロス』の漢訳である。それゆえ、真言密教の曼荼羅《まんだら》には黄道十二宮が描かれたものもある。星座のシンボルは、現在とほぼ同じ。つまり、空海は西洋占星術師でもあったのだ。

　異星人との関係を期待していただけに、少々がっかりである。ところが、星福寺と虚舟事件は無関係かと思いきや、さにあらず。実は、ここに重要な手がかりがある。本命は、このお寺の御本尊である。御本尊は「馬鳴菩薩《めみょう》」。よくいう「馬頭観音」ではないが、農業にご利益のある仏として祀られていたことは間違いない。

お堂の奥には高さ2メートルほどの木製の馬鳴菩薩像が立っている。実際にお参りすると、下から見上げるような形になる。正面からはお顔が隠れるため、小さなお前立《まえだち》が置かれている。容姿はお姫様である。観音菩薩は本来、男性であるが、中国に伝来した時点で白衣《びゃくえ》観音など、女性の姿で表現されることも少なくない。衆生を救うため、33の化身となるともいい、その姿がお姫様のようであっても、けっして不思議ではない。ちなみに、馬頭観音はインドでは「ハヤグリーヴァ」という憤怒の姿をした神であり、もとはヴィシュヌの化身のひとつである。

古来、主に農家の人々によって崇拝されてきた馬鳴菩薩であるが、実はこの名称、さほど古いものではない。明治期の神仏分離令によって菩薩とされたが、それ以前は「蚕霊尊《さんれいそん》」として祀られていたらしい。問題は、この蚕霊尊である。

蚕霊尊

神仏習合、あるいは神仏混淆《こんとう》という言葉がある。異なる宗教が出合ったとき、しばしば戦争にまで発展するものだが、時にはシンクレティズムといって、神様や仏様が融合してしまうことがある。島国という地理的なこともあるだろうが、日本では神様と仏様が「本地垂迹説《ほんじすいじゃくせつ》」なる思想で合体してしまう。仏教伝来の当初から、まるでお家芸であるかのごとく、仏教の仏様と神道の神々が仏教哲理のもと、仲よく共存してきた。神社の神職がお寺の僧侶を兼ねている光景は、むしろ普通だった。明治時代の廃仏毀釈《はいぶつきしゃく》までは。

星福寺も、ご多分にもれず神仏混淆だった。境内には神社もあった。今も、すぐ隣に「蚕霊神社」がある。本尊である馬鳴菩薩も、もともとは蚕霊神社の祭神である「蚕霊尊」の本地であったのだ。馬鳴菩薩という名称自体、かなり仏教的に曖昧な名称であることは否めないのだが、そこは神仏分離令における苦肉の策だったのかもしれない。

星福寺の御本尊は、先に見たように、その外見は「お姫様」だった。菩薩という位置づけだが、神仏混淆という視点からすれば、そもそも菩薩ではなく、神道の「姫神」であった。これが「蚕尊霊」である。

その名にあるように蚕霊尊は蚕の神様、すなわち養蚕の守護神である。養蚕を生業とする農家の人々によって崇敬されていた。意外かもしれないが、日本の養蚕の発祥地は、ここ茨城である。蚕という字を冠した神社がもっとも多く存在する。なかでも、その総本山ともいうべき神社が「蚕影《こかげ》神社」だ。

蚕影神社は先の蚕霊神社と日立市にある「蚕養《こかい》神社」と合わせて「常陸国三蚕神社」と称さ

れてきた。近代日本を支えてきた絹織物産業、その元となる養蚕業の発祥地は常陸国であるという自負が地元、茨城の人々には今もある。

もっとも、蚕霊尊という名は『古事記』や『日本書紀』には見えない。掲げられた蚕影神社

⬆常陸国《ひたちのくに》三蚕神社。上から蚕霊神社（茨城県神栖《かみす》市）、蚕影《こかげ》神社（茨城県つくば市）、蚕養《こかい》神社（茨城県日立市）。

⬆養蚕の神様として祀られる蚕影山明神。

の主祭神の名前は「稚産霊神《わくむすひのかみ》」である。『日本書紀』によると、火の神様である加具土命《かぐつちのみこと》の子供で、頭から桑が生じ、蚕が生まれたという。いわば蚕の祖神である。

また、蚕影神社の近くにある飯名《いいな》神社では、同じ蚕霊尊を「保食神《うけもちのかみ》」として祀っている。保食神は食べ物の神様である。『日本書紀』には「月読命《つくよみのみこと》をもてなす際、口から食べ物を吐きだした。これを見て汚らわしいと怒った月読命は保食神を斬り殺してしまう。死んだ保食神の頭から牛馬、額から粟、眉から蚕、目から稗《ひえ》、腹から稲、陰部から麦と大豆と小豆が生まれた」とある。稚産霊神と同様、体から蚕が生じたところから、蚕霊尊として祀られたと思われる。

興味深いことに、まったく同じストーリー

が『古事記』にある。ただし、登場する神様の名前が異なる。保食神に相当するのが「大宜都《おおげつ》比売神《ひめのかみ》」、月読命は「スサノオ命」だ。やはり、大宜都比売神がスサノオ命をもてなすのだが、食べ物を口から吐きだす。これを見たスサノオ命が怒り、大宜都比売神を斬り殺す。死んだ大宜都比売神の頭からは蚕、目から稲、耳から粟、鼻から小豆、陰部から麦、尻から大豆が生じたという。

死んだ神様の体から食べ物が生じるという話は主に南方系の神話によく見られる。専門的に「ハイヌウェレ神話」と呼ばれ、食物起源譚として有名だ。記紀神話でも、これがはっきりと認められる。

ここに登場する稚産霊神と保食神と大宜都比売神は同一神と考えていい。ちなみに、保食神の頭から牛馬が生じたという逸話から、仏教の馬頭観音が習合したと思われる。

金色姫伝説

実際のところ、養蚕の神様を一般の人々が記紀神話の名前で祀ることはあまりなかったらしい。やはり「蚕」という文字がある蚕霊尊のほか、神社名から蚕影神、蚕養神、あるいは養蚕で作られる絹織物から衣襲明神《きぬがさ》とも呼ばれた。なかでも、もっとも広く親しまれた名前が「金《こん》色姫《じきひめ》」である。この金色姫には、ひとつの伝説がある。

「欽明《きんめい》天皇の世のことだ。北インドの旧仲国の霖夷《りんい》大王には金色姫という娘がいた。母親が早くに死に、代わって継母に育てられることになるのだが、どうも反りが合わない。

継母は金色姫を憎み、ついには亡き者にしようと企む。最初、ライオンの棲む山に捨てたが、獅子王は丁重に宮殿に送り届けた。次に、鷲や鷹、熊が棲む山に捨てたが、鷹狩の従者に発見された。次に、絶海の孤島に捨てたが、漁師に保護された。そして最後には宮殿の庭に生き埋めにしたが、地中から光が差して、無事に救助された。

事情を聞いた父の霖夷大王は不憫に思い、桑で作った靭船《うつぼぶね》に乗せて海に流した。靭船は流れ流れて、日本は常陸国の豊浦湊《とようらのみなと》に漂着した。地元の漁師であった権太夫夫婦が靭船を発見し、金色姫を救って看病したのだが、やがて虚しく亡くなってしまう。

あるとき、金色姫が夢枕に立った。夫婦が遺体の入った唐櫃《からびつ》を開いてみると、そこに無数の白い虫がいた。虫は中にあった桑の葉を食べて成長し、繭を作った。筑波山の影道《ほんどう》仙人に相談したところ、繭から錦糸を紡ぐ技術を教わり、絹織物を作った。これをもとに神衣を仕立て、欽明天皇の皇女、各谷姫《かぐやひめ》に献上した。これが日本における養蚕と機織りの始まりであるという」

おわかりのように、日本における養蚕起源譚である。蚕そのものは少なくとも弥生時代、邪

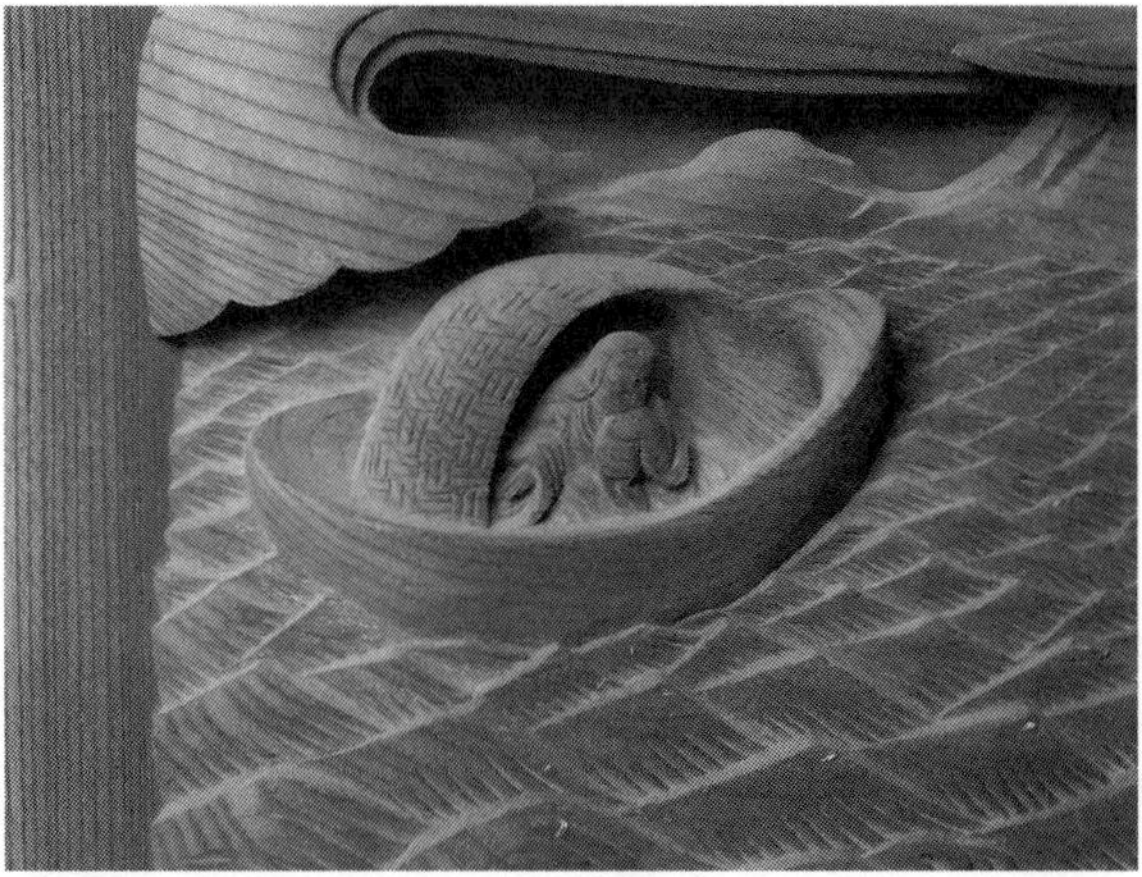
↑養蚕の起源伝説の主人公である金色姫《こんじきひめ》。

馬台国の卑弥呼が生きた時代には日本にあったと「魏志倭人伝」にある。もっとも、ひと口に蚕といっても、いろいろな種類がある。絹織物に適した蚕糸をもたらす品種は、やはり大陸由来なのだろう。中国大陸はおろか、インドから蚕がやってきたというストーリーだ。天竺《てんじく》というあたり、かなり仏教色の強い説話だ。

星福寺の本尊である馬鳴菩薩が姫神の姿をしているのも、実は、この金色姫のイメージが投影されている。蚕霊神社では稚産霊神という神道の神様として祀られているが、お札や掛け軸に描かれる蚕霊尊は、みな金色姫であるといっても過言ではない。

興味深いことに、手には桑の枝葉や小さな箱を持っている。星福寺の馬鳴菩薩像も、手に小箱を持っている。住職によれば、小箱の中には蚕が入

↑金色姫を助けた権太夫夫婦。

っているのだとか。伝説によっては、金色姫の亡骸から蚕が生じたのではなく、インドから蚕を持ってきたともいう。蚕が入っていた飼育箱、あるいは唐櫃の象徴であることは間違いない。

と、ここで気になるのが虚舟事件との関わりだ。虚舟蛮女《ばんじょ》もまた、小脇に箱を抱えていた。虚舟の聖櫃《せいひつ》である。異国の美女という意味では、まさに金色姫と同じ。金色姫は「靭船」に乗っていたが、これは「うつぼぶね」である。当てる漢字によっては「空舟」や「空穂舟」とも表記するが、基本的に「虚舟」と同じものである。場所が同じ茨城県ということを考えると、これは、もはや偶然ではない。

事実、虚舟事件を記した史料のひとつ『水戸文書』に描かれた虚舟蛮女の姿は、まさに金色姫そっくり。虚舟の聖櫃を抱えている姿は、星福寺の

↑『水戸文書』に描かれた虚舟の蛮女《ばんじょ》。金色姫に似ている。

馬鳴菩薩像そのものだといっても過言ではない。

田中教授は、虚舟事件が話題になったとき、星福寺の関係者が金色姫伝説に結びつけて、寺を宣伝した可能性があると指摘する。

しかも、だ。記録によれば、当時、あの滝沢馬琴が星福寺を訪れていた。彼は金色姫のお札を実際に見て、衣襲明神の錦絵に文章を書いている。田中教授の滝沢馬琴黒幕説からすれば、金色姫をモデルにして虚舟事件の瓦版を作製し、噂を世に広め、最終的に『兎園《とえん》小説』に収録したという推理も成り立つわけだ。

空舟伝説と貴種流離譚

民俗学者の柳田國男《やなぎたくにお》が「うつぼ舟の話」で論考しているように、虚舟事件は全国に伝わる「空舟伝説」の一種である。虚舟事件のストーリーは、とくに金色姫伝説をベースにしていると考えて間違いない。

では、そもそも空舟伝説とは、いったい何か。民俗学者の折口信夫《おりぐちしのぶ》によれば、これは「貴種《きしゅ》流離譚《りゅうりたん》」のひとつだという。高貴な家柄の者が幼いときに不幸にして捨てられるが、試練を乗り越えて成長し、やがて栄光を手にするというパターンである。

ギリシア神話におけるヘラクレスやオイディプスが、まさにそれだ。広い意味では、昔話の桃太郎伝説や一寸法師も、貴種流離譚だといえなくもない。説話として語り継がれる偉大なる王は幼少期に河や海に流されるものなのである。

日本のお隣、朝鮮もしかり。古代朝鮮の始祖伝説は典型的な貴種流離譚だといっていい。かつて朝鮮半島には北に高句麗《こうくり》、西に百済《くだら》、東に新羅《しらぎ》、そして南に伽耶《かや》という国があった。このうち、新羅の王様は、子供のころに「箱舟」に入れられて、海岸に漂着したと古文書『三国史記』には記されている。

「新羅第4代目『脱解尼師今《だっかいにしきん》』の故郷は朝鮮半島から東北に位置する『多婆那国《たばなこく》』だった。あるとき、多婆那国の王女が7年の妊娠の後、大きな卵を産んだ。人間が卵を産むとは不吉であるとして、王は捨てるように命じた。不憫に思った王女は卵を布で包み、宝物と一緒に箱に入れて海に流した。

箱舟は南の金官に漂着したが、無気味に思った人々は、そのまま海に戻した。やがて箱舟は辰韓《しんかん》の阿珍浦に打ち上げられた。地元の老女が蓋を開けると、そこには男の子がいた。男の子は老女によって育てられ、そばにいた鵲《かささぎ》にちなんで『昔氏』、箱から出てきたので『脱解』と名づけられた。成長した昔脱解は聡明さが認められて、ついには新羅王にまで昇りつめたという」

ここにある「多婆那国」とは、おそらく「魏志倭人伝」に記された「投馬国」、後の「丹波国」と見て間違いない。意外なことに、昔脱解王は倭人だった。海の向こうにある島から箱舟に入れて流されてきたという意味で、これは空舟伝説といっていいだろう。

空舟伝説と渡来人

新羅の昔脱解王は倭国から箱舟に乗って朝鮮半島に漂着した。逆もまた、しかり。倭国、すなわち日本列島にも、かねてから中国大陸や朝鮮半島から空舟が流れ着いた。海の向こうからやってきたという意味で、空舟に乗っているのは異邦人、つまりは渡来人である。柳田國男は論考「うつぼ舟の話」の中で、往々にして、空舟伝説には渡来人が深く関わっていると指摘する。

具体的に、九州における渡来人の後裔《こうえい》「原田氏」は、自分たちの祖は古代中国の漢の高祖だと称している。原田氏が祀る高祖明神の伝承によれば、かつて高祖の王子が空舟に乗って漂着したという。

同様に、瀬戸内の渡来人である「大内氏」のルーツは百済である。百済の琳聖《りんしょう》王子が空舟に乗って日本に流れ着いたとする。

戦国大名でも知られる「宇喜多氏」もまた、百済王家の末裔だと名乗っている。百済の王子を身籠もった姫が空舟に乗って児島に漂着。三条中将が娶《めと》って妻とし、その子供は後に三条宇喜多少将と称した。

さらに、水軍で有名な「河野氏《かわのし》」の祖もまた、中国から流されてきた。あるとき沖合を漂う一艘の空舟を興居島《ごごしま》の漁師、和気五郎大夫が見つけた。見ると、中には12、13歳の女の子がいた。漁師は女の子を和気姫《わけひめ》と呼んで育てた。長じて、和気姫は伊予王子の妃となって、河野氏の先祖である小千御子《おちのみこ》を産んだという。

いずれも、地理的に朝鮮半島に近い九州や四国、中国地方の渡来人伝説に、しばしば空舟は登場する。中に乗っているのは王家の王子、もしくは王女である。目的をもった航海ではなく、わけあって流され、それが日本にたまたま漂着したというストーリーだ。

その意味で鹿児島の大隅正八幡宮《おおすみしょうはちまんぐう》の伝説は注目に値する。『八幡愚童訓《はちまんぐどうくん》』によると、八幡大

⬆古代中国からの空舟《うつぼぶね》伝説のある大隅正八幡宮《おおすみしょうはちまんぐう》（鹿児島県霧島市）。

神、すなわち応神《おうじん》天皇の母親である「神功《じんぐう》皇后」は、もとは震旦《しんたん》国陳《ちん》大王の娘で「大比留女《おおひるめ》」と呼ばれていた。あるとき、大比留女が太陽光によって妊娠し、ひとりの男の子を産んだ。不審に思った陳大王は大比留女と子供を空舟に乗せて流してしまう。

やがて空舟は鹿児島の大隅に漂着し、地元の人々によって無事、助けられる。異国の人間である大比留女は「聖母大菩薩」、王子は「八幡大神」として崇敬された。これが八幡信仰の始まりであるという。

興味深いことに、これとそっくりな話が対馬にもある。対馬には、かつて「天童法師」という徳の高い僧侶がいた。彼の母親は太陽の光を浴びて懐妊し、天童法師を産んだ。一説には、もともと母親は宮中の女官だったが、不義密通をしたことで、空舟に乗せて流され、対馬に漂着したともいう。

大隅八幡宮と天童法師の伝説は、いずれも朝鮮半島とのつながりを強く示唆する。太陽光によって懐妊する話は朝鮮神話の特徴のひとつである。震旦国、すなわち古代中国が祖国だと称しているが、実際は古代朝鮮だと考えていい。先の原田氏は漢の高祖にルーツを求めているが、これは渡来人「漢氏《あやし》」が後漢の霊帝の末裔であると称しているのと同様、詐称である。実際は、伽耶諸国のひとつ「安耶《あや》」からの渡来人である。

第15代・応神天皇の時代、漢氏をはじめとして、朝鮮半島から大量の渡来人がやってきた。八幡信仰も、彼らがもたらしたものである。原始八幡信仰を担っていたのは「辛嶋氏《からしまし》」である。辛嶋氏は辛嶋勝《からしまかつ》氏といって「秦部《はたべ》」、すなわち「秦氏《はたし》」の部民だった。大隅八幡宮、今日でいう鹿児島神宮の創建にも秦氏が関わっていた。対馬を支配した「宗氏《そうし》」も、秦氏である。したがって、漢氏と並ぶ渡来人の大集団、この秦氏こそ空舟伝説の担い手だった可能性が高いのだ。

渡来人「秦氏」

秦氏は日本最大の渡来人である。およそ4世紀ごろ、朝鮮半島から大量にやってきた。『新撰姓氏録《しんせんしょうじろく》』によれば、彼らは中国の秦《しん》帝国を開いた秦始皇帝《しんのしこうてい》の末裔である。可能性はゼロではないものの、すべての秦氏が秦始皇帝の末裔であるとするには無理がある。実際は、秦帝国にいた住民、もしくは非漢民族として「秦人《しんじん》」と呼ばれた遊牧民だったと思われる。

中国の史書「魏志韓伝」には、秦の役を逃れて、多くの秦人が朝鮮半島に流入してきたとある。秦の役を万里の長城建設などの苦役、もしくは秦帝国末期の戦乱と解釈すれば、紀元前2〜前1世紀ごろか。当時の状況を考えると、前漢が滅亡した紀元前後、先住民とは風俗風習の異なる秦人が朝鮮半島にやってきて、東半分を領土とした。こうして成立したのが「秦韓《しんかん》・辰韓」と「弁韓《べんかん》・弁辰《べんしん》」である。後に、秦韓からは新羅、弁韓からは伽耶が建国される。

朝鮮半島において空舟伝承は新羅にあった。先に見た第4代・昔脱解王である。彼は倭国から流されてきた。古代日本とつながりが深い。『日本書紀』によれば、秦氏は百済からやってきたとあるが、これは詐称である。秦氏の文化を見ればわかる。瓦紋をはじめ、すべからく新羅系の文物である。日本にやってくるとき、新羅に邪魔されて、一時、伽耶に留まっていたとあるが、実際は、もともと住んでいた。新羅と伽耶にいた秦人だったのである。

記紀によれば、第11代・垂仁《すいにん》天皇の時代、新羅の王子「天之日矛《あめのひぼこ》」が日本に渡来してきた。天之日矛は主に九州から畿内をめぐり、最終的に但馬《たじま》に腰を落ち着け、ご当地の「出石神社《いずし》」の祭神となった。西日本各地には天之日矛に関する伝説が残るが、そのいずれにも秦氏の痕跡がある。天之日矛とは実在した人物ではなく、実際は秦氏集団の象徴だったというのが学界の定説である。

興味深いことに、天之日矛の末裔のひとりが神功皇后である。神功皇后は秦氏だったのである。したがって、息子である応神天皇もまた秦氏である。応神天皇の治世に朝鮮半島から渡来人が大量にやってきたのは、何を隠そう、応神天皇自身、新羅系渡来人の末裔だったからだ。後に秦氏が信仰する八幡大神と習合したのも、応神天皇が秦氏の大王だったからなのである。

秦氏と金色姫伝説

秦氏には大陸仕込みの高度な技術があった。なかでも土木技術は古代の日本に革新をもたらした。秦氏の渡来と同時に、古墳が巨大化する。日本最大の仁徳《にんとく》天皇陵は墳丘長が486メートル。第2位の応神天皇陵の墳丘長が425メートル。いずれも秦氏の手によるものである。圧倒的な技術力は、まさに古代日本のゼネコンといっていい。

なにしろ、あの平安京を造ったのだ。秦氏は自分たちの領地である山背《やましろ》に都を誘致。鴨川の流れを変え、桂川に葛野大堰《かどのおおい》を建設。湿地帯を改良し、風水思想によって都市設計を行った。平安京建設には実際の労働力も提供し、かつ天皇の住まう内裏は、秦氏の首長であった秦河勝《はたのかわかつ》の邸宅だった。

当然ながら、秦氏は経済的にも裕福であった。ほとんど政治には口を出さず、産業に力を入れた。いわば殖産豪族である。とりわけ収益を上げたのは服飾産業である。律令制の時代、機織りは「服部氏」が担っていたが、彼らは秦氏である。秦氏のハタとは機織りの意味だという説もある。

古代における租税制度は「租庸調《そようちょう》」である。秦氏が納めたのは、もちろん当時は貴重な絹織物である。しかも、高品質である。秦氏から贈られた絹織物を手にした仁徳天皇は肌のように柔らかいと喜び、肌にちなんで「秦」と書いて「ハタ：波多」と読ませるようにしたとか。献上した量も多かった。うずたかく積まれた絹織物を見た雄略《ゆうりゃく》天皇は、秦氏の首長に「太秦《うずまさ》」と書いて「ウズマサ：宇豆麻佐」と読ませる称号を賜ったともいう。いずれも、駄洒落のような名称起源譚であり、およそ史実ではないにしろ、そうした伝承がまことしやかに語られるほど、秦氏の服飾産業は隆盛を極めていたのだ。

絹織物を作るためには蚕糸が必要である。秦氏は養蚕も積極的に行った。平安京における秦氏の中心地、太秦に氏神を祀る「木嶋坐天照御魂神社《このしまにますあまてるみたま》」がある。その境内には「養蚕神社」がある。養蚕神社にちなんで、地元の人たちは神社全体を通称「蚕ノ社」と呼んでいる。ここが秦氏の養蚕業の本拠地である。

服飾産業を支えるため、秦氏は全国に養蚕業を広めた。都から遠く離れた茨城県にも、秦氏は進出している。古代の常陸国における養蚕の拠点は、先に見た筑波山の麓であった。『万葉集』には、詠み人しらずとして、こんな歌がある。

「筑波嶺《つくばね》の　新桑繭《にひぐはまよ》の衣《きぬ》あれど　君御衣《きみがみけ》し　あやに着《き》欲しも」（第14巻3350）

祝言のときに詠まれた歌である。大意は「筑波山で栽培されている桑の若葉を食べて育った蚕の一番繭から織った最高品質の衣は持っているけれど、本当はあなたが着ておられる衣を着たいと切に思っているのです」といったところか。当時は男女が互いに衣を交換する風習があったらしい。いわば恋唄である。

今でも筑波山周辺には養蚕にちなんだ地名が残っている。たとえば川の名前である。近くを流れる糸繰川《いとくり》は「蚕糸」にちなみ、小貝川《こかい》は「蚕飼川」、そして鬼怒川は「絹川」が本来の表記だった。少し離れたところには結城紬《ゆうきつむぎ》で知ら

⬆京都・太秦《うずまさ》にある「蚕の社」と呼ばれる養蚕神社。

⬅養蚕を担った服部氏が創建したと思われる初酉《はつとり》神社。

⬆筑波にある古代の堰堤《えんてい》遺跡。高度な土木技術をもつ秦氏《はたし》の手による。

れる「結城」という町もある。

常陸国三蚕神社のひとつ蚕影神社の近くには「初酉神社」がある。初酉とは「ハットリ」、つまり「服部《はつとり》」のこと。機織りの神社であり、養蚕を担った服部氏が創建したものと思われる。いうまでもなく、服部氏は秦氏である。

先に秦氏は高度な土木技術をもっていると述べた。彼らは湿地帯であった大阪平野の治水工事を大規模に行った。今でも秦氏が手がけた「茨田堤《まんだのつつみ》」の一部が残っている。同様の堤防が、実は筑波にもある。筑波山の南側、今は田んぼになっているあたりに、古代の堰堤《えんてい》遺跡があるのだ。かつては、ここまで海が広がっていた。それを干拓して、人が住めるようにしたのである。明らかに大陸の技術であり、工事を行ったのは秦氏である。

こうした状況を踏まえると、常陸国の金色姫伝説を語り継いできたのは秦氏ではなかったか。養蚕の由来譚は一族にとっても必要だ。異国の地からやってきた金色姫に渡来人である秦氏が自らのルーツを重ね合わせたとしても不思議ではない。空舟伝説をバックボーンとした虚舟事件の謎を解く鍵は秦氏にあるのだ。

第3章

ユダヤ人原始キリスト教徒「秦氏」と虚舟文字の謎

秦氏の仏教と神道

日本における秦氏《はたし》最大の拠点は京都である。右京区の太秦《うずまさ》にある「広隆寺《こうりゅうじ》」は聖徳太子の発願で、秦氏の首長である秦河勝《はたのかわかつ》が建立した。本尊である「弥勒菩薩半跏思惟像《みろくぼさつはんかしゆいぞう》」は国宝第1号としても有名だ。飛鳥時代、多くの寺が弥勒菩薩を本尊としたが、その背景には秦氏の存在があった。秦氏の故郷である新羅《しらぎ》では弥勒信仰が盛んで、族長を弥勒菩薩の化身と仰ぐ青年組織「花郎《ファラン》」が存在した。この花郎文化が日本にも伝わったことが日本の弥勒信仰の背景にあるのではないかという説もある。

弥勒菩薩は釈迦《しゃか》入滅後56億7000万年後に地上に現れ、衆生を救うとされる。いわば仏教の救世主ともいうべき仏である。現在は、兜率天《とそつてん》で修行をしているという。サンスクリット語では「マイトレーヤ」といい、もとはアーリア人の太陽神「ミトラ」である。ミトラはゾロアスター教では「ミスラ」、ローマ帝国では「ミトラス」として知られる。その図像はしばしばイエス・キリストに似ており、クリスマスは本来、太陽神ミトラスの復活を祝う祭礼であった。秦氏は弥勒菩薩の背景にイエス・キリストの存在を見ていた可能性がある。

一方、秦氏は渡来人でありながら、日本固有の宗教である神道にも深く傾倒していた。全国で一番多い八幡神社と稲荷神社は、ともに秦氏の手によるもの。総本山の宇佐八幡宮は秦氏系の辛嶋氏《からしまし》、伏見稲荷大社は秦伊呂具《はたのいろぐ》が創建した。秦氏が関与した神社としては、ほかに白山神社や日吉大社、松尾《まつのお》大社、上賀茂神社、下鴨神社、金毘羅宮などがある。

神道の正典である『古事記』にも、秦氏は関わっている。『古事記』を編纂した太安万侶《おおのやすまろ》を祀る奈良の多《おお》神社は秦庄《はたのしょう》という町にある。ご当地の多氏は楽家《がくけ》として知られ、古くから秦氏と交流があった。秦氏を名乗った多氏もいる。古代史研究家の大和岩雄《おおわいわお》氏は多氏を通じて秦氏が『古事記』に影響を与えていたと指摘する。

⬆韓国の国宝である弥勒《みろく》菩薩像。秦氏の故郷である新羅《しらぎ》では弥勒信仰が盛んだった。

神道は本来、縄文時代に遡る自然崇拝、アニミズムが原点。八百万《やおよろず》の神々を崇拝する宗教である。弥生時代になると、中国や朝鮮の影響を受けた神々も現れる。大和朝廷が開かれると、古代天皇の系譜が整理され、豪族たちが祖神を神社の祭神としはじめる。

古くは豪族の物部《もののべ》氏が神道を保持してきたが、やがて秦氏の神道が幅を利かせるようになっていく。とくに道教をルーツとする陰陽道《おんみょうどう》は秦氏のお家芸のようなもの。神道に陰陽道の祭礼が取り入れられるようになると、秦神道ともいうべき信仰が支配的になる。象徴的なのが伊勢神宮である。天照大《あまてらすおおみ》神《かみ》を祀る内宮《ないくう》が秦神道で、豊受大神《とようけのおおかみ》を祀る外宮《げくう》が物部神道である。

先に仏教の弥勒菩薩にはイエス・キリストの影があると述べたが、秦神道の天照大神にも、実はイエス・キリストの幻影が見え隠れする。というのも、秦氏は本来、キリスト教徒だった可能性があるのだ。

秦氏＝景教徒説

秦氏の養蚕業の本拠地である京都の太秦には木嶋坐天照御魂《このしまにますあまてるみたま》神社、通称、蚕ノ社がある。境内には泉があり、清水が湧きでているのだが、そこに鳥居が立っている。ただの鳥居ではない。脚が3本ある「三柱《みはしら》鳥居」だ。三方向から礼拝することができるため、夏至や冬至の日の出、日の入りを遥拝することが目的だと指摘されるが、実際のところ、蚕ノ社は「元糺《もとただす》の森」というだけあって、境内は木々でいっぱい。朝日や夕日どころか、日中の太陽を拝むどころではない。この奇怪な三柱鳥居について、境内に掲げられた案内板には、こんな一文が載っている。

「一説には景教（キリスト教の一派ネストル教　約一三〇〇年前に日本に伝わる）の遺物ではないかと伝わ

れている」

ここにある「景教」とはアジアに広まったキリスト教のことである。西洋のカトリックやギリシア正教、プロテスタントとは異なる東方教会のひとつ。一般には「ネストリウス派」の流れを汲む宗派である。中国には唐の時代にペルシア経由で伝来し、635年には正式に布教が認められた。

長安には景教寺院が建てられ、かの弘法大師空海も目にしていたといわれる。遣唐使らによって、景教が日本にも伝えられた可能性は十分ある。中国での布教が正式に認められる以前から景教徒が東アジアにやってきていたことを考えると、日本伝来も、かなり早かった可能性もある。

なにより、蚕ノ社は秦氏が建立した。渡来人である秦氏が景教を知っていたとして

⬆景教と関係があるのではないかといわれる木嶋坐《このしまにます》天照《あまてる》御魂《みたま》神社の三柱《みはしら》鳥居。

も不思議ではない。いや、むしろ秦氏自身、景教徒だったのではないか。景教に造詣が深かった歴史学者の佐伯好郎博士は論文「太秦を論ず」において、秦氏＝景教徒説を展開している。佐伯博士の仮説を敷衍《ふえん》すれば、謎の三柱鳥居も景教と関係がある可能性が出てくるのである。

神道では神様を柱に見立てる。神様を数えるときは一柱二柱三柱と称す。三柱鳥居は柱が3本あることから、いわば3人の神様を象徴する。キリスト教における神様は「御父と御子と聖霊」、いわゆる「三位一体《さんみいったい》」の絶対神である。唯一神ヤハウェは3つのペルソナをもち、それが一体となっていると考える。つまり、キリスト教の正統教義である三位一体を三柱鳥居は象徴しているというわけである。

秦氏の氏寺である広隆寺は、かつて「太秦寺」と呼ばれた。奇しくも、長安に建立された景教寺院は「大秦寺《だいしんじ》」と称した。太秦は「大秦」と表記することもあることから、広隆寺も、本来は景教寺院ではなかったか。本尊の弥勒菩薩は仏教のメシアであり、イエス・キリストを強く意識していた可能性もある。

中国における「大秦《だいしん》」とは古代ローマ帝国のことである。イエス・キリストは古代ローマ帝国の属国であったユダヤで生まれた。秦氏の首長の称号である太秦も、本来はイエス・キリストの故国である古代ローマ帝国を意味していた可能性がある。秦氏は朝鮮半島から渡来してきたが、それ以前は中国、さらには西域の遊牧民だったならば、最終的にそのルーツはシルクロードの彼方、古代ローマ帝国のユダヤにあったのではないだろうか。ユダヤが発祥の地であるキリスト教＝景教が中国に伝来したことを考えれば、十分ありえる話だ。

秦氏とギリシア語とイクテュス

ローマ・カトリックの典礼はラテン語で行われる。景教はアラム語をルーツとするシリア語を使う。もっとも、紀元1世紀の中東では、コイネー・ギリシア語が一般的であった。『新約聖書』にはイエス・キリストの十字架上に掲げられた罪状板が3つの言語、すなわちラテン語とギリシア語、そしてヘブライ語（アラム語）で記されたとある。パウロの従者で医師であったルカはギリシア人である。

ギリシア語による典礼を行うのがギリシア正教である。ギリシア語に近いロシア語で行うのは、ロシア正教である。ビザンティンを拠点とする正教は「ＸＰ」などギリシア文字を用いるのだが、しばしば暗号として使われることもあった。

古代ローマ帝国の国教とされる以前、キリスト教は迫害の対象だった。初代教会の信者は教会を意味する船や錨、魚を描いて同胞を確認した。これは12使徒のペトロとアンデレ兄弟、ヤコブとヨハネ兄弟が漁師であり、イエス・キリストが人をとる漁師にしてあげようといって召命したことに由来する。

とくにイエスはギリシア語で「イエスス：ΙΗΣΟΥΣ」と発音した。これがギリシア語で魚を意味する「イクテュス：ΙΧΘΥΣ」に近いことから、イエス・キリストの暗号と位置づけられた。しかもこのとき、ギリシア語で「イエス・キリスト・神の子・救世主」を意味する言葉「ΙΗΣΟΥΣ　ΧΡΙΣΤΟΣ　ΘΕΟΥ　ΥΙΟΣ　ΣΩΤΗΡ」の各頭文字を並べた暗号として秘教的に解釈されるようになった。

秦氏が景教徒であったならば、その祖先はギリシア語を知っていたことだろう。魚がイエス・キリストの象徴であることは理解していたはずだ。稲荷神社を創建した秦伊呂具《はたのいろぐ》は正しくは「秦伊呂巨」で「秦鱗」を意味する。ほかに「秦鮒」や「秦鯨」といった魚を意識した名前をもった者もいる。

さて、ここで唐突ではあるが、改めて虚舟《うつろぶね》事件を思い出してほしい。虚舟の中には謎の文字が記されていた。具体的に「」である。この4つの文字を合体させると、何かに見えないだろうか。そう、魚である。少し身をそいだ新巻鮭のようであるが、暗号として魚をイメージした文字ではないだろうか。

古代日本にギリシア神話が伝播していたことは、神話学者の大林太良《おおばやしたりょう》氏や吉田敦彦氏が指摘している。たとえば、イザナギ命の黄泉《よみ》下りはオルフェウスの冥界下りとそっくり。この場合、イザナミ命は妻のエウリュディケである。同様に、天照大神の天岩屋《あめのいわや》隠れ神話は同じく大地母神であるデメテルの洞窟隠れに酷似している。これらも渡来人である秦氏がもたらした可能性がある。

注目は箱である。ギリシア神話にも、実に印象的な箱が登場する。「パンドラの箱」である。パンドラとはすべての贈り物を意味する女神の名前である。文字通り、いろいろな贈り物を与えられるのだが、最後に、絶対に開けてはならない箱を手にする。開けてはならないといわれれば、逆に開けてみたくなるのが人情だ。ご多分にもれず、パンドラも禁断の箱を開けてしまう。すると、さまざまな災厄が飛びだし、地上は大混乱。与えられるはずの祝福も消え去り、最後に残ったのは小さな「希望」だけだった。戒めと罰、人生の教訓として語られるパンドラの箱であるが、これに似た話が日本にもある。

そう浦島太郎の玉手箱である。絶対に開けてはならないという玉手箱を浦島太郎は開けてしまい、一瞬にして老人になってしまった。御伽噺《おとぎばなし》では、老人となった浦島太郎は亀である乙姫様と幸せになるというオチがある。最後の希望といったところか。

これらのパンドラの箱と玉手箱が虚舟事件の背景にあるとは考えられないだろうか。虚舟事件では、箱の中に男の首があると噂されたというが、あまり気持ちのいい話ではない。もっとも、大切に抱える蛮女《ばんじょ》にとっては愛しい男性の亡骸であり、唯一の慰めであったとも解釈できないことはない。

虚舟の蛮女はギリシア人で、初代教会の流れを汲むクリスチャンだった。シルクロードからやってきた渡来人、秦氏が関与しているならば、伝承の伏流水として想像をたくましくすることはできるだろう。

秦氏＝ユダヤ人景教徒説

ギリシア彫刻は写実的で、神々の表情も豊かだ。なかでも女神の微笑は見る者を虜にする魅力を秘めている。ギリシア彫刻がインドに伝来し、そこでガンダーラ仏像が作られる。仏像の文化は日本にも伝来。渡来人である秦氏の氏寺である広隆寺の弥勒菩薩半跏思惟像の微笑みも、どこか女性的で妖艶である。かの哲学者カール・ヤスパースが人間の実存を表現していると絶賛したという噂もある。世にいうアルカイックスマイルだ。国宝第1号に指定されたのもうなずける。

だが、秦氏が景教徒ではないかと考えた佐伯好郎博士は、そこにギリシア文化ではなく、ユダヤ文化を見出す。秦氏はギリシア人ではなく、ユダヤ人だというのだ。根拠のひとつが、かつては広隆寺の境内にあった「いさらい」という井戸である。名称の由来は古くから不詳とされているのだが、これを「イスラエル」と解釈。ユダヤ人の祖先にして、民族の父である預言者イスラエルを意味していると主張したのだ。

井戸に預言者の名前をつけるとは奇妙に思えるかもしれないが、預言者イスラエルの本名はヤコブという。神、もしくは天使と一昼夜格闘したことから、以後、イスラエルと名乗るようにいわれたが、本来はヤコブである。

歴史的に、実は預言者ヤコブの名前を冠した井戸がある。「ヤコブの井戸」である。かのイエス・キリストがサマリア人の女性に対して永遠の生命を説いたのが、まさにヤコブの井戸であった。キリスト教徒にとっては非常に重要な意味をもつ井戸なのだ。ヤコブの井戸を神から与えられた名前にしたのが「イスラエルの井戸」、これが「いさらいの井戸」というわけである。

さらに、もうひとつ。「大酒《おおさけ》神社」である。これも広隆寺の近くにある神社なのだが、かつては「大辟《おおさけ》神社」と称した。祭神のひとりに「秦酒公《はたのさけきみ》」が

⬆広隆寺の境内にあった「いさらい」。佐伯好郎博士はこれを「イスラエルの井戸」と解釈した。

⬆秦酒公《はたのさけきみ》を祭神とする大酒神社。かつては「大辟神社」と称したが、大辟は大闢《だいびゃく》、すなわちダビデ王を意味するのではないか。

いることから、近代になって当てる漢字を変えたのだ。変えたのには、別の理由もある。「辟」という文字は本来、処刑を意味する。漢字の泰《たい》斗《と》、白川静博士によれば、下半身の肉を切り落とす刑であったというのだ。事実、古代日本には「大辟《だいびゃく》」という死罪が存在した。つまり、いってみれば大辟神社は「死刑神社」である。当てる文字を変えたくなるのもわかる。

だが、なぜ縁起の悪い漢字を当てていたのか。大酒神社は兵庫県の赤穂にもある。晩年、秦氏の首長である秦河勝が移住したことによるものだが、こちらでは「大避神社」という名称になっていたりする。史料によっては「大僻」という文字も見える。共通しているのは「辟」であり、偏が異なる。

そう考えたとき、佐伯博士は閃いた。これに似た文字を景教の経典で見たことがある。「大闢《だいびゃく》」だ。しかも、大闢とは古代イスラエル王国のダビデ王を意味するのである。

現在、大酒神社は秦氏が祖先だと主張する秦始皇帝《しんのしこうてい》や秦酒公、弓月王《ゆづきのきみ》が祭神であるが、かつては大闢、すなわちダビデ王だったのではないだろうか。祀っているのが、いずれも秦氏の祖先であることを考えれば、ダビデ王の末裔であることを本来は意味していたのではないだろうか。つまり、秦氏の正体はユダヤ人であり、ダビデ王をメシアと仰ぐイスラエル人だった可能性が高い。

イエス・キリスト自身、イスラエル民族であり、ユダヤ人だった。ダビデ王と同じユダ族である。古代の景教徒たちがユダヤ人であった可能性は十分ある。もともとユダヤ教徒であった人々がイエス・キリストを受け入れ、キリスト教徒になった。秦氏はユダヤ人景教徒だったというのである。

ユダヤ教徒たちはヘブライ語を話した。『旧約聖書』はヘブライ語で書かれている。難読文字である太秦＝ウズマサも、ヘブライ語で「光の賜物」という意味に解釈できるというのだ。同様に、秦氏のハタに関しては、景教の経典に出てくる祭司「波多力《パトリアーク》」だったのではないか。秦氏のハタは「波多」と表記することもある。ユダヤ人景教徒であった秦氏が祭司を名乗ったとしても不思議ではない。

秦氏＝ユダヤ人原始キリスト教徒説

応神《おうじん》天皇の時代、朝鮮半島から秦氏を率いてきたのは「弓月君：弓月王」だった。いわば、彼は太秦であった。『新撰姓氏録《しんせんしょうじろく》』によれば、弓月王は秦始皇帝の3世の子孫「孝武王」の息子「功満王」の子供にあたる。だが、古代中国の歴史を記した『史記』には孝武王や功満王の名前はない。記録に残らなかった王子もいた可能性はゼロではないが、あくまでも伝承にすぎない。つまりは史実ではないというのが学界の定説だ。

しかし、佐伯博士は秦始皇帝の子孫ではないが、「弓月」という名称には、秦氏の故郷を知る手がかりがあると指摘する。西域のオアシス国家のひとつに「弓月王国：三日月王国」が存在したことが史書『資治通鑑《しじつがん》』に記されているのだ。中国において、もっとも西域に近い位置に秦始皇帝の故国、秦国が存在したことを考えれば、無関係ではないだろう。現在はカザフスタン領内、天山《てんざん》山脈のあたりで、キルギスタンにも接している。

弓月王国には、かなり早い時期からキリスト教が伝わっていたことがわかっている。後に景教徒になった人々もいるだろう。シルクロードの商人にユダヤ人がいたことを思えば、ここが秦氏の故郷である可能性があると佐伯博士は指摘する。

しかし、ひとつだけ大きな問題がある。年代である。『日本書紀』の年代が正しいとすれば、秦氏が弓月君に率いられて渡来したのが応神天皇の紀元283年、功満王が渡来したのは仲哀《ちゅうあい》天皇の紀元199年である。この時代、まだネストリウス派キリスト教はアジアに存在しない。ネストリウス派が異端とされたのは紀元451年である。これ以前に、アジアにネストリウス派キリスト教としての景教は存在しないのである。『日本書紀』の年代が史実ではないとしても、朝鮮半島から秦氏が渡来してきたのは4世紀である。時代的な整合性がとれないのである。そのため佐伯博士は遺稿となった論文「極東における最初のキリスト教王国　弓月、及び、その民族に関する諸問題」で、こう記している。

「私見によれば、弓月の民は、使徒時代以降のキリスト教徒であったに相違ないし、又、大多数がユダヤ人改宗者であった原始教会のキリスト教徒であったかも知れない」

そう、佐伯博士は「秦氏＝ユダヤ人景教徒説」を自ら否定したのだ。今でも、秦氏は景教徒だったと主張する研究家がいる。東方基督教徒という言葉を使う人もいる。が、それらは景教博士である佐伯博士の結論ではない。私見とは断っているものの、佐伯博士はイエス・キリストの12使徒直系の「ユダヤ人原始キリスト教徒」だったに違いないとはっきりと述べているのだ。

これは秦氏の素性を知るうえで非常に重要な点である。西洋を経由して伝来したカトリックやギリシア正教、そしてプロテスタントではない。ましてや、景教と呼ばれたネストリウス派、さらにはほかのシリア教会でもない。秦氏が奉じていたのは、もっと古い原始キリスト教であり、彼ら自身、ユダヤ教の教義や習慣を体現したユダヤ人だったのだ。

消えたエルサレム教団

逆説的ではあるが、歴史的にイエス・キリストはキリスト教徒ではない。ユダヤ教徒である。民族的にもユダヤ人である。預言者イスラエルの息子ユダの末裔、かのダビデ王の血統につらなるユダ族のユダヤ人である。

そもそも、紀元1世紀、キリスト教という言葉すらなかった。後に、イエスの故郷の名前から「ナザレ人」と呼ばれるが、あくまでもユダヤ教である。原始キリスト教とはイエスをメシアと認めるユダヤ教の一派なのである。

当然ながら、当時の原始キリスト教徒たちは、みなユダヤ人だった。ユダヤ人としての風俗風習を守っていた。彼らの言語はヘブライ語である。というのも、聖典である『旧約聖書』がヘブライ語で書かれていたからだ。

しかし、イエスの時代、純粋なヘブライ語は口語として使用されず、同じセム系の言語であるシリア語の方言、アラム語が使われていた。『新約聖書』に出てくるヘブライ語という言葉は、実際、アラム語のことを指している。イエス・キリストおよび弟子たちは、みなアラム語を話していたのだ。専門的に、アラム語を話すユダヤ人のことを「ヘブライスト」と呼ぶ。

ヘブライストはユダヤ教徒である自覚が強いため、聖地エルサレムにこだわっていた。ここで共同生活を行いながら、ユダヤ教の戒律を守っていた。彼らのことを「エルサレム教団」と呼ぶ。筆頭は使徒ペトロである。ペトロが殉教した後は、イエスの弟ヤコブがエルサレム教団を率いた。

これに対して、コイネー・ギリシア語を話すユダヤ人のことを「ヘレニスト」と呼ぶ。ヘレニストは地中海沿岸に多く、ヨーロッパにも広がっていた。ヘレニストたちはシリアのアンティオキアに拠点を置いた。彼らのことを「アンティオキア教団」と呼ぶ。筆頭は伝道者パウロである。

ヘブライストとヘレニストではユダヤ教の戒律に対する態度が異なる。ペトロは異邦人と食事をすることに難を示したが、これをパウロは批判している。『旧約聖書』はヘブライ語で書かれているが、これをヘレニストは読むことができなくなっていた。後にギリシア語訳の『旧約聖書』、すなわち「70人訳」が編纂されたのは、このためだ。

ギリシア語による伝道は異邦人の心にも響いた。『新約聖書』にはユダヤ人の定義が肉体的に割礼をした者ではなく、信仰によってユダヤ人になると記されている。異邦人でも、絶対神ヤハウェがユダヤ人に与えた祝福にあずかることができると説いたのは、まぎれもなくヘレニストであり、パウロである。パウロの伝道によってキリスト教はヨーロッパに広まり、やがてカトリック教会が誕生する。

しかし、ヘブライストたちは、これを認めない。あくまでも救いはユダヤ人にある。ユダヤ教の戒律を守る。事実、イエス・キリストは自ら「私はイスラエルの家の失われた羊以外の者には遣わされていない」と述べ、使徒たちが伝道する際には「サマリア人の町ではなく、むしろイスラエルの家の失われた羊のところへ行け」と命じている。これは明らかに世界宗教として成長するアンティオキア教団とは別に、エルサレム教団だけに与えられた使命があることを示している。

これが実行に移されたのが紀元66年である。度重なる圧政に耐え切れず、ユダヤ人がいっせいに古代ローマ帝国に対して蜂起したのだ。第1次ユダヤ戦争である。パリサイ派やサドカイ派、さらにはエッセネ派に至るまでユダヤ人は武器を手に取って戦った。

だが、唯一、エルサレム教団だけは参戦しなかった。かねてからイエスが「聖なる都が敵に包囲されたならば、山に逃げなさい」と警告していたことを思い出し、戦争が勃発する直前、なんと聖地エルサレムを捨て、ヨルダン河東岸のペラという町へ集団移住したのだ。エウゼビオスの『教会史』によれば、神の預言に従ったとある。

エルサレム教団はペラに教会を建てるものの、やがて歴史上から消える。カトリックは聖地エルサレムに戻り、使徒の系譜はローマ教皇につらなると主張するが、状況的にありえない。古代ローマ帝国によるユダヤ人の迫害は紀元１３２年に勃発した第２次ユダヤ戦争まで続くからだ。同じユダヤ人として戦争に参加しなかったゆえ、同胞から恨まれたり、疎外されたりしたことは十分に想像できる。エルサレム教団が向かった先は、古代ローマ帝国の影響の及ばないところ、すなわち東側で国境を接するパルティアしかない。そこには遠くアジアにまで続くシルクロードが伸びていた。

中国における秦氏と八幡

ユダヤ戦争によって、多くのユダヤ人が聖地エルサレムを離れ、世界中に散った。いわゆる「ディアスポラ」である。彼らはヨーロッパやアフリカはもちろんだが、アジアにも来ている。紀元１～２世紀、すでに中国にユダヤ人はやってきていた。

この亡命ユダヤ人の中にエルサレム教団がいた可能性がある。エルサレムからヨルダン河東岸のペラ、そこからパルティア領内のシルクロードを経て、東方へ。「失われたイスラエルの家の羊」を求めて旅を続け、西域の弓月王国を経由して中原《ちゅうげん》へと到達した。

いうまでもなく中国大陸にはさまざまな民族がいる。中国人としてのアイデンティティは何かと聞かれたなら、そのひとつは文字だ。語族として漢字を使い、その文化を共有していることが条件だ。漢王朝以前から同族を自負する華人らは、自らの出自にこだわった。とくに姓は出身地の国名を表すことが多かったからである。

したがって、漢民族は姓を名乗る。出自が高貴であればなおさらである。専制君主制の社会においては、姓が重視される。姓は中国におけるアイデンティティそのものなのだ。よって、漢民族ならずとも、みな姓を名乗る。

時には他人に姓をつける。本人の了承が前提だろうが、強制的に名乗らされたケースもある。ただし、そこにはひとつのルールがあった。ただ適当に名乗ればいいというものではない。中国以外の地からやってきた人々に対しては、出身地の漢字表記から一字を採る。パルティア人であれば、「安息国《あんそくこく》」から「安」を採用して「安氏」だ。唐の時代、反乱を起こした安禄山《あんろくざん》はパルティア人だった。

同様に、エルサレム教団のユダヤ人に対してはどうだろう。当時のユダヤは古代ローマ帝国の属国である。当時の古代ローマ帝国の漢字表記は「大秦」である。ここから一字採用すれば、「秦」である。彼らは「秦氏」を名乗ることになる。確かに、当時、古代ローマ帝国出身で「秦嗚鶴」という名の人物が記録に残っている。

だが、秦氏を名乗ったところで、彼らは依然として「ユダヤ」と名乗ったはずだ。ヘブライ語、あるいはアラム語でユダヤは「イエフダー」と発音する。秦氏が日本に渡来してきたとき、このイエフダーに「弥秦」という字を当てた可能性がある。「秦」の読み方は古くは「ハタ」ではなく「ハダ」だった。さらに、八坂神社の「八坂」を「弥栄」とも表記するように、この「弥秦」を「八幡」とし、これを「ヤハタ」と読んだ。つまり、秦氏が創建した八幡神社の「八幡」とは、まさにユダヤのことだった。八幡神社は文字通り「ユダヤ神社」だったというわけだ。

佐伯博士も八幡とはユダヤのことだと認めつつ、さらには秦氏の首長「太秦」の読み「ウズマサ」についても、アラム語で再解釈している。先の論文によれば、アラム語でイエス・キリストは「イシュ・マシャ」である。ヘブライ語でいうところの「ヨシュア・メシア」であると結論づけているのだ。

原始キリスト教とイスラエルのカッバーラ

カトリックやギリシア正教、そしてプロテスタントは、それぞれ神学の内容が微妙に異なるが、共通した正統教義がある。中心にあるのが「三位一体説」だ。イエス・キリストが語る「御父と御子と聖霊」は本質的に同じ神である。絶対神ヤハウェとイエス・キリストと聖霊という3つのペルソナをもっている唯一神だというのだ。今日、これを認めない宗派は異端とされる。ネストリウス派の景教も、三位一体説を採っている。

しかし、原始キリスト教において三位一体という概念はなかった。三位一体説が正統教義とされたのは紀元321年。「ニケイア公会議」において「アタナシウス派」の解釈が多数決をもって正統と支持されてからだ。それ以前は、イエスを神ではなく人間とする「アリウス派」や絶対神ヤハウェを愚神「デミウルゴス」と位置づけ、その上に至高神「エル・エルヨーン」が別に存在すると考える「グノーシス派」などが存在した。

キリスト教を国教としてきたヨーロッパ諸国を中心にして、これまで三位一体の解釈をめぐって数多くの議論がなされてきたが、考古学や聖書学の発展により、次第に原始キリスト教における御父と御子と聖霊の思想がわかってきた。結論からいえば、三位一体説は間違っている。本来は「三位三体」および「三体同位」であった。

決定的な違いは御父の位置づけだ。三位一体説では御父をユダヤ教の絶対神ヤハウェと同一視する。ヤハウェの子供がイエス・キリストであると考える。

が、実際のところ、グノーシス派が主張するように、御父とヤハウェは別の神である。本来の御父はエル・エルヨーン、もしくはエロヒムである。ヤハウェは御父ではなく、御子イエス・キリストと同一神である。霊体であるヤハウェが受肉して人間として生まれたのがイエス・キリストなのだ。事実、イエスは自らを指して「ありてある者」だと名乗っている。ヘブライ語で「ありてある者」は「エヘイエ・エシェル・エヘイエ」であり、この「エヘイエ」の三人称単数形が「ヤハウェ」なのだ。

この問題に詳しいイギリスの旧約聖書学会のマーガレット・バーカー教授によれば、『旧約聖書』には「知恵」を意味する「コクマー」が人格をもった存在として語られているが、これが『新約聖書』でいう聖霊「ルーハ」であるという。したがって、整理すると「御父＝エル・エルヨーン、御子ヤハウェ＝イエス・キリスト、聖霊コクマー＝ルーハ」が本来の思想であり、事実上、これは三神教である。あえて表現するならば「絶対三神唯一神会」こそ、イエスがいう「御父と御子と聖霊なる神」の意味なのである。

しかし、ここで問題となるのがユダヤ教との整合性である。ユダヤ教は一神教である。絶対神ヤハウェを唯一神とする。『旧約聖書』を聖典と見なすイスラム教においても、絶対神ヤハウェは唯一神アッラーとして崇拝されている。これを否定する者は、みな神を冒瀆する者として異端の烙印を押される。

バーカー教授によれば、こうした事態を引き起こした原因は紀元前7世紀、南朝ユダ王国のヨシヤ王が行った宗教改革にあるという。ヨシヤ王はエルサレム神殿にあった偶像を一掃し、徹底的にヤハウェを唯一神として位置づけた。「創世記」における律法の多くは、言葉の使い方や文法から見て、この時代に作成されたことが判明している。一神教としてのユダヤ教は、この時期に形成された。

しかも、タイミングの悪いことに、紀元前597年、新バビロニア王国によって南朝ユダ王国は滅亡。イスラエル人たちは首都バビロンに連行される。世にいう「バビロン捕囚」が起こる。バビロン捕囚の原因はユダヤ教徒たちの堕落にある。そう考えた人々は異国にあって頑なになり、より一層、一神教化を推し進めた。結果、捕囚から解放されたときには、絶対神ヤハウェを唯一神と崇めるユダヤ教が完成したのである。

だが、ヨシヤ王の強引な宗教改革は混乱をもたらし、軋轢を生んだ。ヤハウェを唯一神として崇拝することが原因でバビロン捕囚を招いたと考える者もいた。これが後にグノーシス派はもちろん、原始キリスト教を生みだすことになる。原始キリスト教徒からすれば、一神教であるユダヤ教こそ異端であり、本来は三神教だった。あえていうならば「イスラエル教」だった。原始キリスト教は宗教改革以前のイスラエル教であり、絶対三神のうち御子ヤハウェが受肉したのがイエス・キリストにほかならないという思想だったのである。

皮肉なことに、せっかく本来のイスラエル教に戻ったはずのユダヤ教、すなわち原始キリスト教であったが、ヘレニストが増えるに従い、本来の教義を忘れ、再び一神教へと回帰する。苦肉の策が三位一体説である。しかも、ここで御父の位置づけを誤り、これがカトリックの神学として発展していくことになる。

しかし、世の中には表と裏がある。ユダヤ教やキリスト教も、しかり。表は一神教を標榜しながらも、裏では三神教を堅持した。これがユダヤ教神秘主義「カッバーラ：カバラ」である。カッバーラの教義は「生命の樹」という図形で表現される。「生命の樹」は三本柱から成るが、いうまでもなく、これは絶対三神「御父と御子と聖霊」を意味している。秘密結社フリーメーソンでは、しばしばこれらをコリント式とイオニア式とドーリア式のギリシア風の三本柱で表現している。

ユダヤ人原始キリスト教徒である秦氏が太秦の蚕ノ社に建設した三柱鳥居は三位一体ではなく、絶対三神唯一神会を本来、意味しているのだ。カッバーラの奥義である「生命の樹」を鳥居という形で表現しているのである。

秦神道＝原始キリスト教

日本に渡来してきた原始キリスト教徒の秦氏は神道に帰依した。秦氏の神道は原始キリスト教である。表の顕教は八百万の神々を崇める多神教であるが、裏の密教は三神教である。御父と御子と聖霊の絶対三神は『古事記』には、この世の初めに現れた「造化三神」として記されている。すなわち「天之御中主神《あめのみなかぬしのかみ》と高御産巣日神《たかみむすひのかみ》と神産巣日神《かみむすひのかみ》」である。

奈良の大神《おおみわ》神社には3つの鳥居が平面に合体した「三輪鳥居：三ツ鳥居」がある。これは祭神である「大物主神《おおものぬしのかみ》と大己貴神《おおなむちのかみ》と少彦名神《すくなひこなのかみ》」を象徴しており、その根底には秦神道の影響がある。事実、大神教本院には近代になって作られたものであるが、三柱鳥居がある。「ムスビ鳥居：ヒフミ鳥居」と称しているが、これは造化三神を表現していると説明されている。すなわち、カッバーラの視点からすれば、まさに原始キリスト教の絶対三神が三柱鳥居として表現されているといえるだろう。

秦氏がユダヤ人原始キリスト教徒である証拠のひとつに「心御柱《しんのみはしら》」がある。古代における出雲大社の社殿を支える9本の柱は、いずれも丸木の三本一束になっている。とくに真ん中の柱を心御柱と呼ぶ。同様に伊勢神宮の社殿にも、その中心床下に小さな心御柱が建っており、これも丸木の三本一束になっている。もっとも、実際は儀式を執り行った後は3つの男根石に置き換えられるという。いずれも造化三神＝絶対三神を象徴している。

この心御柱は実際のところ、依代《よりしろ》である。本来の心御柱は血染めの「旗竿」である。T字形をしており、その上に一枚の文字が記された板が載せられていた。お察しの通り、これはイエス・キリストが十字架に磔《はりつけ》になった「聖十字架」である。エルサレム教団は、かつてゴルゴタの丘にあった聖十字架を回収し、なんと極東の日本にまで運び込んでいたのだ。これが本当の心御柱である。

↑大神《おおみわ》教本院に作られた三柱鳥居。

現在、伊勢神宮の内宮地下殿に密かに祀られている。ただし、聖十字架の上に載せられていた罪状板だけは磯部にある伊雑宮《いざわのみや》の地下殿に安置されている。罪状板とは、イエス・キリストの罪状を記したとされる板のことで、そこにはラテン語とギリシア語とヘブライ語で「ナザレのイエス、ユダヤ人の王」と記されている。いわば、ユダヤのメシアであると称して神を冒瀆した罪ということである。

具体的にラテン語では「ＩＥＳＶＳ　ＮＡＺＡＲＥＮＶＳ　ＲＥＸ　ＩＶＤＡＥＲＶＭ」と表記し、中世ヨーロッパの絵画では頭文字をとって「ＩＮＲＩ」と表現する。実は、これが秦氏によって日本にもたらされている。秦伊呂具が創建した伏見稲荷大社である。「稲荷」とは万葉仮名で「伊奈利」と表記するように外来語である。本来は「ＩＮＲＩ」に母音を一部補った「ＩＮＡＲＩ：イナリ」を意味したのだ。

同様に、ギリシア語の場合は「ΙΗΣΟΥΣ Ο ΝΑΖΩΡΑΙΟΣ Ο ΒΑΣΙΛΕΥΣ ΤΩΝ ΙΟΥΔΑΙΩΝ」と表記し、これらの頭文字をとって「INBI」と表現する。「INRI」と同様に母音を補えば「INABI」となり、日本語で表記すれば「伊奈毘」、もしくは「伊奈比」。これを「伊奈日~伊奈火」とすれば「稲穂:イナホ」である。神道において「火」は「ホ」であり、稲穂の「穂」と言霊《ことだま》的に同じだと解釈する。「天火明命《あめのほあかりのみこと》」という神様の名前の「火」は英語の「ファイヤー」であると同時に稲の「穂」でもあり、実は「天穂明命」をも意味していると格式ある神社の宮司から聞いたことがある。

要は同じである。稲荷であれ、稲穂であれ、すべては罪状板に記された名前の略称に行きつく。神道では「稲荷明神」は「宇賀之御魂命《うかのみたまのみこと》」という名前で祀られるが、もともとは食べ物の神様である。ゆえに同じ神格をもつ「豊受大神」と同一神とされ、神社によっては「豊受稲荷大明神」と表記することもある。豊受大神は伊勢神宮の外宮の主祭神だが、中世の伊勢神道の教義では『日本書紀』において、この世の初めに現れた「国常立尊《くにとこたちのみこと》」、もしくは『古事記』における最初の神「天之御中主神」であると主張されている。要は、唯一絶対神であると位置づける。

これを踏まえて、さらに、ヘブライ語=アラム語表記の文言である。「ישוע הנצ

רי ומלך היהודים」と表記し、その頭文字をとると「יהוה」となる。英語表記すると「YHWH」、すなわち「ヤハウェ」を意味する。十字架に磔になったイエス・キリストの頭上に「ヤハウェ」という名前が掲げられていたということは、だ。これはイエス・キリストが絶対神ヤハウェと同一神であることを如実に物語っているのだ。

日本語で「ヤハウェ」は「弥栄」という文字が当てられた。「弥栄」は「イヤサカ：ヤサカ」と訓読みされ、これが「八坂」となった。つまり、八坂神社とは本来「弥栄神社」であり、「ヤハウェ神社」だったのである。

八坂神社の総本山は京都の八坂神社である。ここはかつて「祇園社」と呼ばれた。主祭神は今でこそスサノオ命であるが、本来は「牛頭天王《ごずてんのう》」である。八坂神社の伝承では「八坂氏《しらぎ》」の先祖で、高句麗《こうくり》からの渡来人である「伊利須使主《いりすのおみ》」がもち込んだとされる。なんでも新羅の牛頭山に祀られていた神を勧請《かんじょう》したのだとか。

高句麗の人間が新羅の神様を日本で祀るというのも変な話だが、なんてことはない、実体は秦氏である。西アジアからやってきた秦氏たちが朝鮮半島にあった高句麗や百済《くだら》、新羅、伽耶《かや》におり、日本列島を含めてネットワークを構築しながら、牛頭天王信仰をもち込んだのだ。

牛頭天王はインドの荒ぶる神とされるが、そのルーツは遠く西アジアにある。古代メソポタミアでは嵐の神「バアル」として崇拝されると同時に、その姿はヤハウェでもあった。古代の壁画には牛の頭をもったヤハウェが描かれている。

　表の顕教からすれば、名前が違えば、ペルソナも違う。まったく別の神として崇拝されるが、実態は真逆。裏の密教、ことカッバーラからすれば、本質は同じ。ユダヤ教でいう唯一神ヤハウェは日本において稲荷明神であると同時に、伊勢神宮の外宮で祀られる豊受大神、さらには同一神とされる天之御中主神を通して造化三神へと収斂される。

　では、同じく伊勢神宮の内宮で祀られる天照大神は、どうだろう。秦神道、すなわち原始ユダヤ教の視点から解釈すれば、まったく異なる天照大神の姿が見えてくる。奈良時代、時の最高権力者であった藤原不比等《ふじわらのふひと》は真実がわからないように巧妙に罠を仕掛けた。この罠にはまった真面目な学者たちは、ものの見事に手玉に取られた。それだけすごい仕掛けなのだが、ひるむことはない。ロジックだろうが、呪術だろうが、封印した以上、必ず解くための暗号もある。秦氏が仕掛けたなら、その鍵はひとつ。カッバーラだ‼

天照大神と卑弥呼

　神道の最高神は天照大神である。八百万の神々がいると説く神道にあっても、神々にはヒエラルキーがある。人間社会のように階級があり、その最高位に位置するのが太陽の女神、天照大神である。天照大神から権能を受けたがゆえ、初代の神武《じんむ》天皇以来、歴代の天皇は日本を統治する権利があり、その正統性を認められているのだ。もっとも記紀神話を前提とする神道の教義という意味の上ではあるが。

一般に、天照大神は太陽神であり、性別でいえば女神とされる。事実、そのように記紀には記されている。が、これは藤原不比等が仕組んだ罠である。奈良時代の天皇位の継承に当たって不都合が生じたがゆえ、女帝から孫へと皇位を譲る前例を示すために神話を創作したのだ。具体的には、持統《じとう》天皇が夭逝した草壁皇子《くさかべのおうじ》に代わって、自らの血を引く孫の文武《もんむ》天皇を即位させるため、天照大神を女神、そして孫のニニギ命を地上に降臨させるというストーリーを書かせたのである。

ただし、藤原不比等は、ただ者ではない。策士であると同時に、謀《はかりごと》にかけては天才で、かつ呪術師であった。天照大神に持統天皇を投影する一方で、中国の史書「魏志倭人伝」にある邪馬台国の女王「卑弥呼」の存在も忘れていない。『日本書紀』では、あたかも神功《じんぐう》皇后であるかのような文章を挿入しているが、もちろん、時代的整合がとれない。おそらく、わかったうえで、あえて指示したのだろう。

藤原不比等の目的は、そこではない。当時の政治的な背景を投影しつつ、古代の女王を祀り、かつ秦神道の奥義を組み込んだ。表面を読んだだけでは、けっしてわからないようにカッバーラをもって巧妙に仕込み、それを配下の者どもに長期的なプランのもと実行させたのだ。

典型例が、伊勢神宮である。伊勢神宮には内宮と外宮がある。ご存じのように主祭神は内宮が天照大神で、外宮は豊受大神である。どちらも女神である。記紀神話における天照大神は女神で、「大日霊巫女《おおひるめのみこ》」という別名がある。この「日霊巫女」は「ヒミコ」であり「卑弥呼」のことだ。「魏志倭人伝」によれば、卑弥呼亡き後、同族である「台与《とよ》」が邪馬台国の女王に即位した。彼女の名前「トヨ」が豊受大神の「豊」なのだ。

もちろん、時代的な錯誤は承知の上である。呪術とは、そういうものだ。藤原不比等の策略が後の世に実を結んだ結果、伊勢神宮の内宮と外宮、それぞれの主祭神が天照大神＝卑弥呼と豊受大神＝台与となったのだ。

しかし、これは、まだ表層である。考えてほしい。天照大神に持統天皇を投影し、かつ卑弥呼までも神格としてもちだしたということは、だ。本来は、まったく違う。天照大神は天皇でもなければ、邪馬台国の女王でもなく、ましてや女性でもなかった。真逆である。封印された男神としての天照大神が存在したことを示唆する。

天照大神はイエス・キリストだった!!

原始キリスト教の教義は日本において秦神道となった。秦氏が編纂に関与した『古事記』の冒頭には造化三神の存在が記されている。造化三神は原始キリスト教でいう絶対三神、すなわち御父と御子と聖霊である。カッバーラにおいて御子は絶対神ヤハウェであり、受肉して誕生したのがイエス・キリストである。

造化三神における御子は高御産巣日神である。高御産巣日神は絶対神ヤハウェである。ならば、高御産巣日神が受肉した神は、だれか。秦氏が拠点とした「山背国：山城国」の風土記、そう『山城国風土記』に答えが記されている。京都の水度《みと》神社の祭神は「天照高弥牟須比命《あまてらすたかみむすひのみこと》」であるというのだ。「高弥牟須比」は高御産巣日神のことである。冠された「天照」は神道における最高神「天照大神」を意味している。

どういうことか。難しく考えることはない。カッバーラである。単純なところに奥義が隠されている。高御産巣日神と天照大神は同一神なのだ。記紀神話では、高天原《たかまがはら》における最高権力者を天照大神とする一方で、実質的な最高司令官を高御産巣日神として位置づける。四角四面に文章を理解すると混乱するが、同一神とすれば、問題は解決する。霊体である高御産巣日神＝ヤハウェが受肉して天照大神＝イエス・キリストになったのだ。

天照大神がイエス・キリストである証拠、それはほかでもない、「天岩戸《あめのいわと》開き神話」である。天照大神が神道の最高神になった理由も含めて、すべてのアイデンティティは天岩戸開き神話にあるといっても過言ではない。

概略を紹介すれば、こうだ。天照大神が治めていた高天原にあるとき、弟のスサノオ命がや

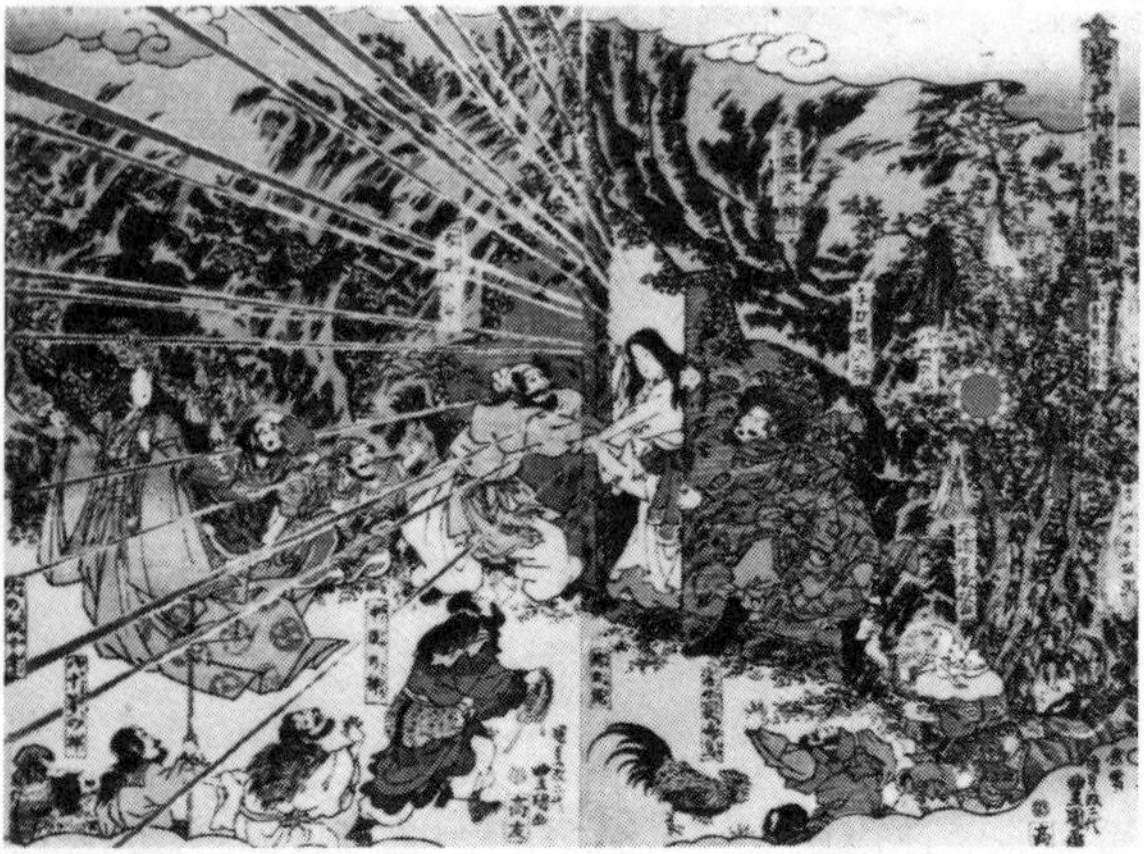

⬆天照大神《あまてらすおおみかみ》が天岩屋に隠れたため地上が闇に包まれたという天岩戸開き神話。これはイエス・キリストが十字架に掛けられて死んだことを意味している。

ってくる。スサノオ命は乱暴狼藉を働き、しまいには天照大神が怪我をする。怒った天照大神は「天岩屋《あめのいわや》」に隠れてしまう。すると、地上は闇に包まれて、魑魅魍魎《ちみもうりょう》が跋扈。地獄のような状態になってしまう。

困った神々は相談して、なんとか天照大神を天岩屋から出そうと策略をめぐらす。まずは天岩戸の前に「賢木・榊」を立て、そこに「八咫鏡《やたのかがみ》」を掛ける。常世《とこよ》の「長鳴鶏《ながなきどり》」を集めて、夜明けを告げる鶏鳴をさせる。集まった神々は場を盛り上げるため、「天鈿女命《あめのうずめのみこと》」に裸踊りをさせる。

外が騒々しいと不審に思った天照大神は天岩戸を少しだけ開け、外の様子を窺った。これを見た神々は、あなた様よりも尊い神が現れたので、みな喜んでおりますといい、証拠として八咫鏡を差しだす。そこに映った自分の顔を見て、天照大神は一瞬ひるむ。隙をついて「手力雄神《たぢからおのかみ》」が天照大神の手をとり、天岩屋から引きずりだす。と同時に、「天太玉命《あめのふとだまのみこと》」と「天児屋根命《あめのこやねのみこと》」が入り口に注連縄を張り、もう二度と入ることのないよう、天照大神を諌めた。かくして、地上は再び光で満ち溢れるようになったという。

歴史学者は太陽神が天岩屋に隠れるとは、日食現象をモチーフにしているのではないかとか、邪馬台国の女王、卑弥呼が死んだことを象徴しているのではないかと指摘する。卑弥呼の存在が投影されているのは当然として、ここで注目したいのは「隠れた」という表現である。古来、日本には忌み言葉があった。直接、死ぬとはいわずに、とくに高貴な人間が亡くなったときには、お隠れになると表現した。天照大神が天岩屋に隠れたということは、死んで横穴式の墳墓に埋葬されたことを意味しているのだ。

天岩戸の前に神々が集まったのは葬式ゆえのこと。葬式の儀礼として、榊を立てた。しかも、そこには天照大神の分身ともいうべき八咫鏡を吊るした。これはユグドラシルの樹に北欧神話の主神オーディンが吊るされたように、聖なる樹木に天照大神の体が文字通り掛けられた。そう、十字架という「生命の樹」にイエス・キリストが掛けられて死んだことを物語っているのである。

常世の長鳴鶏とは、今日、エルサレムにある鶏鳴教会の鶏である。『新約聖書』には使徒ペトロが逮捕されたイエスを前に、自分は何も知らないと語る場面がある。あらかじめイエスは彼の裏切りを見越し、そのとき鶏が鳴くであろうと預言。文字通り、それが成就したとき、ペトロは己の罪を嘆き苦しんだとされる。このときの鶏こそ、常世の長鳴鶏なのである。

裸踊りをした天鈿女命はマグダラのマリアである。『新約聖書』では娼婦として描かれている。性を売り物にしていることが裸踊りという表現になったのだろう。一説に、マグダラのマリアはイエスの妻であったともいう。佐伯博士はアラム語のイエス・キリストをイシュ・マシャとし、これがウズマサ=太秦となったと述べた。ウズマサの「ウズ」がイエスであると解釈すれば、天鈿女命の「ウズ」もイエスのこと。字義的に解釈すれば、「鈿女」とは「イエスの女」、もっといえば「イエスの妻」と解釈できる。

さらに、イエス・キリストは墓に葬られて3日目に復活した。復活したとき、不思議なことに墓の扉は閉まっていた。これを開いたのは天から降臨した天使である。番兵をも驚かした天使こそ、手力雄神だ。

墓の扉が開いたとき、そこには、もうイエス・キリストの姿はなかった。マグダラのマリアが駆けつけたとき、墓の中にはふたりの天使がいた。天照大神が天岩屋から出たとき、入り口に注連縄を張った天太玉命と天児屋根命である。

細かく分析すれば、まだまだある。神道は八百万の神々を崇拝するアニミズムだという思い込みがあるため、肝心な奥義が見えないだけ。実際は、記紀神話は原始キリスト教の神話である。およそ西洋合理主義とは真逆な形で記された『古事記』や『日本書紀』は、ある意味、カッバーラが散りばめられた極東アジアの『聖書』といってもいい。

仕組んだのは秦氏である。彼らは、かくも恐ろしい人々なのだ。幾重にも仕掛けをしている。読む者の力量に合わせて、それに応えるように記述されている。まるで神社に安置された鏡のようだ。文字通り力量が試されるといっても過言ではない。

虚舟事件も、しかり。背景に民俗学でいう「空舟伝説《うつぼぶね》」があり、そこには渡来人の影が見え隠れする。一歩踏み込めば、秦氏が現れる。もし、虚舟事件を秦氏が仕掛けたとするならば、覚悟しなければならない。なぜなら、そこにはカッバーラの迷宮が待っているからだ。

ユダヤ人原始キリスト教徒である秦氏が虚舟事件に隠したもの。それは天照大神、すなわちイエス・キリストに関わる重大な秘密である。もし仮に、虚舟の蛮女が天照大神であるならば、乗っていた虚舟は何を意味するのか。そして、彼女が手にしていた謎の箱、虚舟の聖櫃《せいひつ》は、イエス・キリストとなんの関係があるのか。次章では、これまで、だれも気づかなかった「箱」と「舟」の正体に迫る。

第4章

虚舟の謎を解く鍵となる大預言者モーセと「イエスの聖櫃」

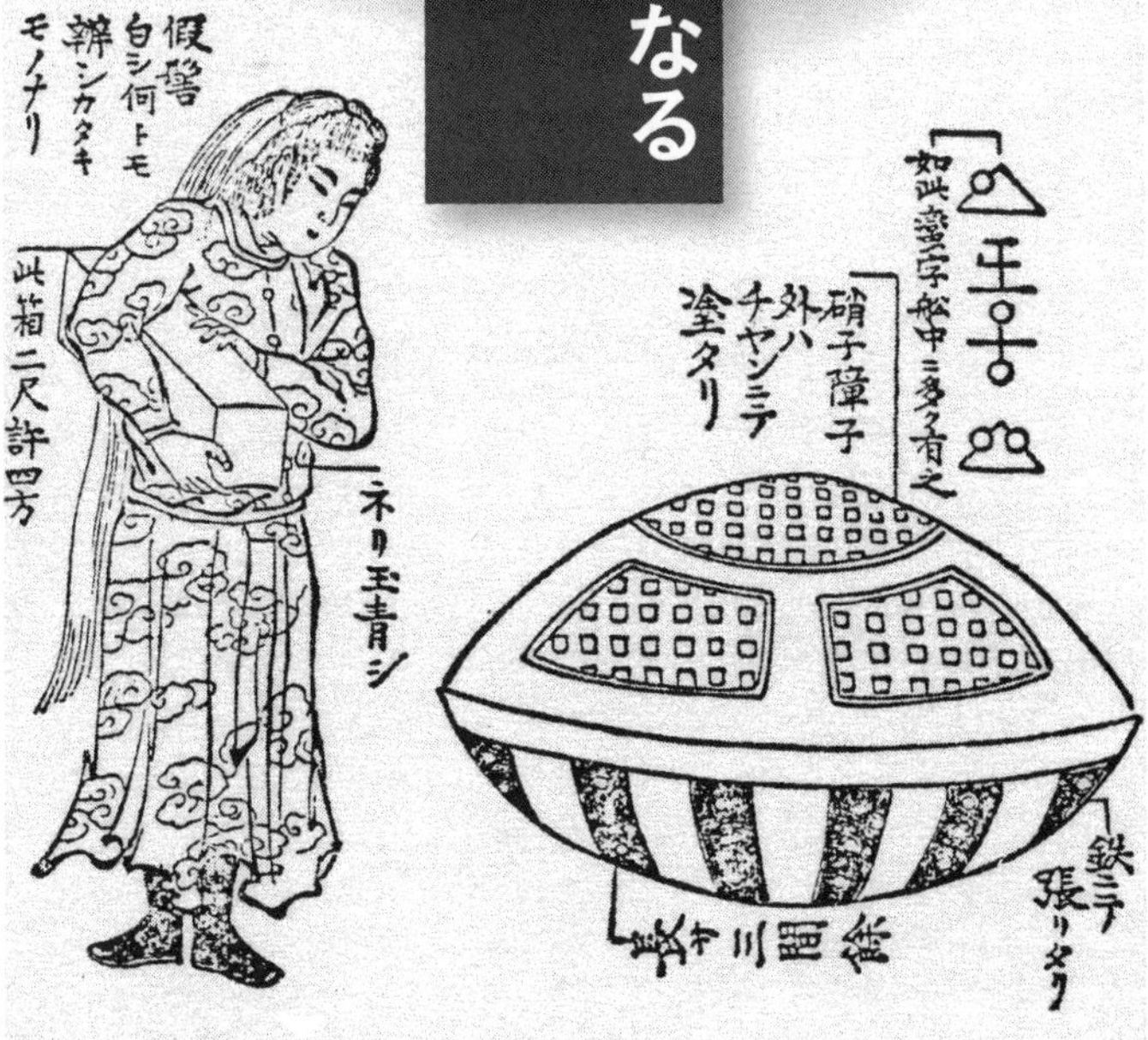

聖徳太子とイエス・キリスト

神道の最高神である天照大神《あまてらすおおみかみ》の正体はイエス・キリストだった。ならば、天照大神を皇祖と報じる天皇家もまた秦氏《はたし》と同様、原始キリスト教徒だったことになる。これを象徴するのが聖徳太子である。聖徳太子伝説にはイエス・キリストの影が色濃く反映している。これに最初に気づいたのは歴史学者の久米邦武博士である。

久米博士が注目したのは聖徳太子の名前「厩戸皇子《うまやどのおうじ》」である。「厩戸」とは「馬屋の戸口」のこと。『日本書紀』によれば、母である間人《はしひと》皇后が厩戸にあたって産気づいて、厩戸皇子を産んだ故事にちなむ。世界広しといえども、厩で生まれた聖人はふたりしかいない。聖徳太子とイエス・キリストである。

イエスが誕生したとき、両親は古代ローマ帝国の戸籍調査のために、故郷へと向かう旅をしていた。ベツレヘムにやってきたとき、急に産気づいた母マリアはやむなく、馬小屋で出産した。生まれた幼子イエスは飼い葉桶に入れられたという。偉大なるメシアは生まれたときは、もっとも貧しい状態にあったことを語るエピソードである。

聖徳太子が実際に厩で誕生したかどうかは定かではない。歴史学的に史実である可能性は低い。むしろ、これは聖人であることを強調するために、すでに知られていた聖人の誕生譚を重ねたものではないか。聖徳太子が偉大な人間であることを示すために、イエス・キリストになぞらえたに違いないと久米博士は考えた。厩だけではない。イエスは大工であり、日本の大工の祖は聖徳太子である。間人皇后は聖徳太子を身籠もったことを夢で知った。夢の中に救世《ぐぜ》観音が現れて、懐妊を告げられたという。これはイエスの母マリアが天使ガブリエルによって受胎告知をされたことと本質的にまったく同じである。

イエス・キリストはバプテスマのヨハネによって洗礼を受けた。洗礼者ヨハネはイエスがメシアであることを見抜いていた。対する聖徳太子には日羅《にちら》がいた。聖徳太子は日羅に師事した。日羅は百済《くだら》に派遣された官僚で、徳の高い僧侶であったが、政治的な発言によって暗殺されてしまう。あたかもバプテスマのヨハネがヘロデ王に楯突いたことで処刑されたことに通じる。

もうひとつ、片岡山の餓者《がしゃ》という伝説がある。聖徳太子が葛《かつら》城《ぎ》に遊行《ゆぎょう》したとき、道端で倒れている男を見つけた。不憫に思った聖徳太子は水と食料、そし

⬆イエス・キリストと同じように厩《うまや》で生まれたといわれる聖徳太子。

て着ている服を与えた。後日、使者を遣わすと、餓者は死んでいたので、丁重に埋葬した。あるとき、ふと、餓者はきっと聖人だったに違いないと考えた聖徳太子は再び使者を墓に派遣し、棺を調べさせた。すると、そこには遺体はなく、与えたはずの服がきれいに折りたたんであったという。かくして、聖徳太子は餓者が真人であったと確信し、墓にあった服を改めて自ら身にまとったという。

クリスチャンの方なら、すぐにピンとくるだろう。これはイエス・キリストが復活した場面そのものである。復活したとき、墓は空だった。中には聖骸布《せいがいふ》がきれいに折りたたんで置いてあった。片岡山の餓者はイエス・キリストにほかならない。しかも、その服は聖徳太子が与えたもの。服を通じて、片岡山の餓者は聖徳太子であり、かつイエス・キリストの姿が投影されているのである。

さらに重要なことが『日本書紀』には記されている。聖徳太子は「兼知未然」というのだ。未来を知っていた予言者だというのである。英語において予言と預言は、ともに「プロフェシー」である。神の言葉を取り次ぐという意味でモーセやヨシュア、イザヤは預言者であった。聖徳太子もまた未来を語る預言者だった。

久米博士は聖徳太子伝説にはキリスト教の影響があると考えた。遣隋使が中国大陸からキリスト教をもち込んでいたのではないか。正式に布教は認められていなかった景教が伝来していた可能性を指摘する。このあたり、佐伯好郎博士の初期の仮説と一致する。いうまでもなく、佐伯博士も、聖徳太子とイエス・キリストの類似性には気づいていた。

しかし、実際は景教ではない。原始キリスト教である。聖徳太子はユダヤ人原始キリスト教徒であった。聖徳太子は天皇家の人間である。第15代・応神《おうじん》天皇の母である神功《じんぐう》皇后は天之日矛《あめのひぼこ》の子孫であり、秦氏である。応神天皇の子孫である聖徳太子も秦氏だ。聖徳太子は秦氏の預言者だったのである。

秦河勝とモーセ

聖徳太子の舎人《とねり》、つまりは側近が秦河勝《はたのかわかつ》である。聖徳太子の政策は事実上、秦河勝が策定した可能性が高い。有名な「十七条の憲法」や「冠位十二階」には原始キリスト教およびカッバーラの思想が影響していると思われる。根底にはユダヤ教の律法やイエスの12使徒の存在があるはずだ。

太秦《うずまさ》と呼ばれた秦河勝について、同じく秦氏である能の「世阿弥元清《ぜあみもときよ》」の著書『風姿花伝《ふうしかでん》』には、こんな伝説が記されている。

「欽明《きんめい》天皇のころである。大和の泊瀬《はつせ》川が氾濫して洪水が発生し、上流からひとつの壺が流れてきた。三輪《みわ》神社の鳥居のところに流れ着いた壺を村人が拾ってみたところ、中には容姿の美しい子供が入っていた。

その夜、欽明天皇の夢に壺の中の子供が現れ、自分は秦始皇帝《しんのしこうてい》の生まれ変わりであると称した。驚いた欽明天皇は翌日、子供を内裏に招き入れ、殿上人として育てることにする。15歳になると、秦始皇帝にちなんで秦という姓を与えた。また、氾濫した泊瀬川から助かったことにちなみ、河に勝ったという意味で、名を河勝としたという」

同様の説話は、やはり能楽師の金春禅竹《こんぱるぜんちく》の著書『明宿集《めいしゅくしゅう》』にも記されている。おわかりのように、これは典型的な「空舟《うつぼぶね》伝説」である。空舟伝説の背景には渡来人がいると指摘した柳田《やなぎた》國男《くにお》も「秦河勝伝説」に言及している。空舟伝説自体、そもそも秦氏が担っていた可能性があることは第2章でも指摘したところである。かの虚舟《うつろぶね》事件のモデルにもなった「金色姫《こんじきひめ》伝説」も、元は秦河勝伝説が下敷きになっていた可能性もある。

この秦河勝伝説は赤穂の大避《おおさけ》神社にもある。『風姿花伝』によれば、聖徳太子が亡くなると、政敵であった蘇我馬子《そがのうまこ》の力が強くなり、これを危惧した秦河勝は拠点を山背国や飛鳥地方から難波津《なにわづ》を経て播州へと移した。その際、秦河勝は空舟に乗ってきたという。よほど秦河勝と空舟は深い関係にあったらしい。

赤穂の大避神社の伝説を見て驚いたのが佐伯好郎博士である。佐伯博士は「太秦（禹豆満佐）に就いて」にこう記している。

「而して大酒神社の由来を一見して驚いた。何故となれば、出埃及記第二章に在る話と酷似して居るからである。希伯来人の児、モーゼが生まれたとき埃及玄妃が之を効ひ、『モーセ』（効出）と名けたと云ふ逸話と、秦河勝、甕の中の内に入れられて流されて播州赤穂郡坂越に着き

⬆（上）幼いころ河に流され、助けられた秦河勝《はたのかわかつ》。（下）ナイル河に流され、ファラオの娘に拾い上げられたモーセ。

て秦民族の祖となり、「河に勝った」から「河勝」と名乗り秦民族の長となったと云う話とは、同工異曲であって、旧約の日本版と云ふべきでないか」

ご存じのように、生まれて間もないころ、モーセは葦舟に乗せられてナイル河に流された。これを古代エジプトのファラオの娘が拾い上げ、王家の子供として育てた。

モーセの名前はヘブライ語で「マーシャー：河から引きあげた」という言葉に由来すると『出エジプト記』には記されている。これは秦河勝の名前の由来とまったく同じであると佐伯博士は述べているのだ。

同じことを日ユ同祖論研究家である三村三郎氏も著書『世界の謎　日本とイスラエル』の中で述べている。もっとも三村氏自身は佐伯博士の「太秦（禹豆満佐）に就いて」を読んでいないらしく、「今日までどなたもこれに触れていないから」と前置きして、最後に「河勝公の伝説はモーゼの伝説の改作であるのかも知れない」と結んでいる。

では、なぜ秦氏は自らの首長に対して、モーセの故事を意識した伝説を語り継いできたのか。その理由は、ほかでもない、秦氏がユダヤ人であるからだ。ユダヤ教の始祖ともいうべき大預言者モーセを崇敬していたからこそ、秦河勝伝説を作りあげたのだ。

キリスト教の神学には「予型」という思想がある。イエス・キリストの生涯は『旧約聖書』

に記された故事としてあらかじめ示されていた。イエスが誕生したとき、メシアの出現を恐れたヘロデ王は幼子を殺したが、同様のことはモーセの時代にもあった。メシアの誕生を恐れたファラオはイスラエル人の長子を殺した。予型論からすれば、イスラエル12支族を率いた大預言者モーセは12使徒を従えたイエス・キリストの雛形である。いい方を換えるなら、イエスは第2のモーセなのである。

いわば聖徳太子と秦河勝は、それぞれイエス・キリストと大預言者モーセとして秦氏によって位置づけられていた。ユダヤ人原始キリスト教徒である秦氏をモーセなる秦河勝が束ねて、イエス・キリストの預言者である聖徳太子に仕えていたというわけだ。秦氏の秦が「ユダヤ・イエフダー」に由来するならば、秦河勝とは「ユダヤ・モーセ」という意味なのだ。

継体天皇と秦氏

秦河勝に関しては、もうひとつ謎がある。赤穂の大避神社の主祭神は秦河勝である。秦氏の首長として祀られている。京都の太秦にある大酒神社には直接、秦河勝は祀られていない。「播磨の大避大明神」といえば基本的に秦河勝のことを意味する。江戸時代の国学者、鈴鹿連胤《すずかつらたね》は『神社覈録《かくろく》』の中で大避大明神は「豊彦王」であると述べている。

豊彦王なる人物は記紀には見えないが、『本朝皇胤紹運録《ほんちょうこういんじょううんろく》』には第27代・安閑《あんかん》天皇の皇子であると記されている。定説では安閑天皇には子供がいなかったはずだが、御落胤《ごらくいん》がいた可能性は否定できない。鈴鹿連胤の説が正しければ、なんと秦河勝は安閑天皇の息子だということになる。

安閑天皇には秦氏の妃がいたのか。母方の姓を名乗ったにしては、少々気になる。そこで調べてみると、興味深い事実が浮かび上がってくる。安閑天皇の父親は第26代・継体《けいたい》天皇である。かねてから、継体天皇は、それまでの皇統とは異なるのではないか、いわば王朝交代があったのではないかという説が囁かれてきた。少なくとも、先代の第25代・武烈《ぶれつ》天皇の血は引いていない。記紀によれば、継体天皇は第15代・応神天皇の5世孫であるということだ。もはや直系とは呼べない傍系だ。はたして、応神天皇の血を引いているかさえも定かではない。

応神天皇の母である神功皇后の先祖には天之日矛がいる。天之日矛は秦氏であるから、応神天皇は秦氏の血を引いている。八幡大神と習合したことも、秦氏だとすれば筋が通る。神功皇后を通じて古代天皇は秦氏とつながっている。ならば、応神天皇の5世孫と称する継体天皇もまた秦氏であるはずだ。

だが、王朝交代があったとすれば、秦氏ではない可能性も出てくる。『釈日本紀《しゃくにほんぎ》』が引用した『上宮記《じょうぐうき》』の逸文にある系譜をもとに、応神天皇から継体天皇の系図を復元すると、こうなる。

「応神天皇：誉田別尊《ほむたわけのみこと》――稚野毛二派皇子《わかぬけふたまたのおうじ》――意富富杼王《おおほどのおおきみ》――乎非王《おいのおおきみ》――彦主人王《ひこうしのおおきみ》――男大迹《おほどの》王《おおきみ》：継体天皇」

継体天皇の諱《いみな》「男大迹：オホド」と曽祖父である「意富富杼：オオホド」は、ともに「ホド」という音を共有している。あえて表記すれば「小ホド」と「大ホド」である。系図を改竄《かいざん》したとすれば、鍵となるのは曽祖父の意富富杼王である。

⬆秦河勝の父親の可能性がある安閑《あんかん》天皇。

興味深いことに『古事記』には、意富富杼王を祖として掲げる豪族がいくつかいる。具体的に、三国君《みくにのきみ》と息長坂君《おきながのさかのきみ》、酒人君《さけひとのきみ》、山道君《やまぢのきみ》、筑紫《つくし》之米多君《のめたのきみ》、布勢君《ふせのきみ》、そして「波多君《はたのきみ》」である。波多氏は「ハタ氏」である。一般に、この波多氏は渡来人である秦氏とは別系統だとされるが、はたして、そうだろうか。同じく意富富杼王の末裔に「息長氏」がいる。息長氏からは神功皇后が輩出している。天之日矛をもちだすまでもなく、息長氏と秦氏は近い関係にあった。

極論すれば、意富富杼王は秦氏だった。曾孫である継体天皇も秦氏であり、その息子である安閑天皇も秦氏。さらには孫である豊彦王が秦河勝だったとしても不思議ではない。応神天皇は母方が秦氏であったが、継体天皇は父方が秦氏だった。ここにおいて、古代天皇の王朝は交代して「秦王朝」となったのである。

継体天皇は大預言者モーセの子孫

秦河勝伝説は大預言者モーセの故事にちなむ。豊彦王が秦河勝ならば、継体天皇以降の天皇家は秦氏はもちろんのこと、大預言者モーセと深い関係にある。モーセはイスラエル12支族の中でも、祭祀を司るレビ族だった。ユダヤ教の儀式は、すべてレビ人だけが行う資格をもっていた。

なかでも、モーセの兄アロンの直系一族は神殿における儀式を仕切る「祭司：コーヘン」であり、さらにそのなかでも至聖所に入ることができたのは「大祭司：コーヘン・ハ・ガドール」だけであった。

ここに謎がひとつある。モーセの立場である。モーセはイスラエル民族のメシアであると同時にレビ族であり、大祭司であった。なにしろ、創造神ヤハウェにまみえて、契約の十戒石板を授かったのはモーセである。ゆえに、アロンの子孫と同様、モーセの子孫もまた大祭司の資格があったはずである。なのに、モーセの子孫に関する記述が極端に少ないばかりか、むしろアロンの子孫が儀式をすべて仕切るようになる。

どうもこのあたり、『旧約聖書』が改竄された可能性がある。イタリアの聖書学者フラビオ・バルビエロの最新の研究によれば、ソロモン神殿の大祭司エリはシロという町に住んでいた。シロはモーセの子孫の領地であり、ここにアロンの子孫はいない。状況から考えて、エリはモーセの子孫である。同様に、大祭司を歴代務めることになるツァドクの一族もモーセの子孫であることが判明したという。

つまり、だ。大預言者モーセが創造神ヤハウェから十戒石板を授かって以降、ソロモン神殿で儀式を執り行ってきた大祭司は、みなモーセの子孫だった。アロン系大祭司ではなく、モーセ系大祭司だったのだ。おそらく、改竄されたのはヨシヤ王の宗教改革のときに違いない。

古来、天皇は儀式を執り行ってきた。覇王ではなく、祭祀王だった。天皇は神道の元締めともいうべき存在なのだ。継体天皇以降、大和朝廷は男系の秦王朝となった。ユダヤ人原始キリスト教である秦神道を奉じる国体となった。儀式を執り行うのは、当然ながらレビ人である。なかでもモーセ直系の子孫たる大祭司だったはずである。

今日、イスラエルをはじめ国際的なユダヤ人の定義として、ユダヤ教徒であることと、母親がユダヤ人であることが条件だが、唯一、レビ人だけは違う。レビ族は男系である。皇室が男系天皇にこだわる理由も、律法による大祭司の条件だとすれば筋は通ってくるし、聖書にある系図も男系表記である。

契約の聖櫃アークと預言者モーセ

ヨシヤ王の宗教改革以前、ユダヤ教は一神教ではなく、三神教だった。あえて表現すればイスラエル教である。イスラエル教の教義は原始キリスト教である。原始キリスト教は三位一体《さんみいったい》であり、絶対三神唯一神会である。これを象徴的に示すのが「イスラエルの三種神器」である。イスラエルの三種神器とは「モーセの十戒石板」と「アロンの杖」と「マナの壺」のこと。これらが「契約の聖櫃《せいひつ》アーク」に納められている。具体的な対応は、こうだ。

「御父：エル・エルヨーン＝エロヒム：アロンの杖」
「御子：ヤハウェ＝イエス・キリスト：十戒石板」
「聖霊：コクマー＝ルーハ：マナの壺」

十戒石板は2枚ある。これは霊の状態である創造神ヤハウェと受肉したイエス・キリストが

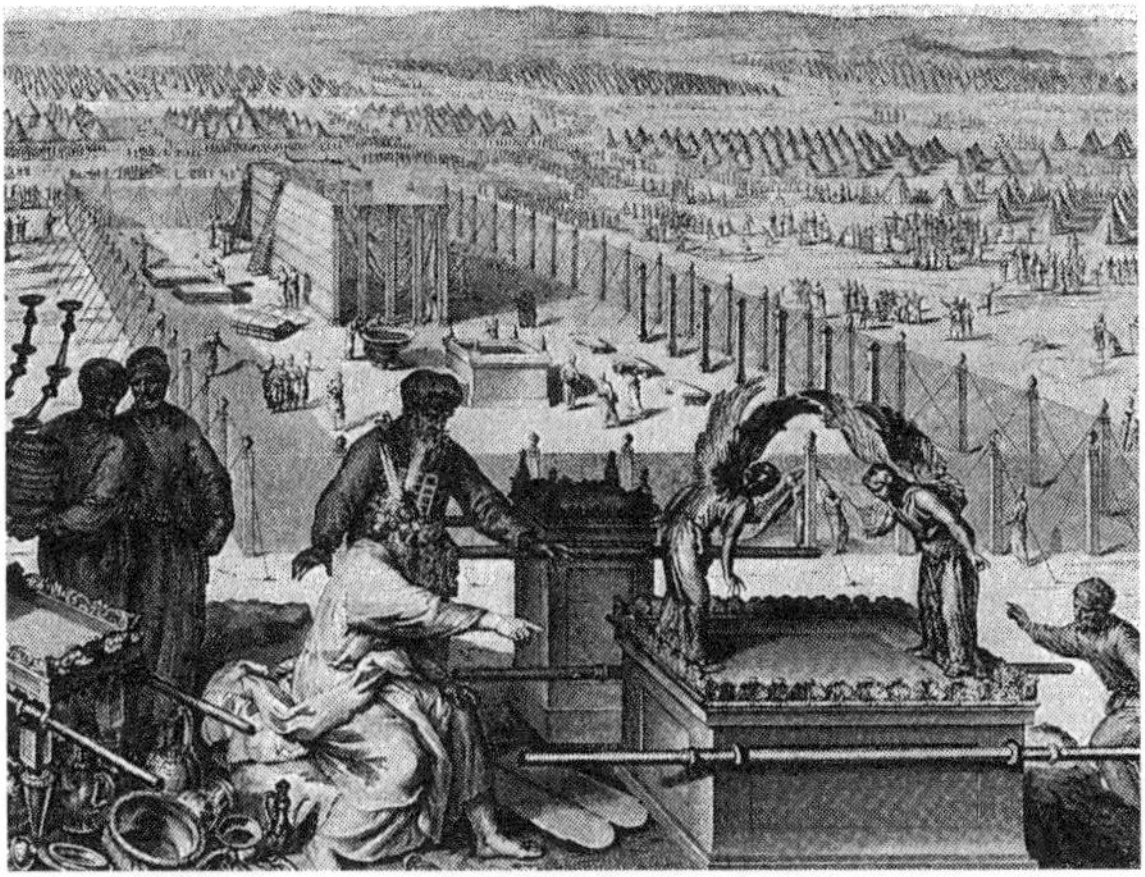

⬆契約の聖櫃《せいひつ》アーク。後ろには建設中の幕屋が見える。

同一神であることを示している。絶対三神を示すイスラエルの三種神器がひとつの契約の聖櫃アークに納められている状態は絶対三神がひとつの神会を形成していることを象徴しているのだ。契約の聖櫃アークは祭壇としての機能もあり、上部の贖《あがな》いの座には創造神ヤハウェが顕現し、預言を託宣していた。

　契約の聖櫃アークは大預言者モーセの指示により製作された。契約の聖櫃アークは当初、幕屋に納められ、後にソロモン神殿の至聖所に安置された。儀式はすべてモーセの子孫である大祭司コーヘン・ハ・ガドールの手によって行われた。契約の聖櫃アークがあるところ、必ずモーセ系大祭司がいた。

　ところが、だ。紀元前586年、バビロン捕囚を境にして、契約の聖櫃アークは行方不明になっている。

同時代の記録として最後に『旧約聖書』に現れるのは、やはりヨシヤ王の時代である。宗教改革の一環として神殿を清める際、一度、契約の聖櫃アークは至聖所から外に持ちだされている。再び至聖所に安置されたとあるのだが、どうも、このあたり不可解なのだ。ヨシヤ王は神殿を清めるにあたって、荒れ野でモーセが掲げた「旗竿」と「青銅の蛇：ネフシュタン」を破壊している。モーセの聖遺物を偶像であるとして遺棄したのだ。同様のことが契約の聖櫃アークに及んだ可能性はゼロではない。

事実、『旧約聖書外典』のひとつ「第2マカバイ書」によれば、バビロン捕囚の直前、預言者エレミヤが大祭司を引き連れて、ソロモン神殿から契約の聖櫃アークを密かに持ちだし、荒れ野に運んだ。彼はモーセの墓の近くにあったネボ山の洞窟に契約の聖櫃アークを安置して、入り口を塞いだという。具体的な場所は不明だが、死してもなお大預言者モーセは契約の聖櫃アークとともにあったことが窺える。もっとも本当に死んでいたかは定かではない。後にヘルモン山において、イエス・キリストの前に預言者エリヤとともに姿を現したことを思えば、守護天使として警護していたのかもしれない。

いずれにせよ、契約の聖櫃アークは現在、行方不明である。エルサレムの地下に隠されているとか、イギリスのロスリン礼拝堂にテンプル騎士団が秘匿したとか、はてはエチオピアのアクスムにあるシオンの聖マリア教会に祀られているとも噂されるが、いまだに発見されていない。

ただ、ひとつだけ確かなことがある。もし現在も破壊されずに残っているとすれば、そこには必ずモーセ系大祭司がいるはずだ。契約の聖櫃アークは「お宝」ではない。あくまでも創造神ヤハウェが顕現する祭壇なのだ。秘匿されていたとしても、モーセ系大祭司が日々、儀式を執り行っているはずである。

洞窟を封印する際、預言者エレミヤは創造神ヤハウェが再びイスラエル人に憐れみをくださるまで契約の聖櫃アークは隠されるだろうと述べている。もし、これが紀元前538年のバビロン捕囚からの解放だとすれば、新バビロニア王国の滅亡とユダヤ人のエルサレム帰還によって成就しているはずだ。このとき、洞窟にあった契約の聖櫃アークは外に出された可能性が高い。

しかし、新しく建設されたソロモンの第二神殿には契約の聖櫃アークはない。少なくともエルサレムには戻ってきていない。ほかの場所へと、そのまま運ばれたのだ。可能性として考えられるのは東である。新バビロニア王国を滅ぼしたのはアケメネス朝ペルシアである。その領内には捕囚から帰還せずに残ったユダヤ人も数多くいた。彼らは「ミズラヒ系ユダヤ人」でアジアに広がっていった。契約の聖櫃アークを手にしたモーセ系大祭司たちもまた、シルクロー

⬆屋根つきのアーク。屋根のついた箱に担ぎ棒のある神輿《みこし》の原型だ。

ドを東へと向かった可能性がある。シルクロードの終着駅はそう、この日本である。

契約の聖櫃アークと神輿

契約の聖櫃アークは移動式の神殿である。聖櫃とあるように基本的に箱である。蓋つきの箱に担ぐための棒が2本差し込まれている。内側と外側も、すべて金箔で覆われている。蓋は創造神ヤハウェが顕現するための祭壇になっており、その両脇には2体の「天使：ケルビム」の黄金像が設置されている。ケルビムは互いに向き合い、その翼で顔を覆っているという。

この姿、日本人ならば、どこかで見たことがあるだろう。そう「神輿《みこし》」である。日本の神輿も移動式の神殿である。屋根がついた箱、もしくは祠のようなもので、全体が金箔で覆われており、担ぎ棒がある。上部にはケルビムのように翼を広げた黄金の鳳凰《ほうおう》像が設置されている。鳳凰とは雌雄の名称なので、1体で2羽と解釈できないこともない。なかには宝珠を載せたものもあるが、これなどは光る雲として顕現した創造神ヤハウェの姿を象徴しているようでもある。

⬆大仏開眼の際、宇佐神宮から八幡大神が神輿に乗って祝福にやってきたという記録にちなんで作られた「神輿発祥の地」の碑。

記録に神輿の名前が現れるのは奈良時代。『続日本紀《しょくにほんぎ》』において、東大寺で毘盧遮那《びるしゃな》仏像、すなわち奈良の大仏が開眼供養される際、遠く宇佐神宮から八幡大神が神輿に乗って祝福にやってきたという記述が初めてである。宇佐神宮はいうまでもなく、全国の八幡神社の総本山であり、創建した辛《から》嶋氏《しまし》は秦氏である。迎える東大寺の別当である良弁《ろうべん》もまた、俗名は秦氏である。神輿の発祥には秦氏が深く関わっていたのだ。

第2章で紹介したように、秦氏が長らく住んでいた朝鮮半島には空舟伝説がある。前身が秦韓《しんかん》である新羅《しらぎ》の脱解王《だっかいおう》は、かつて箱に入れて流されて漂着した。その脱解王の時代、鶏林の上空から黄金の箱が降りてきた。黄《おう》金櫃《ごんひつ》を開けてみると、そこには幼子があり、長じて金閼智《きんあっち》となり新羅金氏の祖となった。

同様に、同じく秦人《しんじん》の弁辰《べんしん》を前身とする伽耶《かや》にも黄金櫃が登場する。あるとき、天から黄金箱が亀旨峰《クジボン》に降りてきて、中を見ると、そこに6つの卵が入っていた。卵からは幼子が生まれ、そのひとりが伽耶の始祖、金首露《きんしゅろ》となったという。

さらに、海峡を挟んだ九州には秦氏の王である応神天皇にまつわる箱伝説がある。三韓出兵の際、神功皇后は生まれた応神天皇の胞衣《えな》を箱に入れて、筥崎宮《はこざきぐう》の境内に埋めた。現在、これを目印に植えた松にちなんで「筥松《はこまつ》」と呼んでいるが、筥崎宮も秦氏の創建で、神職は代々、秦氏が務めてきた。おわかりのように、応神天皇の筥松伝説は、新羅や伽耶の箱伝説と同類説話であり、担い手が秦氏であることは間違いない。

これらは、みな神輿の原型である。神輿に乗せられるのは神様であり、その御神体である。王朝の始祖が神格化されることは、ままある。遡れば、秦氏が語り継ぐ「神輿＝黄金櫃」は本来、契約の聖櫃アークだった。行方不明となっている契約の聖櫃アークはシルクロードを通り、秦氏によって日本にもたらされたのだ。

古代天皇が大預言者モーセの子孫であるならば、当然である。モーセ系大祭司は常に契約の聖櫃アークとともにあった。モーセ系大祭司が天皇として秦神道の儀式を執り行っているならば、そこに契約の聖櫃アークがあってしかるべきである。

事実、契約の聖櫃アークは日本にある。現在、伊勢神宮の内宮《ないくう》地下殿に、イエス・キリストの聖十字架とともに安置されている。伊勢神宮は毎日、天照大神を祀り、実にさまざまな儀式を行っている。天照大神がイエス・キリストであり、かつ創造神ヤハウェであるがゆえ、聖十字架と契約の聖櫃アークは一体となって祀られているのである。

滅多に語られることはないが、伊勢神宮の内宮に納められている八咫鏡《やたのかがみ》は「御船代《みふなしろ》」と呼ばれる箱に入っている。「代」とあるように、これは「依代《よりしろ》」であり、本物は「御船」と称す。これが地下殿に安置された契約の聖櫃アークである。

ここで注意してほしいのが「船」という表現である。「船神輿」という言葉があるように、契約の聖櫃アークは、ひとつの「船」でもあった。黄金の「箱」であると同時に「船」でもある。そう「箱舟」だったのだ。

ノアの箱舟とモーセの葦舟

契約の聖櫃アークの「アーク」とはラテン語である。ヘブライ語では「アロン」と称す。キリスト教では、もうひとつの「アーク」が存在する。「ノアの箱舟」である。今から約4500年前、地球上を襲った大洪水を預言者ノアと家族8人は箱舟に乗って生き延びた。ノアの箱

⬆ノアの箱舟。三種神器が入っていた契約の聖櫃アークの予型で、箱舟に乗っていた男子は三種神器に相当する。

舟をラテン語で「アーク」と呼ぶ。ヘブライ語では「テーヴァー」、英語では「ノアズ・アーク」である。

　キリスト教の予型論からすれば、ノアの箱舟は契約の聖櫃アークの予型でもある。契約の聖櫃アークにはイスラエルの三種神器が入っていたが、ノアの箱舟に乗っていた8人のうち、男子は4人。預言者ノアと3人の息子だ。このうちセムはノアの権能を受け継いだので、父親とともに2枚の十戒石板に相当し、残るヤフェトがアロンの杖、そしてハムがマナの壺に対応する。

　興味深いことに、箱舟を意味するヘブライ語「テーヴァー」には、もうひとつ「籠」という意味があり、『旧約聖書』において重要なアイテムとして登場する。幼子モーセを乗せた「葦舟」である。葦で編んだ籠の舟という意味なのだろう。

ファラオによって全イスラエル人の幼子が殺された当時、幼子モーセにとって葦舟は救いの箱舟だった。ある意味、ノアの箱舟はモーセの葦舟の予型でもあったのだ。

さて、そうなると、だ。本書のテーマである「虚舟」である。一度、整理しよう。虚舟事件の背景には「金色姫伝説」があった。金色姫伝説は典型的な「空舟伝説」である。空舟伝説には渡来人が深く関わっており、なかでも秦氏が担い手であった可能性が高い。その秦氏はユダヤ人原始キリスト教徒であり、古代天皇は秦氏の大王だった。

古代天皇はユダヤ教の大祭司であり、大預言者モーセの子孫だった。モーセ系大祭司だけが許される「契約の聖櫃アーク」の儀式を一手に担っていた。契約の聖櫃アークには「箱」と「船」、ふたつの意味があり、その原型は「ノアの箱舟」である。箱舟を指すヘブライ語「テーヴァー」には「モーセの葦舟」という意味もある。大預言者モーセが乗っていた葦舟こそ、本来の虚舟だったのではないか。と同時に、契約の聖櫃アークこそ、虚舟の蛮女《ばんじょ》が抱えていた聖櫃の正体なのではないのか。だとすれば、いよいよ秦氏が仕掛けた虚舟事件の真相が見えてくる。カッバーラによる虚舟事件の謎解きは、ここから最終段階に入る。

イエスの聖櫃

ノアの箱舟は契約の聖櫃アークとモーセの葦舟、ふたつの予型である。本来、予型論は『旧約聖書』の故事にイエス・キリストの生涯が雛形として預言されていると考える。先述したように、イスラエル人のメシアである大預言者モーセは同様に、ユダヤ人のメシアであるイエス・キリストの予型である。

モーセの葦舟はキリスト教の教会の象徴である。イエスの12使徒のうち、ペトロ以下4人は漁師だった。イエスは人をとる漁師にしようといって、彼らを召命した。嵐の中で恐れおののく弟子たちを前に、船に乗ったイエス・キリストはひと言で風雨を鎮めた。イエスと弟子たちが乗った船は、ノアの箱舟であると同時にモーセの葦舟でもある。

さらに、生まれたばかりの幼子モーセが乗せられた葦舟は、同じく幼子イエス・キリストが入れられた「飼葉桶」の象徴だった。だとすれば、ここに契約の聖櫃アークが予型とする「もうひとつの聖櫃」も存在したはずである。『新約聖書』には、こんなエピソードが記されている。

「イエスはヘロデ王の時代、ベツレヘムで生まれた。当時、夜空に見知らぬ星が現れた。これを見た占星術の学者たちが東方からエルサレムにやってきた。彼らはヘロデ王に会見して、ユダヤの王として生まれた方はどこにおられるか聞いた。見知らぬ星はメシア誕生のしるしだったのだ。

ヘロデ王は祭司や律法学者を集めてその場所を調べさせ、彼らに伝えた。誕生したメシアが見つかったら教えるようにとも述べた。自分もメシアを拝みたいと偽りの言葉を添えて。

東方の博士たちが出立すると、東方で見た星が再び現れて、彼らを先導した。やがて星は一軒の家の上で止まった。ここだと確信した学者たちは喜び、家の扉を叩いた。中に入ると、そこには母マリアに抱かれた幼子イエスがいた。

彼らはイエスにひれ伏して拝み、持参した『宝の箱』を開けて、黄金と乳香と没薬《もつやく》を贈り物として捧げた。かくして、東方の博士たちは満足し、そのままヘロデ王のところに行かず、祖国へと帰っていった」


ご存じ「東方の三博士」である。見知らぬ星は「ベツレヘムの星」として、しばしばクリスマスツリーのてっぺんに飾られる。ヨーロッパの黄金伝説では持参した宝物を象徴して、学者は3人いたと語られる。名前もあり、それぞれ黄金を贈った青年「メルキオール」と乳香を贈った壮年「バルタザール」、そして没薬を贈った老人「カスパール」として知られる。

もっとも『新約聖書』には人数は書いていない。実際は3人ではなく、かなりの大集団だったことが予想される。「占星術」とあるが、世にいう「星占い」ではない。星占いは『旧約聖書』において禁じられているので、今日の天文学やカッバーラにおける占星術だと思われる。

学者、もしくは博士として訳される言葉はギリシア語の「マゴス」である。ラテン語では「マギ」ともいい、もとはペルシア語。おそらくペルシアにおけるゾロアスター教やミスラ教、もしくはミトラス教の祭司を意味していたのではないかと考えられている。エルサレムから見た東方、ペルシアを含む東方では占星術が盛んであったことも大きな理由だ。マゴスは「魔術師」とも訳され、後に奇術を意味する英語の「マジック」の語源にもなった。

だが、実際のところ、彼らは何者なのだろうか。仮にミトラス教徒だとすれば、彼らはイエスがメシアであることを知っていた。ミトラス教の密教において太陽神ミトラスがイエス・キリストと同一神だという思想があったのか。実際のところ、カッバーラにおいては同一神と解釈する。秦氏が仏教のメシアである弥勒菩薩《みろくぼさつ》にイエス・キリストの姿を投影したのもカッバーラの叡智があってこそである。

しかし、原始キリスト教からすれば、東方の博士たちが異邦人であるとは考えにくい。イエスは自ら「イスラエルの家の失われた羊以外の者には遣わされていない」と述べている。『旧約聖書』において「失われた羊」という言葉自体、象徴で語られるときは常にイスラエル人を意味した。

東方からやってきた占星術師といえども、彼らはイスラエル人だったに違いない。同時に、イスラエル教徒だったはずだ。その証拠が宝物である。東方の博士たちは幼子イエスを拝んで、

⬆イエスの誕生を祝うためにベツレヘムからやってきた東方の三博士。

3つの宝物を贈った。

黄金と乳香と没薬という3つの宝物、すなわち「マギの三宝」はイスラエル教の絶対三神を象徴している。そう「イスラエルの三種神器」と同じである。イスラエルの三種神器はマギの三宝の予型でもあったわけだ。

ヘブライ大学のベン・イェホシュア教授によると、黄金とは金属としてのゴールドではなく、アラビア半島南部に生息する樹木アミリス・オポバルサマムから作られる「ギレアデの乳香」のことで、一般的な樹木ボスウェリアから作られる乳香とは異なるものだという。本来、3つの贈り物とは「ギレアデの乳香とボスウェリアの乳香と没薬」のことで、いずれも樹液を原料としており、3種類の樹木を象徴している。いうまでもなく、3つの樹木とは3本の樹、すなわち三柱構造をもつカッバーラの奥義「生命の樹」を意味している。

しかも、これらは「宝の箱」に入っていた!! いうまでもなく、この予型は契約の聖櫃アークである。「イエスの聖櫃」ともいうべき至宝なのだ。創造神ヤハウェとの契約という意味でいうならば、「旧約の聖櫃：モーセのアーク」に対する「新約の聖櫃：イエスのアーク」だといっていい。

実際、カトリックなどのキリスト教会では礼拝堂に小さな箱を掲げておくことがある。ミサの際には、そこに聖体のパンを入れる。聖体はイエス・キリストの体であるから、それを入れる箱は聖母マリアの体と見なされた。小さな箱は契約の聖櫃アークにも見立てられたので、しばしば聖櫃と呼ばれ、そばにマリア像を置くこともある。

東方の博士たちから贈られたイエスの聖櫃は現在、失われている。契約の聖櫃アークと同様、行方不明とされている。だが、先述したように、失われた契約の聖櫃アークは日本にある。かのイエス・キリストが磔《はりつけ》になった聖十字架も、伊勢神宮の地下殿で祀られている。ならば、イエスの聖櫃もまたこの日本のどこかに秘匿され、そこで重要な儀式が行われている可能性が高い。これを決定づけるのが、実は虚舟事件なのだ。謎を解く最終的な鍵は謎の4文字、あの「虚舟文字」である。次章では、いよいよ宇宙文字の解読に挑む。

第5章

虚舟の4文字は古代ヘブライ語で「アスカ」を意味していた!!

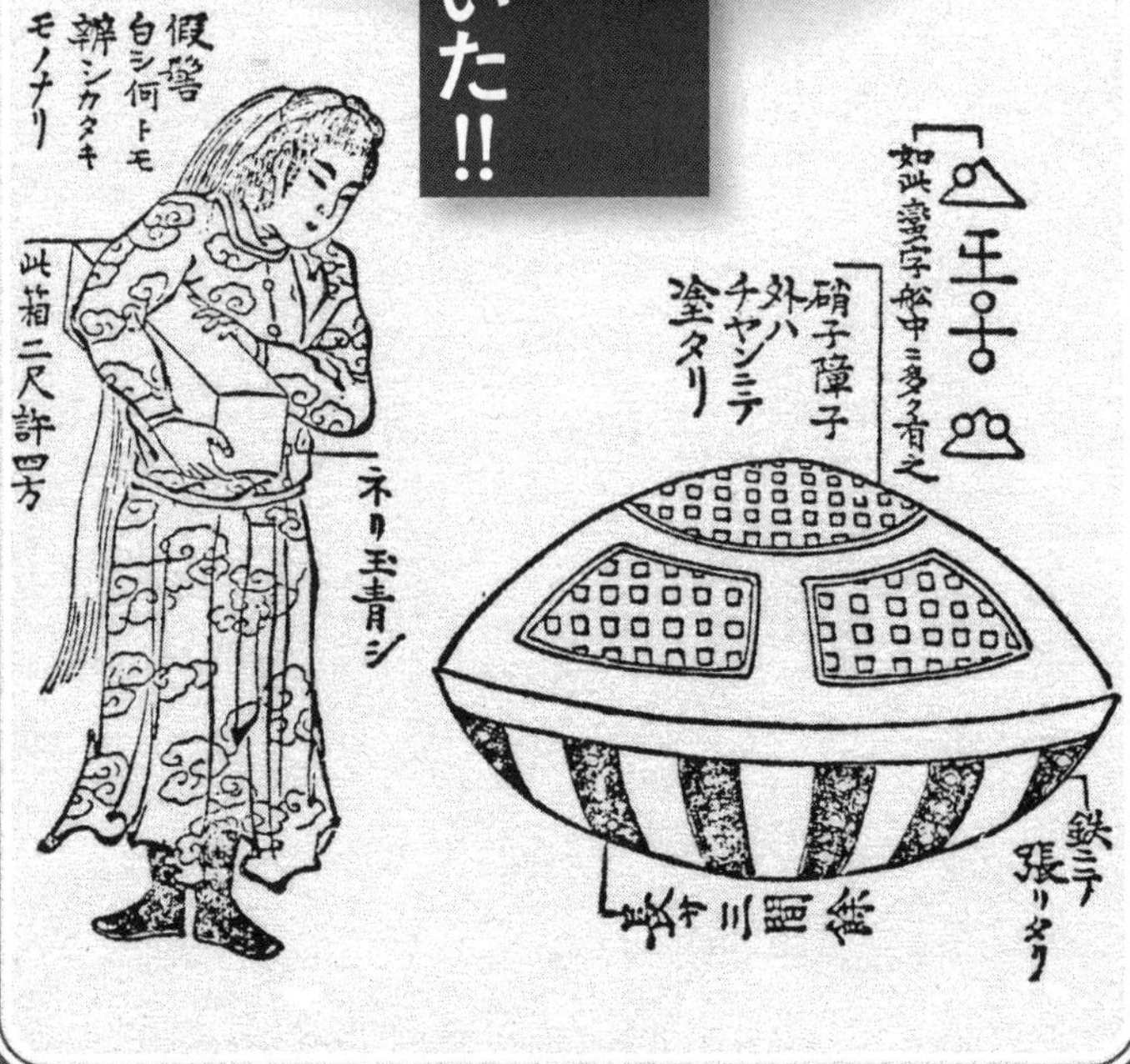

ヴォロネジ事件と虚舟文字

ソ連が崩壊する直前、東ヨーロッパでは急速に民主化が進み、いわゆる東欧革命がドミノ倒しのように起こり、ついには冷戦の象徴ともいうべきベルリンの壁が崩壊した1989年のことである。ベルギーで発生した大規模なUFOフラップの前触れともいうべき事件が国際コミンテルンの牙城、ソ連で発生する。

9月21日、首都モスクワに近いヴォロネジ市に、あたかも降ってわいたかのようなUFO騒動がもちあがった。市内各地でUFOの目撃が相次ぎ、なかには着陸した機体から巨大な異星人が出現。多くの住民が三つ目をしたロボットのようなエイリアンと遭遇したというのだ。わかっているだけでも事件は20件以上はあった。

小学校の校庭や公園に着陸したケースもあり、目撃者の多くは子供であった。彼らの証言によると、はじめUFOは上空で光り輝いていたが、やがて地上に降下。卵のような楕円球の船体から着陸脚を伸ばすと、ゆっくりと着地した。UFOには窓があり、機体にはロシア語の「Ж」に似たマークが大きく描かれていた。

しばらくすると、UFOのハッチが開き、そこから3人の異星人が現れた。ひとりは身長が約2メートル。首がなく、頭には目らしきものが3つあった。胸には機械ようなものがあり、

⬆1989年９月21日、旧ソ連のヴォロネジ市に現れたロボットのような三つ目のエイリアン。

ベルトをしていた。歩き方がぎこちなく、ロボットのような印象を受けた。

ほかのふたりは身長が約１メートル。ヒューマノイド・タイプで、銀色のジャンプスーツのような服にブロンズ色の靴を履いていた。頭が大きく、目が白く光っていた。彼らには知性があり、大きなロボット異星人を操作しているようにも見えた。

異星人は地面に機械のようなものを置いて何かを測定しているようだった。ひとりがレンガのような箱を抱えており、これを地面に置いたところ、光りながら空中に浮かんで消えてしまったのだとか。

異様な光景に泣き叫ぶ子供もおり、これを見た異星人たちは作業を切り上げると、そのままＵＦＯに乗りこみ、上空へと消え去ったという。地面には着陸脚があった場所に直径約15センチ、深さ約５センチの穴が６か所あいていた。測定の結果、現場からは自然界の2倍ほどの放射能が検出されたという。

一連の事件はタス通信を通じて全世界に報道された。日本のテレビや新聞も取り上げ、当時、ちょっとした話題になった。かのUFOディレクターの矢追純一氏も現地取材を行い、特番を組んだほどである。

非常に興味深いUFO事件であるが、はたして実際のところ、どうなのだろう。本当に事件は起こったのか。子供たちの証言には食い違いがあり、集団的な妄想ではないかという指摘もないわけではない。写真などのデータもないため、懐疑的なUFO研究家もいるほどである。

しかし、ただひとつ気になるのはUFOに描かれたマークである。子供たちが描いたイラストには「王」という文字らしきものが描かれている。ロシア人なので、なじみのあるロシア語の「Ж」に似ていると表現しているが、イラストを見る限り、むしろ漢字の「王」を横にしたマークに近い。これを見たUFO研究家は、みなある事件を思い出した。「ウンモ星人」である。かつて「王」というマークが船底に大きく描かれたUFOが出現し、スケールの大きな事件に発展したケースがあったのである。

ウンモ星人のUFO

ウンモとは星の名前である。フランス語で「ユミット」という。乙女座の方角、約14・4光年先にある惑星である。1949年、ウンモ星人は地球からの電波をキャッチし、知的生命体の存在を知った。高度な核技術をもった彼らは、有人宇宙船を派遣。1950年、地球へと到達し、南フランスの山奥に着陸。地下に秘密の探査基地を建設して、地球人の生態や文化を調査研究しはじめた。

ウンモ星人は地球人の言語、とくにヨーロッパのラテン系言語を習得すると、いよいよコンタクトをするべく、世界各地に赴き、政治家や弁護士、公務員など、社会的地位のある人間に手紙を送りはじめる。1960年代、UFO研究家にも手紙が届き、ウンモ星人の存在が話題になった。

現在わかっているところでは、最初にウンモ星人の手紙を受け取ったのはスペインのUFO研究家フェルナンド・セスマである。彼の仲間にも手紙が送られており、ここから全世界にウンモ星人の情報が発信された。

手紙の内容はUFOの推進原理などの科学技術が主で、最後には決まって「王」マークのスタンプが押されていた。「王」はウンモ星人の文字、すなわち「ウンモ文字」のひとつ。UFO研究家の間では「ウンモマーク」とも呼ばれる。

1967年になると、ウンモ星人のUFOが目撃されるようになる。彼らのUFOには、きまって船底にウンモマーク「王」が大きく描かれていた。事前に着陸予告を受けていたUFO

⬆1967年、スペインのサン・ホセ・デ・ヴァルデラスで撮影されたウンモ星人のUFO。「王」のマークが大きく描かれている。

研究家フェルナンド・セスマたちは6月1日、マドリッド郊外のサン・ホセ・デ・ヴァルデラスで、ついにウンモ星人のＵＦＯと接近遭遇。鮮明な写真を撮影することに成功する。

事件はスペイン以外でも起きた。フランスの科学者ジャン・ピエール＝プチやイギリスのＵＦＯ研究家エメ・ミシェルらのもとにもウンモ星人からの手紙が届き、なかには電話をかけてきたケースもある。高度な科学技術について記された文面はウンモ星人が実在することを強く印象づけた。

それから約20年。場所も時間も離れたソ連において、ウンモマークとそっくりな記号が描かれたＵＦＯが現れたのだ。ヴォロネジ事件の異星人は、ウンモ星人だったのではないか。ＵＦＯ研究家ならずとも、そう考えた人間は少なくない。いやおうなく、ウンモ星人の信憑性が高まったのである。

しかし、その一方で懐疑的な見方は当初からある。そもそも異星人が地球人に対してタイプで打った手紙を出すだろうか。手紙の内容も、本当に科学的に正しいのか、残念ながら検証できない。撮影されたウンモ星人のUFOも模型を糸で吊るしたトリックだという分析結果もある。すべてはフェルナンド・セスマのUFO研究仲間ホセ・ルイス・ホルダン・ペーニャが仕組んだことだとする指摘もある。

ただ、仮にそうだとしても、ウンモ事件はスケールが大きい。とてもひとりで仕掛けることは不可能だ。ひょっとしたら、UFO情報を操作するために、情報機関が関与しているのかもしれない。なにしろ、ウンモ事件は現在進行形なのだ。今も、どこかでウンモ星人の手紙を受け取っている人間がいるのだ。

いずれにせよ、ここで注目すべきは、やはりウンモマークである。「王」はウンモ文字のひとつだ。いわば「宇宙文字」だといっていい。もし仮にそうだとすれば、気になるのが虚舟《うつろぶね》事件である。虚舟の船内には謎の文字「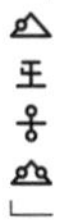」が描かれていた。このうちの2番目の文字「王」がウンモ文字「王」とそっくりである。偶然だろうか。

宇宙文字としての虚舟文字

虚舟事件をUFO遭遇事件と考えた最初の人間である超常現象研究家の斎藤守弘氏は虚舟文

字は宇宙文字にほかならないと断言する。現在でも、UFO研究家の並木伸一郎氏をはじめ、この説を支持する人は少なくない。虚舟文字が宇宙文字だとすれば、やはり蛮女《ばんじょ》の正体は異星人なのか。

UFOの機体に文字が書かれているケースは実際にある。1980年に起こったイギリスのレンデルシャムの森のUFO着陸事件では、兵士のひとりジェームズ・W・ペニストンが目にしている。彼によれば、森に着陸した三角形をしたUFOの機体には6つの文字が記されており、これを手帳にメモしている。直接、虚舟文字と共通するものはないが、印象は似ている。

また、1947年に起こった有名なロズウェル事件に関しても、宇宙文字が報告されている。なかには漢字の「中」に似た文字もあり、どこか日本語を連想させる。トリック映像が暴露された「異星人解剖フィルム」においても、UFOの破片と目される金属に文字のような記号が刻まれていた。これに関しては、実際にUFOの破片を手にしたことがあるジェシー・マーセル・ジュニアが、それと同じものを見たと証言している。

虚舟文字に近い文字としては「トライラテラル・インシグニア」がある。元アメリカ海軍のウィリアム・クーパーが暴露した「プロジェクト・グラッジ・ブルーブック：レポートNo.13」によれば、この文字は1954年2月20日、カリフォルニア州のミューロック空軍基地、現在でいうエドワーズ空軍基地に着陸したUFOの機体に描かれていた。この事件では、中から現

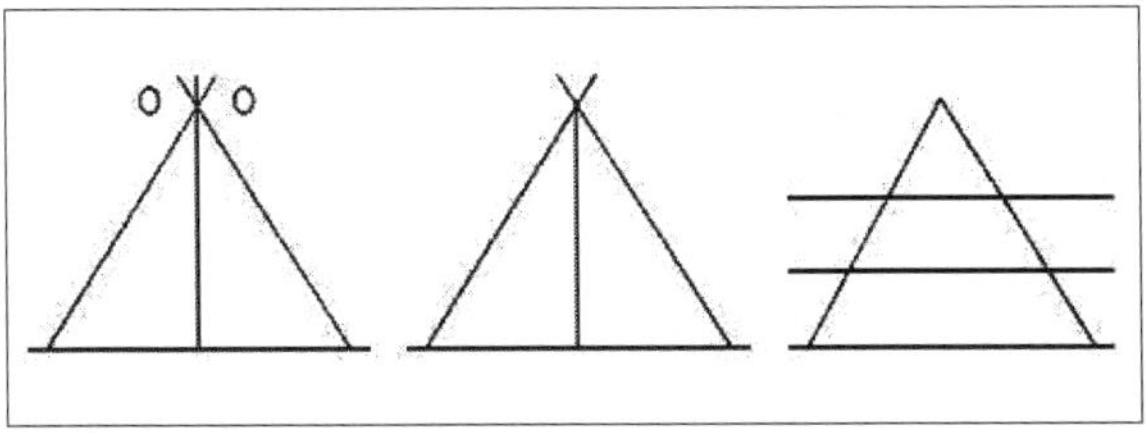

⬆「トライラテラル・インシグニア」。三角形に垂直な線と水平な線。小さな丸が描かれている。

れた異星人グレイの全権大使クリルが当時のドワイト・Ｄ・アイゼンハワー大統領と会見したとされる。

トライラテラル・インシグニアの文字は全部で３つ。それぞれ三角形が基本で、そこに垂直な線と水平な線、そして小さな丸、以下「小丸」が描かれている。一説にＵＦＯの機体の上昇、停止、下降を意味しているのではないかともいうが、詳しいことはわかっていない。

とかくＵＦＯ情報は偽情報が多い。「プロジェクト・グラッジ・ブルーブック：レポート№13」にしても、これは当局、もっとはっきりいえば「国家安全保障局：ＮＳＡ」が仕組んだフェイクである。異星人グレイとアイゼンハワー大統領が会見した事実はない。ＮＳＡが真実のＵＦＯ情報から目をそらすために仕組んだ罠である。

だが、トライラテラル・インシグニアは事実である。プロローグで紹介したＮＳＡの『Ｍ―ファイル』にはトライラテラル・インシグニアのことがはっきりと書かれている。実際に書かれていたのはロズウェル事件の墜落ＵＦＯである。このＵＦＯはエイリアンＵＦ

Oである。ベルギーのUFOフラップの際に飛来したデルタUFOとまったく同じ機体である。ここにトライラテラル・インシグニアが書かれていた。確かに、これはエイリアン文字なのである。

ひるがえって虚舟文字と比較してほしい。虚舟文字4つのうち、ふたつは「△」を基本としている。2番目の「王」も構造的に似ている。ためしにトライラテラル・インシグニアを合体させると、そこに「」という文字が浮かび上がる。そして、なにより小さな丸である。三角形の両脇に描かれたふたつの丸は、そのままトライラテラル・インシグニアにもある。まったく同一というわけではないが、基本的な文字の構造は同じと考えていいだろう。

ということは、だ。虚舟文字も宇宙文字、すなわちエイリアン文字である可能性が高くなる。やはり、虚舟事件はUFO遭遇事件だったのか。あらためて、虚舟文字の解読に挑んでみよう。

ウォレアイ文字と超古代アトランティス文明

虚舟文字と宇宙文字について、作家の嵩夜《たかや》ゆう氏は独自の視点から興味深い仮説を提示している。月刊「ムー」2021年10月号の総力特集「天空の城『浮揚大陸マゴニア』の謎」のなかで、超古代文明とのつながりを指摘しているのだ。

まず、嵩夜氏が行ったのはAIによる分析である。虚舟文字と同じ文字体系を捜すにあたって、ただ形が似ているとか、印象が近いといった主観ではなく、客観的なデータとして評価するために人工知能を使ったのだ。

　結果、はじきだされた文字が「ウォレアイ文字：ウォレアイテキスト」である。ウォレアイ文字とは古代太平洋諸島、とくにカロリン諸島を中心に使われていた音節文字である。比較的最近まで使用されていたが、現在では、ほとんど使われていない。

　具体的に虚舟文字「△王♀△」は「ワエ コッチョア ヌムナ」と発音する。「ワエ」とは一人称なので、以下は蛮女自身に関することとか、虚舟に関することが書かれているのではないかと嵩夜氏は推測する。

⬆カロリン諸島で使われていた古代文字「ウォレアイテキスト」。

　虚舟文字には「△王♀△」とは違うパターンもある。『鶯宿《おうしゅく》雑記』や『水戸文書』に記された文字列も分析すると、「ポ ナエ タア ビビ モヲア チョア」と発音できるらしい。正確な意味に関しては、今後の研究を待ちたいとしているが、これもウォレアイ文字に間違いないと主張する。

仮に、これが正しければ、虚舟の蛮女は太平洋諸島からやってきたことになる。茨城県は太平洋に面しており、鹿島灘の向こうにはミクロネシアやメラネシア、そしてポリネシアがある。これらの島々には、当時、すでに白人も住んでおり、彼らのひとりがなんらかの事情で虚舟で流され、最終的に漂着したのが日本だったとも考えられる。

ウォレアイ文字は音節文字で、明らかにラテン文字との類似性がある。8つの母音文字以外は「i」で終わるなど、ラテン文字特有の性質が見てとれる。研究によれば、1905年、アメリカの宣教師アルフレッド・スネリングが先住民に教えたラテン文字が変形したものだという。

しかし、嵩夜氏はアルファベットとの共通性は認めつつも、そのルーツはもっと古いと考える。その根拠となるのが「アルベルティヌス・デ・ヴィルガの地図」である。ヨーロッパおよびアフリカとアジアを描いた世界地図と目されているが、嵩夜氏は、これを南極大陸と解釈する。しかも、氷に覆われる以前の南極大陸だ。同じものは「ピリ・レイスの地図」や「オロンテウスの地図」、「ビュアッシュの地図」などが知られる。

一般に南極大陸が氷に覆われたのは約100万年前とされるが、実際は1万2000年前に起こった「極移動：ポールシフト」によって、それまで温暖な気候だった南極大陸が一気に極地方へと運ばれ、ほとんど一瞬にして氷に閉ざされた。一夜にして大西洋に沈んだとされる伝説の「アトランティス大陸」の正体は南極大陸だというのだ。

驚くべきことに「アルベルティヌス・デ・ヴィルガの地図」にはアルファベットに似た文字が書かれており、分析すると、これがなんとウォレアイ文字に酷似している。このことから嵩夜氏はウォレアイ文字は超古代アトランティス文明に遡ると主張する。

さらに、超古代アトランティス文明には飛行技術があった。インドの叙事詩『マハーバーラタ』や『ラーマーヤナ』に描かれた神々の飛行船「ヴィマーナ」は実在し、今も地球上をＵＦＯとして飛行している。江戸時代、日本列島に着陸したＵＦＯ＝虚舟に乗っていたのは、超古代アトランティス人の末裔であるというのだ。

実に壮大な仮説である。虚舟には超古代文明の叡智が隠されている。ＵＦＯの搭乗者が遠い宇宙の彼方からやってきた異星人ではなく、この地球に存在した超古代人だったという説は、まさにどんでん返しといった感がある。

虚舟文字とアルファベット

虚舟文字の正体は何か。宇宙文字の可能性を探る前に、基本的なところを押さえておこう。一次資料である古文書や瓦版には、いったいどう書かれているのか、虚舟事件を紹介している書き手は、どんな印象をもっているのか、まずは確認しよう。

発端となった『兎園《とえん》小説』には「最近、浦賀沖に現れるイギリス船にも似た文字がある」と記されている。虚舟の蛮女に関しては「イギリス人かベンガル人、アメリカ人ではないか」と書いてあるところを見ると、虚舟文字は英語に似ているといいたいらしい。

兎園会の主宰者である滝沢馬琴自身は蛮女をロシア人と見ている。地理的に見て、日本にもっとも近いヨーロッパの国といえば、ロシアしかないからだ。『鶯宿雑記』にはロシアに漂流した経験をもつ大黒屋光太夫《だいこくやこうだゆう》に翻訳を依頼してはどうかとあり、ロシア語との類似性を窺わせる。この場合は、ロシア語のキリル文字を想定しているのだろう。虚舟文字の「王」をキリル文字の「Ж」に見立てている可能性もある。

最近、国会図書館で発見された新資料『新古雑記』には「コンパニヤの合体文字で、西洋の東方役所の意味ではないか」という朱字が入っている。コンパニヤとはポルトガル語で、英語のカンパニーを意味する。イエズス会のことを指すというが、これは東インド会社のこと。なかでも、オランダ東インド会社「Vereenigde Oost-Indische Compagnie「ＶＯＣ」の合体文字マークを指している。

これに感銘を受けたのが、かねてから同じことを指摘してきた作家の皆神龍太郎氏である。超常現象を批判的に研究する皆神氏は宇宙文字説を退ける一方で、正体はアルファベットであ

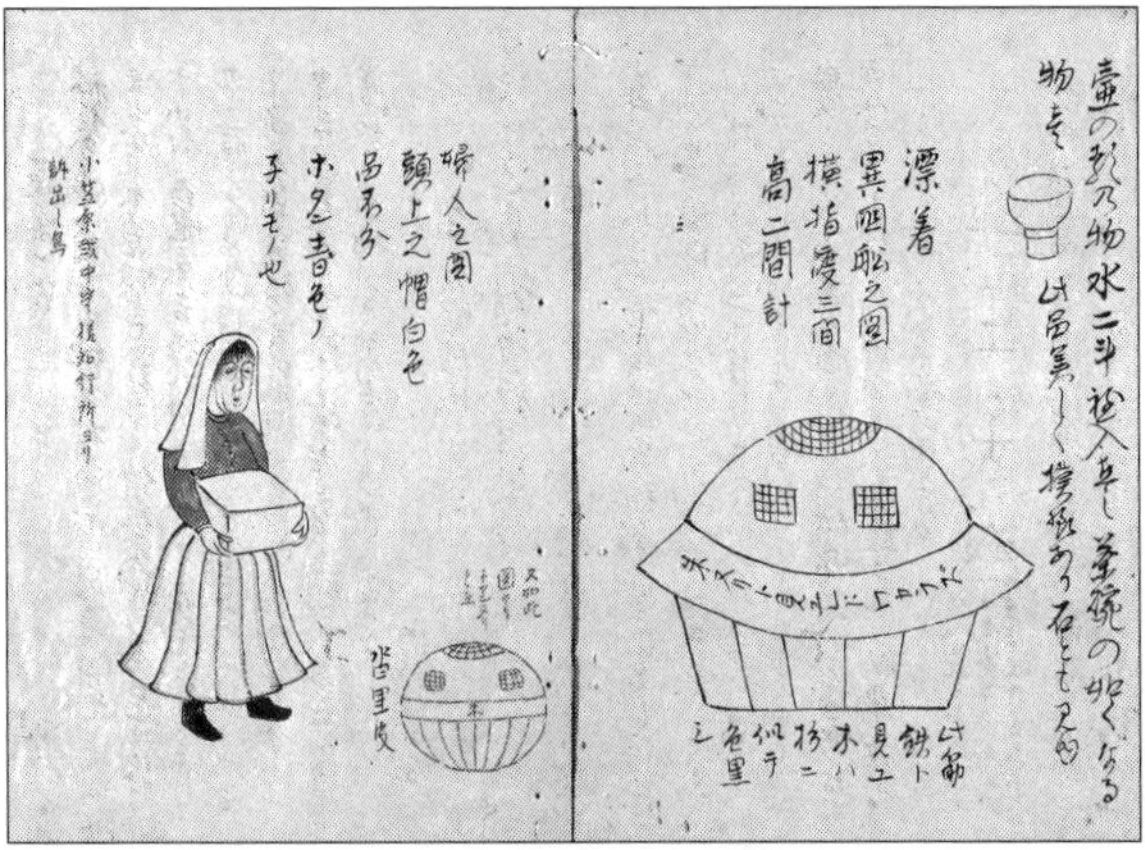

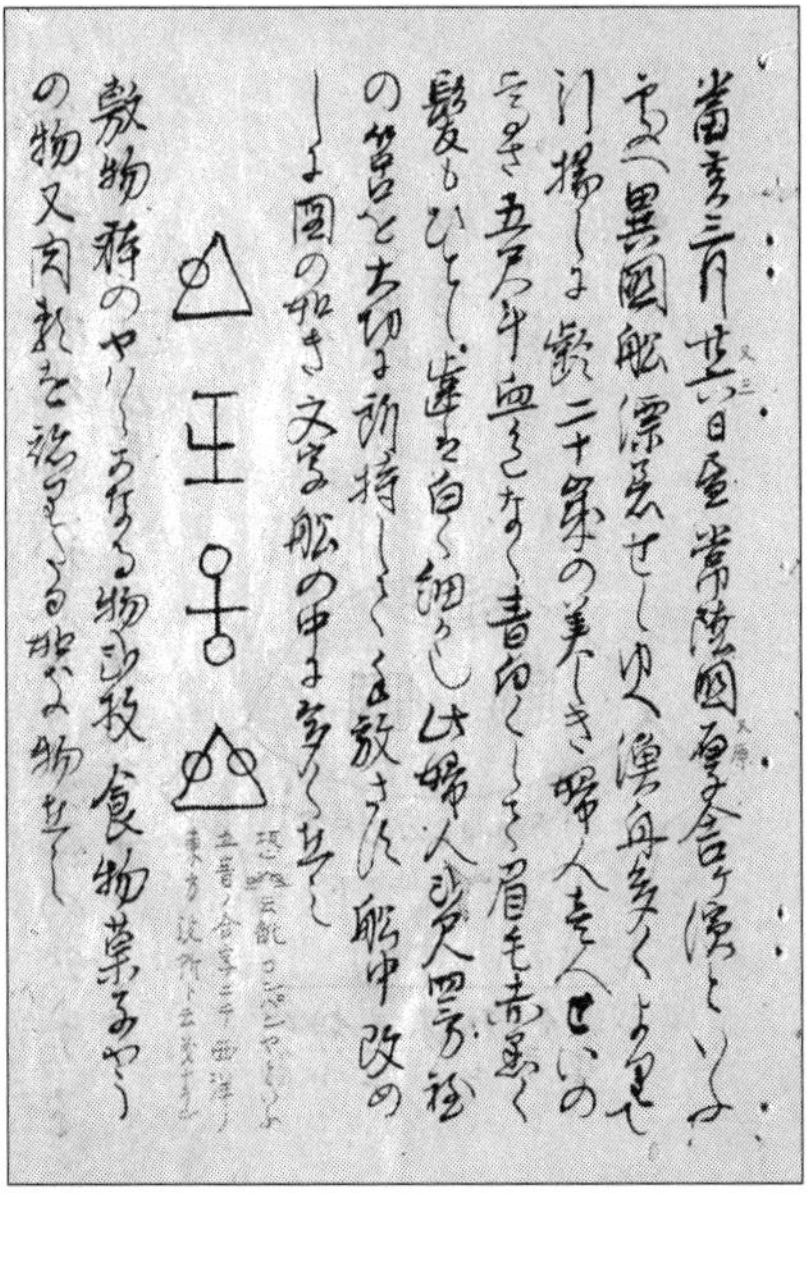

⬆⬅（上）『新古雑記』に記載されている虚舟《うつろぶね》事件。（下）同じく『新古雑記』の虚舟事件の部分。謎の宇宙文字がコンパニヤの合体文字ではないかという朱字が入っている。

⬆「VOC」の合体文字があしらわれたオランダ東インド会社の旗。

ると指摘。見慣れぬ英語やオランダ語を目にした江戸時代の日本人が、曖昧な記憶をもとにアルファベットを再現しようとして「△王♀凸」になったのではないかと主張してきた。はからずも、江戸時代に同様の指摘をした人間がいたことで、大いに感銘を受けたらしい。

具体的に、文字に付随する「小丸」はオランダ東インド会社のロゴマークに影響を受けたのではないか。このロゴマークは長崎の諏訪《すわ》神社で毎年行われる「おくんち祭」に登場する御朱印船の帆にも描かれている。当時、意外に多くの人がオランダ東インド会社のロゴマークを目にしていたことは確かだ。

皆神氏は江戸時代の日本人がオランダ語を見よう見まねで再現した例として、浮世絵の周りに額のように縁取った「蘭字《らんじ》枠」に注目する。オランダ語のアルファベットをもとにした文字であり、もとより文法を理

⬆横文字風の「蘭字《らんじ》枠」のある浮世絵。

解しているわけではない。ただ、物珍しいアルファベットをなぞって書いてみただけで、言語として意味があるわけではない。

もともと、江戸時代の出版社、地本《じほん》問屋を営んでいた江崎屋吉兵衛《えざきやきちべえ》が洒落物としてオランダ語のアルファベットに似た文字を並べて枠とした風景画を売りだした。これが新し物好きの江戸っ子に受けたらしい。

しかし、見たものを寸分違わず模写できる能力をもった当時の絵師たちがアルファベットの形を再現できないはずはない。あえて正確なアルファベットではなく、まるで記号のような蘭字を描いたのは、あくまでもテキスタイルデザインとして考案したからにほかならない。蘭字が受けたということは、当時の一般大衆はアルファベットをすべて正しく記憶していたわけではなく、あくまでも印象として共通理解とコンセンサスがあった。その意味で、皆神氏の説は的を射ているといっていいのではないだろうか。実際、蘭字枠の文字と虚舟文字を比較すると、非常に似ている。

小さな丸が付随している「A」や「V」は虚舟文字の「」とそっくり。「F」らしき文字も虚舟文字の「王」を思わせる。上下に小さな丸がついた「I」に横棒を足せば、そのまま虚舟文字の「」である。

このように見ると、虚舟文字とアルファベットの類似性は明らかだ。嵩夜氏が主張するウォレアイ文字も、もとはラテン文字であるという指摘もある。仮に超古代アトランティス文明に遡るにせよ、虚舟文字の正体を探るにはアルファベットを避けて通ることはできない。むしろアルファベットの起源にこそ重要な手がかりがあると見ていい。

問題は何語であるかだ。英語やロシア語か。南蛮貿易を考えるに、オランダ語やポルトガル語、さらにはスペイン語だろうか。

付随する「小丸」の謎

一般的な言語の文字と比較して、虚舟文字の特徴のひとつに「小丸」がある。同じ三角形なのに、小丸がひとつの文字とふたつの文字がある。両者は同じ文字なのか、それとも違う文字なのか。文字は同じでも、発音が異なるのか。非常に気になるところである。

思えば、この小丸、日本語にもある。平仮名の「ぱぴぷぺぽ」および片仮名の「パピプペポ」である。これらは「はひふへほ／ハヒフへホ」の半濁音表記である。鼻濁音としての「がぎぐげご：ガギグゲゴ」も「がぎぐげご：ガギグゲゴ」として表記することもある。

歴史的に古いのは「ぱぴぷぺぽ：パピプペポ」である。これは、もともと外国人、とくにヨーロッパ人が日本語を表記する際に考案したものだとされる。もともと、日本語における濁音や半濁音、鼻濁音は文字に表現されることがなかった。「ばびぶべぼ」や「ぱぴぷぺぽ」は、ともに「はひふへほ」である。前後の文脈や単語を類推して、その都度、発音を変えていたのだ。

現在でも「は」という文字は、とくに断らない限り、文脈によって「わ：WA」の発音である。「今日は日曜日」の「は」は「わ：WA」と普通に発音されてきた。慣れていればいいが、外国人は戸惑う。同じ表記なのに発音が違う。

同じアジアの中国語は基本的に漢字ひとつに同じ発音である。なのに日本語の場合、先の「今日は日曜日」の「日」には「よう」と「にち」と「び」と3つの読み方がある。かつてポルトガルの宣教師は日本語を悪魔が作った言語であると評したが、まさに、そのくらい複雑な言語なのである。

そこで、ポルトガルの伴天連《ばてれん》たちは考えた。自分たちだけでも読み方がわかるように表記を変えよう。文字を少し改変した。基本は同じだが、小さな記号を加えた。それが半濁音表記「ぱぴぷぺぽ」であるという。意外なことに、歴史的に、濁音表記よりも古いといわれる。

だが、実際に発明したのは日本人であろう。外国人に日本語を説明するために、小丸表記を考案したに違いない。というより、必要性からすれば、聞きなれない外国語の発音を仮名で表記するにあたって、半濁音の小丸を添えた。これが江戸時代になり、出版文化が花開き、一般大衆に広まったのだ。

虚舟事件があった当時、小丸は一般的ではなかったものの、すでに表記としては存在していた。ひょっとしたら、何者かがアルファベットをもとに虚舟文字を考案した際、半濁音の表記として小丸を描き込んだ可能性もある。

一方、半濁音ではないが、よく見れば日本語の平仮名にも小丸のような部位がある。「る・よ・ぬ・ね・ゐ」だ。これらは、あくまでも漢字を崩して書く「草書体」がもとになっている。いわば書体である。

書体に関していえば、同じく小丸をもった文字にタイ語がある。タイ文字、もしくはシャム文字には、しばしば小丸が描かれる。小丸は書体である。書かなくてもかまわない。あくまでも装飾である。

日本語の半濁点はひとつの文字に1個だが、タイ文字の場合、2個になることもある。このあたり、事情は虚舟文字と同じだ。虚舟文字の小丸を一種の装飾であると考えて、今度は、あらためて欧米のアルファベットを分析していこう。

天使のエノク文字

ロシア語のキリル文字は別にして、欧米の言語、英語やフランス語、ドイツ語、スペイン語、ポルトガル語などは、基本的にみな同じアルファベットを使用している。

だが、アルファベットにもいろいろな書体がある。見慣れた明朝体やゴシック体、イタリック体のほかに、絵のようにデザインされたものも少なくない。先述したタイ文字のように、アルファベットの文字の先を丸くして小丸にする書体もある。これらが虚舟文字に影響した可能性はないだろうか。

オカルト的な視点で、とくに注目したいアルファベットが「エノク文字」である。一般に西洋魔術で使用される特殊な文字のひとつで、イギリスの魔術師ジョン・ディーと霊能者のエドワード・ケリーが天使から習ったとされる言語、すなわち「エノク語」を表記するアルファベットである。

よく知られているエノク文字には、これまたたくさんの小丸がある。1文字に複数、文字線の先端には、ことごとく小丸がある。もちろん、これらも装飾である。小丸はなくてもかまわ

⬆魔術師ジョン・ディーと霊能者エドワード・ケリーが天使から習ったとされる「エノク語」を表記するエノク文字。

ない。

ひょっとして虚舟文字はエノク文字と関係があるのではないだろうか。この場合、虚舟の蛮女は異星人ではなく、天使だという見立てにもなるが。異世界の住民という意味では、天使説もなかなか捨てがたい。

もっとも、エノク語の真偽に関しては懐疑的な見方も少なくない。言語学的な合理性が認められず、おそらく英語のアルファベットをもとにして創作された人工言語であるというのが定説である。

しかし、だ。ひとつ視点を変えると、興味深いことが見えてくる。ジョン・ディー自身はエノク語という表記を使っていない。彼自身は「天使の言語」と呼んでいる。啓示をもたらした天使によれば、天使の言語は始祖アダムが使用していたもので、最後に使用していたのは子孫であるエノクであることから、この名で呼ばれるようになった。

⬆(左) エノク語の由来となった預言者エノク。(右) 天に引き上げられ、「大天使メタトロン」になった姿。

なぜエノクが最後だったかといえば、彼は生きたまま昇天したからだ。『旧約聖書』によれば、エノクはノアの大洪水以前に誕生した預言者で、義人であったがゆえ神から愛されて、死を迎えることなく天に引き上げられたと記されている。

ユダヤ教神秘主義カッバーラには、預言者や義人が天使になったという伝承がある。エノクもそのひとり。昇天したエノクは身を変えられて、「大天使メタトロン」になったとされる。したがって、エノク語は、まさに「大天使メタトロン語」であるといえるかもしれない。

預言者エノクと古代ヘブライ語

ジョン・ディーが授かったエノク語の真偽

はさておき、実際のところ、預言者エノクは何語を話していたのだろうか。最初に言語を話していたのは、もちろん人祖アダムである。『旧約聖書』によれば、神によって創造されたアダムは生命を吹き込まれると、身の回りにあるものに名前をつけたとある。名前をつけるためには言語が必要であり、それを表記するために文字が必要である。

では、具体的にアダムが使用した言語とは何か。答えは簡単である。ヘブライ語である。『旧約聖書』はヘブライ語で書かれている。ユダヤ教の教義では、ヘブライ語は神が人間に授けた言語であると同時に、神の言語でもある。当然ながら、創造されたアダムが口にしたのはヘブライ語であり、書いたのはヘブライ文字であるというわけだ。

論理的な裏づけもある。日本語の『聖書』には、アダムは「塵《ちり》」から創造されたとあるが、ヘブライ語の原典では「赤土：アダマー」から創造されたと記されている。アダマーから創造されたのでアダムと名づけた。そう、駄洒落なのだ。この駄洒落が成立するためには、使用している言語がヘブライ語である必要があるのだ。

歴史的に、欧米のアルファベットはみな、もとをたどれば「フェニキア文字」に行きつく。英語やフランス語、スペイン語はもちろん、古代のラテン語やギリシア語、アラビア語も、みなフェニキア語がルーツである。ヘブライ語もしかり。古代ヘブライ語はフェニキア語と同じである。カナン文字まで遡れば、表記されるヘブライ文字とフェニキア文字は、ほぼ同一文字

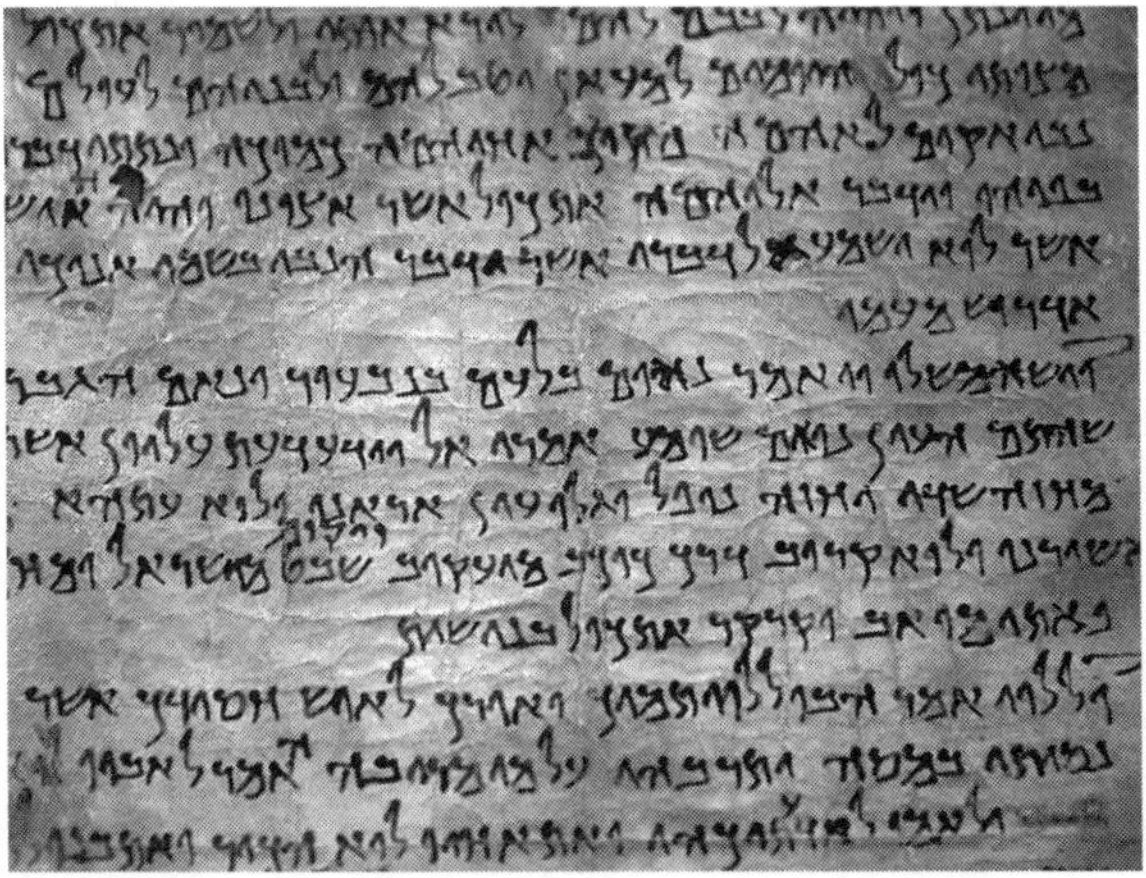

⬆『死海文書』（紀元前１世紀）の古代ヘブライ文字。

であるといっていい。

ならば、だ。欧米のアルファベットに似ていると指摘されてきた虚舟文字も、より根源的なヘブライ語によって解明できるのではないだろうか。

虚舟文字は古代ヘブライ語だった!!

ひと口にヘブライ語といっても、時代によって変化している。まずは現代ヘブライ語をもって、虚舟文字を分析してみよう。ヘブライ語は基本的に子音表記である。母音を補うためには、ヘブライ文字に「ニクダー」と呼ばれる記号を添える。ひょっとしたら、虚舟文字の小丸の正体はニクダーのような補助記号の可能性もある。

さて、具体的に現代ヘブライ文字から虚舟文字に似たものはないか調べてみよう。一覧表を掲げておいたので、比較してほしい。それらしい形状の文字はあるだろうか。残念ながら、ない。まったくないといってもいい。失敗である。

しかし、あきらめるのはまだ早い。時代を遡れば、文字の形も変わる。古代ヘブライ語だとどうだろうか。現代ヘブライ語よりはかなり印象が変わる。形状が似ている文字も確かにある。

そこで、試しに虚舟文字「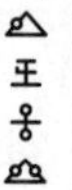」に似た文字を拾ってみた。「ダレッド・サメフ・タブ・ダレッド：𐤃𐤎𐤕𐤃」、英語のアルファベット表記で「ＤＳＴＤ」。あまり一般的なヘブライ語ではないようで、あえて「運命」と翻訳できそうだが、ちょっと無理がないわけではない。ここは慎重に行こう。

さらに時代を遡って２８００年前ごろの古代ヘブライ文字を見てみよう。このころの古代ヘブライ文字はフェニキア文字と共通で、カナン文字とも呼ばれる。時代によって微妙に文字が変化するのだが、注目は紀元前９世紀に作られた「メシャ碑文」に刻まれた古代ヘブライ文字である。

同様に当てはめてみる。ただし、今回は「ＤＳＴＤ」以外の文字を拾う。すると「アレフ・サメフ・カフ・アレフ：𐤀𐤎𐤊𐤀」なる言葉ができる。英語のアルファベット表記にすれば「ＡＳＫＡ」、すなわち「アスカ」である。

いったい「アスカ」とは何か。直接、『旧約聖書』の中に「アスカ」という言葉を見出すことはできないが、日本語ならば理解できる。そう、古代日本の都があった地名「飛鳥」である。

⬆古代ヘブライ文字の変遷（『世界文字辞典』（松田伊作）より）。

⬆古代ヘブライ文字で書かれたメシャ碑文。虚舟文字をこの古代ヘブライ文字に当てはめると、「ASKA」＝「アスカ」と読める！

かつて奈良の飛鳥では、かの聖徳太子が活躍し、それを秦氏《はたし》の首長、秦河勝《はたのかわかつ》が支えていた。虚舟事件の背後にユダヤ人原始キリスト教徒「秦氏」の存在があったとすれば、これは偶然ではない。まさに、この「アスカ」こそ、虚舟事件に隠された驚くべき真相を解き明かす重要な鍵なのだ!!

第6章

日本にやってきた モーセ系大祭司と アロン系大祭司の秘史

失われたイスラエル10支族

虚舟《うつろぶね》文字解明の鍵となった「メシャ碑文」は古代モアブ王国の石碑である。古代モアブ王国は紀元前9世紀、死海を挟んで古代イスラエル王国の東にあった。『旧約聖書』によれば、太祖アブラハムの甥ロトの息子モアブに由来する。

アブラハムの息子イサク、そして孫のヤコブからイスラエル人が誕生するので、彼らにとってモアブ人は同族でもある。もっとも、国境を接しているため、しばしば古代イスラエル王国とモアブ王国は対立を繰り返していた。

古代イスラエル王国はソロモン王の息子レハブアムのときに、南北に分裂。イスラエル12支族のうち、10支族から成る北朝イスラエル王国と2支族からなる南朝ユダ王国が成立する。紀元前850年、古代モアブ王国は北朝イスラエル王国と戦争をして勝利した。これを記録したのが「メシャ碑文」なのだ。

さらに紀元前722年、北朝イスラエル王国は当時、台頭してきたアッシリア帝国の侵攻によって滅亡。住民は遠くメソポタミア地方へと連行される。世にいう「アッシリア捕囚」である。

やがてアッシリア帝国もメディアと新バビロニア王国によって紀元前609年に滅ぶのだが、

⬆子牛像を礼拝する北朝イスラエル王国の人々。「メシャ碑文」は北朝イスラエル王国と古代モアブ王国との戦争が記されている。

このとき解放されたはずのイスラエル人がパレスチナへ帰還しなかった。以後、具体的な同時代の記録がないため、世界史最大の謎「失われたイスラエル10支族」と呼ばれるようになる。

だが、『旧約聖書』の預言によれば、この世の終わりに失われたイスラエル10支族は北の果てから戻ってくる。本隊が向かった先は「アルザル」と呼ばれている。ヘブライ語で「エレッツ・アヘレット」。直訳すれば「他の土地」、もっといえば、この地球上には存在しない異世界という意味を含んでいる。

今も失われたイスラエル10支族はアルザルに住んでおり、彼らは古代ヘブライ語を話しているに違いない。もちろん、使っている文字は古代ヘブライ文字である。多少、形は変化しているかもしれないが、「メシャ碑文」に刻まれた古代ヘブライ文字が元になった「アルザル文字」を使っているのではないだろうか。

まさに、このアルザル文字が虚舟文字だったとしたら、どうだろう。仮説が正しければ、虚舟の蛮女《ばんじょ》は失われたイスラエル10支族だった可能性が出てくる。

失われたイスラエル10支族と秦人

アッシリア帝国が滅亡する際、しばしば騎馬民族スキタイの攻撃を受けていたことがわかっている。メディアと新バビロニア王国が台頭してきたころには、かなり弱体化していたのだ。アッシリア捕囚されていたイスラエル人からすれば、スキタイは味方である。もともとイスラエル人は遊牧民である。なかには行動をともにしたイスラエル人もいた可能性がある。

預言の通りならば、失われたイスラエル10支族はメソポタミア地方から北上し、現在のロシアから北の果て、すなわち北極圏へと移動した。最終的に未知なる世界、アルザルへと進入し、現在も、彼らはそこに住んでいることになる。

しかし、失われたイスラエル10支族のすべてがアルザルに移住したわけではない。『旧約聖書』によれば、北の果てのほか、東からも失われたイスラエル10支族が帰還すると預言されている。つまり、本隊から分離した別動隊がいるのだ。彼らは今、どこにいるのだろうか。

まず、失われたイスラエル10支族は当初北上して、北アジアへと向かった。そこには遊牧民が住んでいる。騎馬民族スキタイも、そのひとつ。別動隊がスキタイ人と行動をともにしたとすれば、預言も真実味を帯びてくる。というのも、騎馬民族の行動範囲は広い。北欧から東アジア、朝鮮半島にまで及ぶ。

紀元1世紀のユダヤ人、フラウィウス・ヨセフスは著書『ユダヤ戦記』の中で、失われたイスラエル10支族はエルサレムから見てユーフラテス河の向こう、すなわち東方のアジアで膨大な数になっていると記している。彼らこそ、騎馬民族と合流してアジアに広がった失われたイスラエル10支族の別動隊だと見て間違いない。

現在、イスラエルには失われたイスラエル10支族の行方を調査する組織「アミシャーブ」がある。アミシャーブの調査によって、アフガニスタンのパシュトゥーン人やインドのカシミール族、そしてミャンマーのカレン族など、アジア各地で失われたイスラエル10支族の末裔が次々と発見されている。

なかでも注目すべきは中国の遊牧民「羌族《きょうぞく》」である。羌族の歴史は古く、中国が殷《いん》の時代にまで遡る。彼らの中に失われたイスラエル10支族がいるとアミシャーブは結論づけているのである。

古代中国にあって歴史に残る羌族の男が「呂不韋《りょふい》」である。紀元前3世紀、戦国時代だった中国において、幼かった「秦始皇帝《しんのしこうてい》」を見出した人物である。『史記』の著者である司馬遷《しばせん》は

⬆中国の遊牧民「羌族《きょうぞく》」の人々。失われたイスラエル10支族である。

秦始皇帝の本当の父親は呂不韋だったと記している。それが正しければ、秦始皇帝はイスラエル人だったことになる。

中国最初の統一王朝である秦帝国は、わずか二十数年で滅んだが、秦始皇帝の末裔は戦乱を生き延び、朝鮮半島を経由して、日本列島へとやってきた。彼らは漢民族から「秦人《しんじん》」と呼ばれ、朝鮮半島へと流入してきたことが「魏志韓伝」に記されている。秦人が建てた国は「秦《しん》韓《かん》」と称した。後の新羅《しらぎ》である。

その新羅から渡来してきたのが秦氏《はたし》である。『新撰姓氏録《しんせんしょうじろく》』によれば、秦氏は自らを秦始皇帝の末裔だと称している。もちろん、すべての秦氏ではないだろう。膨大な数の秦氏の中に、秦始皇帝の末裔がいた可能性がある。

第3章で見たように、秦氏はユダヤ人原始キリスト教徒だった。紀元1世紀のエルサレムからやってきたユダヤ人である。彼らもイスラエル人であることに変わりがない。ユダヤ人原始キリスト教徒たちが失われたイスラエル10支族である秦始皇帝の末裔とその同族たちと合流したとしても不思議ではない。互いに同族の証があったとすれば、ある意味、それは預言の成就だった。

エルサレム教団のユダヤ人原始キリスト教徒たちは世界中に散らばったイスラエルの失われた羊を捜し求めて、アジアへ向かった。「イザヤ書」には、失われたイスラエル10支族は東の果ての海にある島々でひとつの国を建てていると書かれているからだ。朝鮮半島で、はからずも失われたイスラエル10支族と合流したユダヤ人原始キリスト教徒たちは、預言を成就するため、朝鮮半島から海を渡り、日本列島へとやってきたのだ。

⬆秦始皇帝《しんのしこうてい》を見出した羌族の呂不韋《りょふい》。

秦始皇帝とミズラヒ系ユダヤ人

秦始皇帝が漢民族ではないことは、かねてから噂されてきた。切れ長の目、高い鼻、分厚い胸板など、ユダヤ人の形質を指摘する研究家もいた。実際、秦国末期、処刑された秦始皇帝の子供たちの骨を分析したところ、ペルシア人などのコーカソイド系の形質が認められた。

シルクロードを通って、かなりの数の西域の人々が中原《ちゅうげん》にやってきたことは間違いない。秦始皇帝が作らせた兵馬俑《へいばよう》の技術指導者は、驚くべきことにギリシア人だった。当時、埋葬された職人たちの骨もまた、ペルシア人やソグド人などといった西域の民族であったことが判明している。

この中に当然、イスラエル人もいたはずだ。少なくとも、羌族が失われたイスラエル10支族であったことはわかっているが、そのほかに別ルートでやってきたユダヤ人、すなわち「東ユダヤ人：ミズラヒ系ユダヤ人」もいた可能性がある。

そもそも「秦」という字はイスラエル人の暗号だった可能性がある。秦は諸侯の中でももっとも西に位置した。農耕民族ではなく、遊牧民で馬の扱いには慣れていた。馬の飼育は秦人に任せろという言葉があったくらいだ。秦始皇帝の母国である秦国以外にも、「秦」を名乗った国がある。五胡十六国の「前秦《ぜんしん》」と「後秦《こうしん》」と「西秦《せいしん》」である。いずれも建国したのは氐族《ていぞく》、羌族、鮮卑族《せんびぞく》と、非漢民族である。なんといっても、失われたイスラエル10支族の羌族がいる。ちなみに、秦とは名乗っていないが、同じく五胡十六国の「後趙《こうちょう》」を建国した「石勒《せきろく》」はユダヤ人である。石勒の子孫は現在も中国におり、ユダヤ教の風俗風習を守って生活している。

⬆切れ長の目や高い鼻など、漢民族というよりユダヤ人の特徴をもつ秦始皇帝。

中国以外でも、秦の字をもつ国がある。「大秦《だいしん》」である。大秦は古代ローマ帝国のほかに、ペルシアやバクトリアをも意味した。古代ローマ帝国の属国だったのがユダヤである。それ以前はペルシアやバクトリアのルーツともいうべきギリシアの支配下にあった。

とくにアケメネス朝ペルシアはバビロン捕囚からユダヤ人を解放している。多くのユダヤ人はパレスチナの地に戻ってきたが、そのまま残った人々もいる。有名どころでは、アケメネス朝ペルシアで宰相になったモルデカイや王妃となったエステルである。彼らが世にいうミズラヒ系ユダヤ人である。

興味深いことに、秦帝国の統治形態は、このアケメネス朝ペルシアとそっくりなのだ。度量《どりょう》衡《こう》の統一はもちろん、郡県制や中央集権的国家体制など、ことごとく一致している。時代的には200年ほどの開きがあり、類似性は偶然だという見方が強かったが、ペルシア人が予想以上に秦帝国に存在したことがわかってくると、状況は一変。秦帝国の政治体制はアケメネス朝ペルシアに起源があると考えられるようになった。

ペルシア人が大量に来ていたとなれば、ミズラヒ系ユダヤ人もいたはずだ。大集団で秦帝国にやってきていた。中国において地理的にもっとも西域に近い秦国には、秦始皇帝以前からミズラヒ系ユダヤ人が流入してきたに違いない。

秦始皇帝と契約の聖櫃アーク

ミズラヒ系ユダヤ人がいた秦国に生を受け、失われたイスラエル10支族の血も受け継ぐ秦始皇帝は、なぜ中国全土を統一することができたのか。もちろん、そこには韓非子《かんぴし》をはじめとする思想家や優秀な官僚、軍師がいたからだが、どうもそれだけではない。決定的な兵器を手にしていた可能性がある。契約の聖櫃《せいひつ》アークだ。

契約の聖櫃アークは疫病をもたらし、近づく者に電撃を放つ古代の超兵器でもあった。取り扱うことができるのは祭司レビ人だけだった。なかでも、重要な儀式は大祭司コーヘン・ハ・ガドールに限られた。彼らにはモーセ系とアロン系があった。

バビロン捕囚が起こる前、南朝ユダ王国のヨシヤ王は宗教改革を行った。このとき、預言者エレミヤは契約の聖櫃アークを密かに運びだし、モーセの墓があるとされるネボ山の洞窟に隠した。エレミヤの言葉を借りれば、契約の聖櫃アークは創造神ヤハウェが再びイスラエル人に憐れみを示される日まで封印されるという。

この憐れみを示された日こそ、バビロン捕囚からユダヤ人が解放された日である。本来なら、契約の聖櫃アークはエルサレムへと運ばれ、新たな神殿が建設されるはずだったが、そうはならなかった。今もって行方不明だが、少なくともバビロン捕囚からの解放から遠くないころ、契約の聖櫃アークは洞窟から外へ持ちだされた。

その後、大祭司らの手によってシルクロードの彼方、東アジアへと運ばれ、ついには秦始皇帝が手にした。秦始皇帝の父親「呂不韋」とは「レビ」のこと。おそらくモーセ系大祭司コーヘン・ハ・ガドールだったに違いない。

男系で権能を継承した秦始皇帝は契約の聖櫃アークをもって中国全土を統一し、ついには秦山で封禅《ほうぜん》の儀式を行う。長らく忘れ去られていた封禅の儀式は、このときユダヤ教の祭儀として執行されたに違いない。そこには契約の聖櫃アークが創造神ヤハウェの祭壇として置かれたのだ。

やがて、契約の聖櫃アークは秦氏によって日本列島にもたらされることになるのだが、実は、ここである仕掛けが施された。契約の聖櫃アークは超兵器である。扱いが非常に難しい。下手をすれば即死だ。あまりにも危険である。そこで、秦始皇帝は考えた。

契約の聖櫃アークは上部の蓋と下部の箱から成る。機械でいえば、上部が放電装置で、下部が蓄電器である。両者が結合することでプラズマが発生する。プラズマを発生させないためには、上部と下部を分離しておけばいい。

こうして、契約の聖櫃アークは蓋と箱に分離され、それぞれ補完するレプリカが作られた。見た目には、ふたつの契約の聖櫃アークができたことになる。便宜上、蓋が本物であるほうを「表アーク」、箱が本物であるほうを「裏アーク」と呼んでおく。表アークにはモーセの十戒石板が入れられ、裏アークにはアロンの杖が納められた。

モーセ系の大祭司「秦始皇帝」とアロン系大祭司「徐福」

栄耀栄華を極めたソロモンでさえ、野に咲く一輪の花の美しさにはかなわない。いくら富と権力と名声を得たとしても、人間、いつかは死ぬ。中国を統一した秦始皇帝が最後に求めたのは永遠なる生命だった。不老不死を夢見る秦始皇帝の前には何人もの詐欺師が現れた。褒美をいただけるなら、不老不死の仙薬を献上しましょう、と。嘘を見抜かれて、死罪になった者もいたとか。

ところが、ただひとり、秦始皇帝のお眼鏡にかなった男がいる。「徐福《じょふく》」である。彼は東海に浮かぶ「三神山」、すなわち「蓬莱山《ほうらいさん》」と「方丈山《ほうじょうさん》」と「瀛洲山《えいしゅうさん》」に行って、不老不死の仙薬を採ってくると大見得を切った。何が琴線に触れたのか、なんと秦始皇帝は徐福の言葉を信じ、軍資金の財宝はもちろん、技術者を帯同させ、大船団で出航することを許可したのだ。

しかし、不老不死の仙薬など見つかるはずがない。結局、徐福は手ぶらで帰国した。本来なら、ここで打ち首ものだが、なぜかそうはならなかった。よほど不老不死に憧れていたのか、なんと徐福の口車に乗って、再び出航する許可を与えたのだ。しかも、今度は3000人にも及ぶ童男童女らも乗せ、これまた大船団で船出したのである。

当然というべきか、徐福が再び帰国することはなかった。徐福は平原広沢《へいげんこうたく》を手に入れて、そこにひとつの国を作った。彼は一国の王となって平和に暮らしたと、人々は噂したという。

歴史に残る稀代の詐欺師。それが徐福の評価である。残虐な秦始皇帝をまんまと騙すとは、なかなかのもの。一方、騙された晩年の秦始皇帝については、不老不死を夢見た老人として憐

⬆秦始皇帝の求めに応じ、不老不死の仙薬捜しに旅立った徐福《じょふく》。

れむ声も。秦始皇帝といえど人間だったといえばそれまでだが、どうも変である。徐福に対する特別扱いは異常である。これには裏がある。どういうことか。

まず、ふたりは同族だった。秦始皇帝の諱《いみな》は「政《せい》」で、姓は「嬴《えい》」である。出身国は違うが、徐福の姓も「嬴」である。秦始皇帝が祭司レビ人ならば、徐福もレビ族出身だと考えて間違いない。事実、徐福は道士である。道教の呪術師であった。ユダヤ教神秘主義カッバーラの魔術を使うことができたのだろう。

秦始皇帝はモーセ系大祭司コーヘン・ハ・ガドールである。同様に、徐福はアロン系大祭司コーヘン・ハ・ガドールだったに違いない。というのも、先に見たように、大祭司らによって中国へもたらされた契約の聖櫃アークは表アークと裏アークに分割された。表アークにはモー

セの十戒石板、裏アークにはアロンの杖が納められた。

モーセの十戒石板が入っている以上、表アークを扱うのはモーセ系大祭司でなければならない。ゆえに、表アークは秦始皇帝が管理した。契約の聖櫃アークを分割したことで、超兵器として活用することはなく、同時に、これが秦帝国の滅亡を招くことになる。南朝ユダ王国から契約の聖櫃アークが運ばれて後、しばらくしてバビロン捕囚が起こった。同様に、秦始皇帝の死後、秦帝国は混乱。最後は秦国を名乗るも、降伏した子嬰《しえい》が項羽《こうう》によって殺されて滅亡する。

このとき、表アークは国外へと運ばれ、秦の流民とともに朝鮮半島に向かう。秦の役を逃れてきた秦人たちは秦韓を建国する。先述したように、ここにはユダヤ人原始キリスト教徒の秦氏がいた。秦始皇帝の末裔とモーセ系大祭司によってもたらされた契約の聖櫃アークの記憶が、後に新羅や伽耶《かや》の始祖神話に登場する黄金櫃《おうごんひつ》のモデルになった。こうして表アークは秦氏によって日本に運ばれてきたというわけである。

一方、裏アークは秦始皇帝から徐福に与えられた。裏アークに入っていたのはアロンの杖だったからだ。アロン系大祭司であった徐福は裏アークを手に、東海の三神山に向かって出航した。三神山という名前は絶対三神、すなわち御父と御子と聖霊を意味している。三神山自体がカッバーラの奥義「生命の樹」を象徴しているのだ。

すべては壮大な預言のもとに計画された。中国に運ばれた契約の聖櫃アークは上下に分割されたものの、最終目的地である三神山、すなわち東海に浮かぶ日本列島にもたらされることになるのだ。

徐福のユダヤ人と物部氏

徐福は2度にわたって日本列島にやってきた。紀元前219年、最初に上陸したのは丹後である。上陸地点には「新井崎《にいざき》神社」が祀られている。徐福集団は丹後半島を拠点として、中国地方から越前に至る地域を支配。いわば「丹波王国」を築いた。「魏志倭人伝」に記された「投馬国」が、これだ。古代朝鮮の史書『三国史記』には「多婆那《たばな》国」として記されている。

新羅の脱解王《だっかいおう》は多婆那国の出身だった。王妃が産んだ卵を忌み嫌って、これを箱に入れて流したところ、伽耶を経て新羅に漂着したという。典型的な流され王伝承であり、空舟《うつぼぶね》伝説のひとつである。空舟は「箱舟」であり、モーセの葦舟と契約の聖櫃アークが深く関わっていると述べたが、まさにその通り。脱解王の空舟は徐福が運んできた裏アークの記憶が投影されているのである。

裏アークは「御伽噺《おとぎばなし》」の玉手箱でもある。浦島太郎は実在した浦嶋子《うらのしまこ》がモデルである。『丹後風土記』は浦嶋子を日下部《くさかべし》氏とするが、「海部氏《あまべし》」でもある。日下部氏と海部氏の系図は基本的に一致する。海部氏が宮司を務める籠《この》神社の伝承によれば、浦島太郎とは主祭神である

「彦火火出見命《ひこほほでみのみこと》」がモデルだという。

玉手箱のモデルが裏アークであるということは、それを手にした浦嶋子を輩出した海部氏はレビ族である。アロン系大祭司コーヘン・ハ・ガドールである。記紀には「倭宿祢《やまとのすくね》」という名前で登場する。

その証拠に、籠神社の裏神紋は「カゴメ紋」である。六芒星の中に太陽と三日月が描かれている。カゴメ紋は別名「ダビデの星」といい、イスラエル人のシンボルである。現在のイスラエルの国旗にも大きく描かれている。海部氏がユダヤ人であることを象徴しているといっていいだろう。

↑和歌山県新宮市の阿須賀《あすか》神社で徐福を祀る徐福の宮。徐福の墓や碑は日本各地にある。

一方、紀元前210年、2回目に徐福が上陸したのは九州である。佐賀県には徐福を祀る金立《きんりゅう》神社がある。近くには弥生時代の吉野ヶ里遺跡がある。九州の植生は江南《こうなん》の植生と似ており、稲作をはじめ、古代中国から徐福によってもたらされたと考えられている。九州北部に勢力

⬆籠《この》神社の絵馬に描かれたカゴメ紋。

を構えた徐福集団たちは、後に「物部氏《もののべし》」を名乗るようになる。

海部氏と物部氏は同じ徐福集団のユダヤ人である。ミズラヒ系ユダヤ人と失われたイスラエル10支族の秦人がいた。彼らは基本的にユダヤ人ユダヤ教徒である。ヨシヤ王の宗教改革の影響を受けている。今日のユダヤ教と同様、一神教である。

籠神社の極秘伝によれば、奈良時代以前の神道は一神教だった。神話に登場する神々は、みな独立した神々として祀られているが、実際は別名にすぎない。「多次元同時存在の法則」という秘義をもって読み解けば、最終的に唯一絶対神「大元神」に行きつく。これが本来の神道であるというのだ。

秦氏が奉じる秦神道は表の顕教が多神教であり、裏の密教が三神教である。これに対して、物部氏が奉じる物部神道は表の顕教が多神教であり、裏の密教が一神教なのだ。もっとも、ユダヤ教神秘主義カッバーラからすれば根本は同じ。奥義は「生命の樹」で象徴される「絶対三神唯一神会」である。

邪馬台国とヤマト

徐福集団は2回にわたって日本列島にやってきたが、そのとき拠点としたのが隠岐である。沖縄から奄美、沖ノ島を経由して、隠岐に上陸し、ここに裏アークを最初に安置している。

契約の聖櫃アークは現在、伊勢神宮の地下殿にある。伊勢神宮の御神体のひとつである八咫《やたの》鏡《かがみ》が五十鈴《いすず》川のほとりに安置される以前に祀られた神社は「元伊勢」と呼ばれる。ただし、内宮《くう》と外宮《げくう》、両方の元伊勢は丹後の籠神社だけである。いわば籠神社は「本伊勢」である。

その籠神社の奥宮は天真名井《あめのまない》神社、さらに海の奥宮は冠島《かんむりじま》にある老人嶋《おいとしま》神社とされるが、最奥宮は隠岐にある。冠島は沓島《くつじま》と一体で、かつては地続きであった。ちょうど瓢箪のような形をしており、これがひとつの雛形となっていた。島根県の沖には、同じく瓢箪の形をした島がある。これが隠岐である。隠岐の島後《どうご》にある伊勢命《いせみこと》神社と水若酢《みずわかす》神社と玉若酢命《たまわかすみこと》神社、そして島前《どうぜん》の隠岐神社が伊勢神宮の元、最初に契約の聖櫃アーク、正確には裏アークが祀られた場所なのだ。

ここには裏アークのみならず、ユダヤ教のシンボルともいえる「黄金の七枝の燭台：メノラー」と「九枝の燭台：ハヌキヤー」、そして燔祭《はんさい》用の「青銅の祭壇」があった。これらは、いずれも後に出雲系の神社で祀られることになる。メノラーは出雲大社、ハヌキヤーは神魂《かもす》神社、そして青銅の祭壇は諏訪大社に運ばれた。

こうして、隠岐を拠点として、徐福集団は主に九州と畿内に分かれて勢力を拡大していった。九州北部には物部氏がおり、南部には熊襲《くまそ》と隼人《はやと》がいた。畿内には丹波王国が勢力を保っていた。紀元2世紀ごろ、倭国大乱が起こり、九州の物部氏が畿内へと集団で移住。大和を中心に「邪馬台国」を建設する。

邪馬台国はヤマタイ国ではない。正しくは「ヤマト」国である。ヤマトとはヘブライ語で「神の民」を意味する女性名詞「ヤー・ウマー」の複数形「ヤー・ウマト」のことである。今でもユダヤ人は自らを「ヤマト」と名乗っている。

紀元3世紀、この邪馬台国に匹敵するクニは唯一、投馬国＝丹波国だけであった。といっても、投馬国を支配していた海部氏は邪馬台国の王家である物部氏と同族であり、元をたどれば、同じ徐福のユダヤ人である。

それゆえ、王を選出するにあたって混乱していた邪馬台国の人々は投馬国に救いを求めた。投馬国の海部氏から王を輩出してほしい。とくに霊能力のある女性が望ましい。こうして選ばれたのが「卑弥呼」である。卑弥呼は海部氏であった。女性ではあったが、アロン直系のレビ人だった。

卑弥呼が亡くなった後、再び男王が即位するも、またしても混乱したので、やむなく姪の「台与《とよ》」が即位した。国宝に指定されている「海部氏系図」には「日女命《ひるめのみこと》」という女性がふたり出てくる。彼女たちが、それぞれ卑弥呼と台与なのだ。

日女命という名前からわかる通り、彼女たちが祀っていたのは太陽神である。物部神道でいう大元神は太陽神である。といっても、記紀神話における天照大神《あまてらすおおみかみ》ではない。男神としての太陽神「天照国照彦《あまてるくにてるひこ》天《あめの》火《ほ》明櫛玉饒速日尊《あかりのくしみかたまにぎはやひのみこと》：ニギハヤヒ命」である。籠神社では「天《あめの》火《ほ》明命《あかりのみこと》」という名前で祀っている。

こうして、事実上、海部氏が王家となったことで、邪馬台国と投馬国は統合され「大邪馬台国」となった。これが「前期大和朝廷」である。

騎馬民族征服王朝説とマナの壺

日本には王権のシンボルとして「三種神器」がある。「日本の三種神器」、あるいは「ヤマトの三種神器」とでも呼んでおこうか。具体的に「八咫鏡」と「天叢雲剣《あめのむらくものつるぎ》：草薙剣《くさなぎのつるぎ》」と「八《や》尺瓊《さかにの》勾玉《まがたま》」である。

これらのモデルは契約の聖櫃アークに納められた「イスラエルの三種神器」、もしくは「ユダヤの三種神器」である。具体的に「モーセの十戒石板」と「アロンの杖」と「マナの壺」である。秦始皇帝によって、十戒石板は表アークに、そしてアロンの杖は裏アークに納められた。

残るマナの壺は、どこに行ったのか。ユダヤの伝承によると、マナの壺を継承したのはイスラエル12支族のうち「ガド族」だった。ガド族は失われたイスラエル10支族のひとつである。彼らはアッシリア捕囚から解放された後、騎馬民族スキタイと行動をともにした。スキタイは黒海周辺を拠点とし、ユーラシア大陸をまたにかけて、北アジアを席捲。朝鮮半島にまでやってきたことが考古学的証拠から判明している。

新羅と伽耶は騎馬民族文化だった。担い手は、もちろん「魏志韓伝」に記された「秦人」である。秦人という言葉には、秦始皇帝の末裔を含む秦帝国の流民とエルサレムからやってきたユダヤ人原始キリスト教徒たちのほか、北アジアに盤踞《ばんきょ》していた騎馬民族も含まれているのである。しかも、いずれもイスラエル人である。彼らは、日本では、みな秦氏と呼ばれた。ちなみに、ユダヤ人を率いてやってきた徐福の末裔も、みな秦氏を名乗っている。まさに「秦」はイスラエル人の暗号なのだ。

さて、紀元4世紀ごろ、中国大陸で異変が起こった。大規模な騒乱が起こり、民族が大移動を開始。スキタイの流れを汲む「夫余《ふよ》系騎馬民族」が朝鮮半島を南下してきたのだ。この中にガド族が率いる失われたイスラエル10支族がいた。彼らは他の秦人＝イスラエル人と合流した後、伽耶に拠点を作った。これが後の「任那《みまな》日本府」である。

考古学者の江上波夫博士によれば、任那を足がかりとして、騎馬民族は九州北部に上陸。伽耶と倭国の連合を形成した後、頃合いを見計らって畿内へと侵攻。圧倒的な機動力によって邪馬台国を征服し、大和朝廷を開いた。

記紀神話では、九州に上陸した騎馬民族の大王を第10代・崇神《すじん》天皇、畿内へ攻め上った大王を第15代・応神《おうじん》天皇として記していると主張する。世にいう「騎馬民族征服王朝説・騎馬民族説」である。

江上博士によれば、強大な王権のシンボルが畿内に作られた巨大な前方後円墳である。前方後円墳は騎馬民族のアイデンティティであるといっても過言ではない。一般に、前方後円墳は方墳と円墳が合体したものと考えられているが、実際は、トータルデザインとして建設されたはずである。

では、いったい前方後円墳のモデルは何か。名前のせいで、方墳が前で、円墳が後ろというイメージが強いため、写真を掲載する際には、円墳を上にして方墳を下に配置しがちだが、ここは発想の逆転。方墳を上にして、円墳を下にする。さらに、仁徳《にんとく》天皇陵や応神天皇陵にある左右の「造出《つくりだ》し」と呼ばれる突起に注目すると、何かに見えてこないだろうか。そう、壺である。壺を横から見た形が前方後円墳の正体なのだ。ようやく最近になって、考古学界でも壺説

⬆前方後円墳を逆さにすると、壺に見える。

が注目されるようになったが、まだ先がある。

中国の道教では壺の中に世界があると考える。徐福が目指した三神山も壺に見立てられることもある。陵墓を壺に見立てた背景には、神仙道の思想が影響していると一般には考えられている。

しかし、前方後円墳のモデルとなった壺とは、壺は壺でも黄金の壺、失われたイスラエル10支族の王権のシンボル、マナの壺を象徴しているのだ。騎馬民族の大王はマナの壺を抱えて、日本列島へ侵攻し、大邪馬台国を征服して大和朝廷を開いたのである。

マナの壺は長らく宮中にあり、第21代・雄略《ゆうりやく》天皇が目にした記録がある。アロン系大祭司である海部氏が奉斎する籠神社には、かつて黄金の「真名之壺《まなのつぼ》」があった。本物のマナの壺は現在、伊勢神宮の外宮地下殿で密かに祀られている。

契約の聖櫃アークと大和朝廷

騎馬民族の尻馬を追うように、朝鮮半島から渡来してきたのが秦氏である。秦氏の中にはモーセ系大祭司がいた。彼らは表アークを携えていた。すでにマナの壺を継承したガド族の大王は秦氏を配下に表アークをもって畿内へと侵攻した。

江上波夫博士の騎馬民族説では、初代・神武《じんむ》天皇は架空の存在。神武天皇の諡号《しごう》「ハックニシラススメラミコト」と同じ諡号をもつ第10代・崇神天皇が実在する初代天皇であり、畿内で大和朝廷を開いたのは第15代・応神天皇だったと考える。が、籠神社の極秘伝によれば、そもそも応神天皇自身が朝鮮半島からの渡来人である。騎馬民族という言葉は使っていないが、応神天皇こそ、初代天皇であるという位置づけだ。

応神天皇の母親である神功《じんぐう》皇后は天之日矛《あめのひぼこ》の末裔であり、秦氏である。秦氏の血を引く応神天皇は失われたイスラエル10支族であると同時に、ユダヤ人原始キリスト教徒でもあるわけだ。ユダヤを意味する八幡を冠する神社の主祭神になるのも、応神天皇が北朝イスラエル王国と南朝ユダ王国の統合を象徴する存在であるからなのかもしれない。

統合は象徴のみならず、実態のある契約の聖櫃アークもしかり。当時、大邪馬台国の大王は裏アークを手にしていた。記紀にはニギハヤヒ命として登場する。神武天皇が畿内に攻め上っていたとき、ふたりは互いに天神の子であることを証明するために、自ら持っている「天羽羽矢《あめのははや》」と「歩靫《かちゆき》」を見せ合ったと記されている。

実際は、大邪馬台国の大王が手にした裏アークと応神天皇が手にした表アークを差しだした。それぞれ中に入っているアロンの杖とモーセの十戒石板を確認し、配下にアロン系大祭司とモーセ系大祭司を従えていることを理解した。そのうえで、表アークの蓋と裏アークの箱を合体させ、真アーク＝契約の聖櫃アークを復元。その中に十戒石板とアロンの杖、そしてマナの壺を安置したのである。

かくして、邪馬台国＝ヤマト国は大邪馬台国を経て、大和朝廷＝ヤマト朝廷として樹立。極東イスラエル王国ともいうべき大和国の中心は最終的に「飛鳥」に置かれた。

飛鳥は大和国のもうひとつの国号であると同時に、日本を裏で支配してきた秘密組織の名前でもある。彼らは契約の聖櫃アークの存在はもちろん、虚舟事件の真相も知っている。なにしろ、すべてを仕掛けたのが、ほかならぬ極東イスラエルの秘密組織「飛鳥」なのだから。

第3部
虚舟事件の異星人と徳川家康

はぐれ八咫烏「天海」が受け取った地底人からのメッセージ

パラダイム!!
時は止まることなく
流れ
歴史も停止する
ことはない!

人類は
発展と進歩の階段を
上昇しながら
多くのターニング
ポイントを経て
新たな発見を
戸惑いと畏敬の目で
受け入れていく!

私の名はあすかあきお漫画家です！
私はサイエンス・エンターテイナーとしてアカデミズムが黙殺する最先端情報を曝露し公開することを使命としています！
その過程で多くの有名人や著名人との出会いがあります！
魔女の血をひく深月ユリア氏と
これからも最先端情報を取り込みながらミステリー地帯を探索するつもりです！
また講演会やツアー各種イベントSNSやCATV
飛鳥昭雄の
昭和
★ちょっとストリーム
大切なお知らせ
ラジオやネットTV You Tubeなどに出演しています！

オフィシャルサイトも
従来と同じ
「ASKA AKIO WORLD」と
映像と音声専用の
有料オンデマンドサイト
「ASKADO PREMIUM」
（ASKAフリックス・ASKA
ラヂヲ）に分割しました！

飛鳥堂では
有料マガジンを
foomiiで毎週5本
「ASKAサイバニック
研究所（毎月800円+税）で
発信し
ショップ飛鳥堂と
アマゾンなどで
飛鳥昭雄の
DVDなどを
販売
同時に
飛鳥昭雄の
MOOK本や
新刊書・小説
電子版を含めて
発行しています！

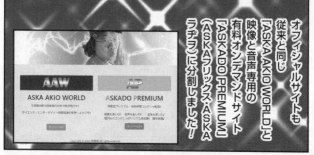

大預言者モーセ!!
奴隷と化した
イスラエル12支族を
「出エジプト」させ
約束の地「カナン」に
導いた人物!
中世の天才だった
ミケランジェロは
モーセの光芒を
牛の角と解釈し
それをモーセの
頭につけた!!

モーセは
シナイ山で
絶対神ヤハウェから
2枚の「石板」を受け

天から降る
甘い露が固まった
マナを入れる
「黄金の壺」と

一夜で芽が吹き
花を咲かせた
「アロンの杖」を
三種の神器とし

向き合う天使
(ケルビム)の翼を
乗せた箱
「契約の聖櫃
アーク」に納めた!
「ノアの箱舟」も
アークで、
ヤハウェの民
「ヤ・ウマト」の
大和民族にとって
「箱」は
呪詛となり
離れなくなった!!

契約の聖櫃の
蓋の中央にある
円形の「贖《あがな》いの座」で
翼を広げて
向き合う
ケルビムは
土俵で向き合う
力士に対応する！

土俵がある
土盛りが箱で
そこに縁起物を
入れて宝とし
箱に納めた
ユダヤの
三種の神器と
対応する！

さらに
向き合う翼は
神社の屋根の
千木と対応し
モーセの光の角
鬼瓦《おにがわら》とも
対応する!

最も一致するのが
神輿《みこし》で
屋根の鳳凰《ほうおう》は
雄の鳳と
雌の凰が向き合う
箱を表す!!

「箱」といえば
曲亭（滝沢）馬琴が
奇談・珍談の
「兎園会《とえんかい》」で語った
箱を持つ蛮女《ばんじょ》が
知られ

箱を持って
流れついた
金色姫《こんじきひめ》（衣襲《きぬがさ》明神）
を伝える茨城県の
蚕霊神社
星福寺《しょうふくじ》の錦絵に
自身の別名で
説明を書いている！

そのことから
虚舟《うつろぶね》事件を
馬琴の創作とする
意見もあるが
似た話が
籠《この》神社のある
京都府丹後に
伝わっている！

享和2年（1802年）
馬琴は
京都と大阪に向かい
丹後を含む
伝承・伝説
遺跡や墳墓の
調査を行っていた!!

さらに馬琴は
伊勢神宮にも
参拝し
失われた幻の
伊勢音頭を
掘り起こして
『羇旅漫録《きりょまんろく》』に
書き記している!
このとき
馬琴は
伊勢出身の
履物商だった
伊勢屋の婿に
なっていた!

馬琴が名声を
得るのは
伊勢から丹後
京都や大坂を
調べ歩いた後で
『椿説弓張月《ちんせつゆみはりづき》』
『三七全伝南柯夢《さんしちぜんでんなんかのゆめ》』
『月氷奇縁《げっぴょうきえん》』
『南総里見八犬伝』
と大当たりする!!

籠神社近くの
海岸線に
徐福《じょふく》の
上陸を伝える
新井崎《にいざき》神社が
鎮座する！

徐福が
持ってきた
「箱」の上陸を
象徴する
「ハコ岩」も
同じエリアに
存在する！

中国の歴史家
司馬遷《しばせん》が
『史記』で
秦始皇帝《しんのしこうてい》を
漢民族ではないと
断じたのは
同族で「嬴《えい》」の
姓をもつ徐福も
「瀛州(日本)」の
イスラエル人だからだ!
秦始皇帝は
三種神器と
契約の聖櫃
を使い
広大な中国大陸を
数年で制覇した後
日本へ運ばせて
隠したと
思われる!!

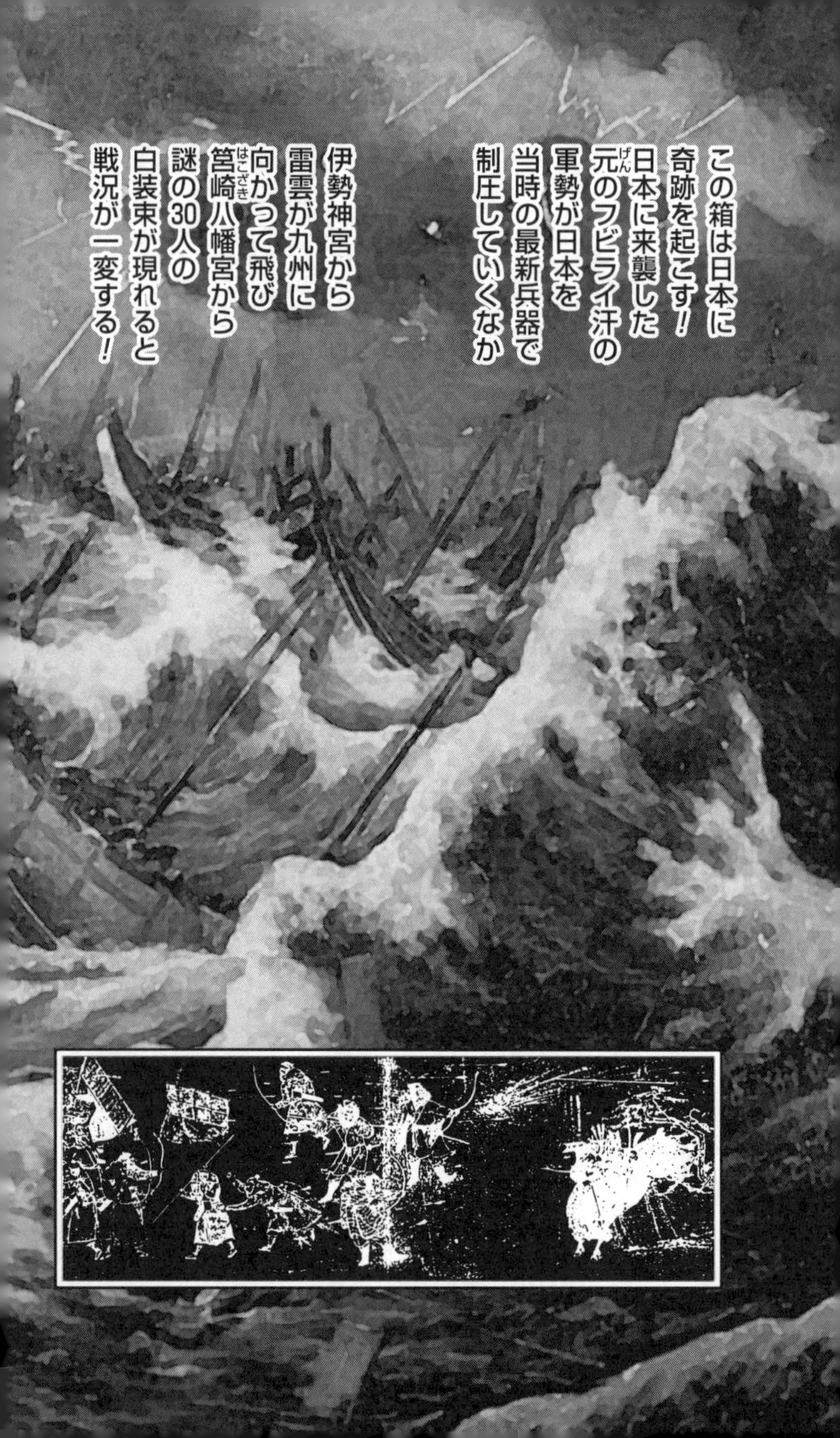
この箱は日本に
奇跡を起こす！
日本に来襲した
元《げん》のフビライ汗の
軍勢が日本を
当時の最新兵器で
制圧していくなか
伊勢神宮から
雷雲が九州に
向かって飛び
筥崎《はこざき》八幡宮から
謎の30人の
白装束が現れると
戦況が一変する！

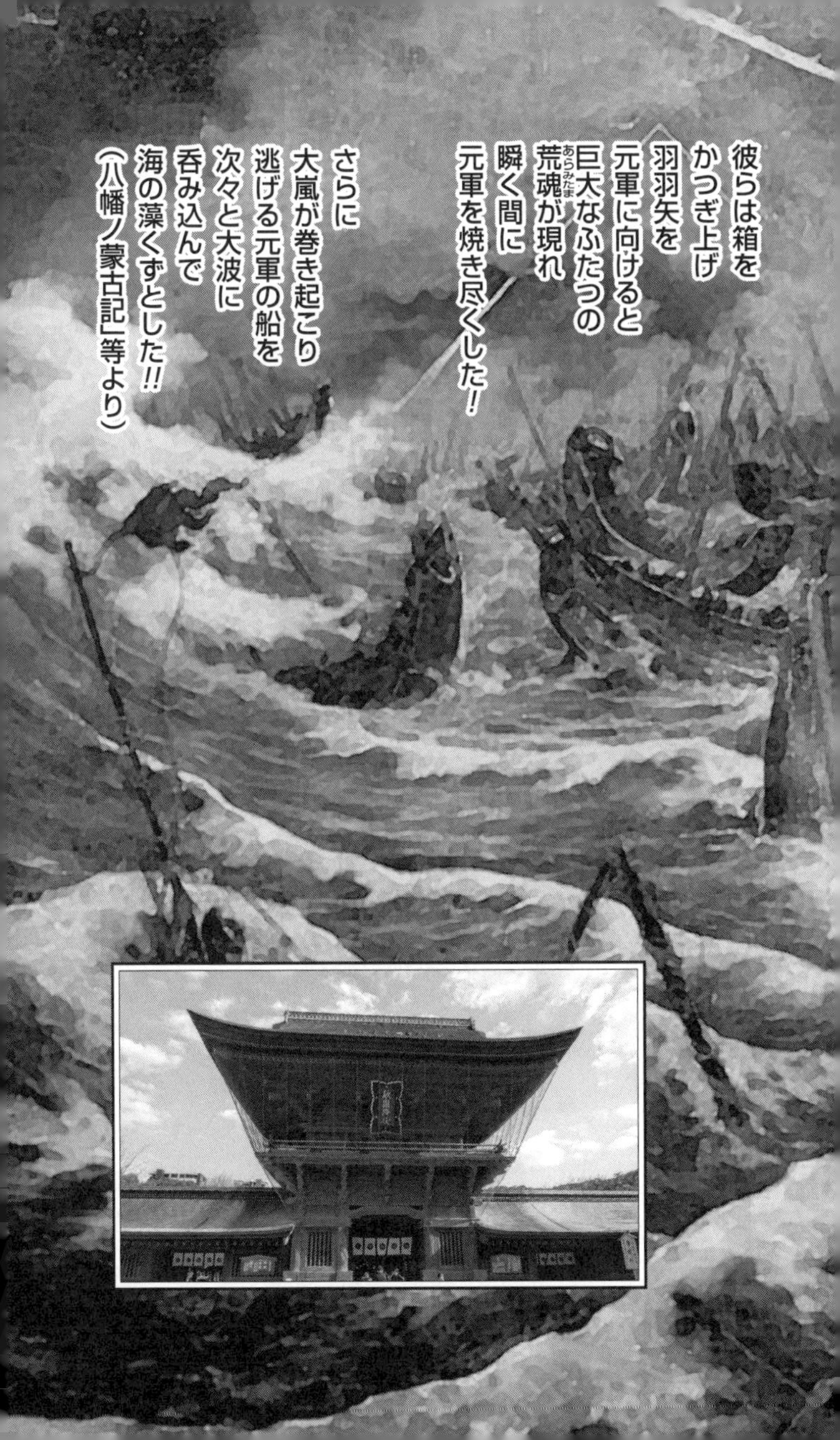
彼らは箱を
かつぎ上げ
羽羽矢を
元軍に向けると
巨大なふたつの
荒魂《あらみたま》が現れ
瞬く間に
元軍を焼き尽くした！
さらに
大嵐が巻き起こり
逃げる元軍の船を
次々と大波に
呑み込んで
海の藻くずとした!!
（「八幡ノ蒙古記」等より）

今回も
あの男の
登場から
始まる……
あすか先生
教授からの
メッセージを
お伝えします！
この男こそ
謎の組織からの
メッセンジャー
ミスター・
カトウ
である！

教授はあすか先生を比叡山《ひえいざん》に赴かせ
ある人物と会ってもらうことを望んでおられます!!
空海とならぶ最澄が開いた「延暦寺《えんりゃくじ》」ですか?
比叡山としかいえません!

比叡山（滋賀県大津市）

古来
平安京の
艮《うしとら》の「鬼門」を
守ってきたのが
比叡山の
延暦寺と
されてきた！

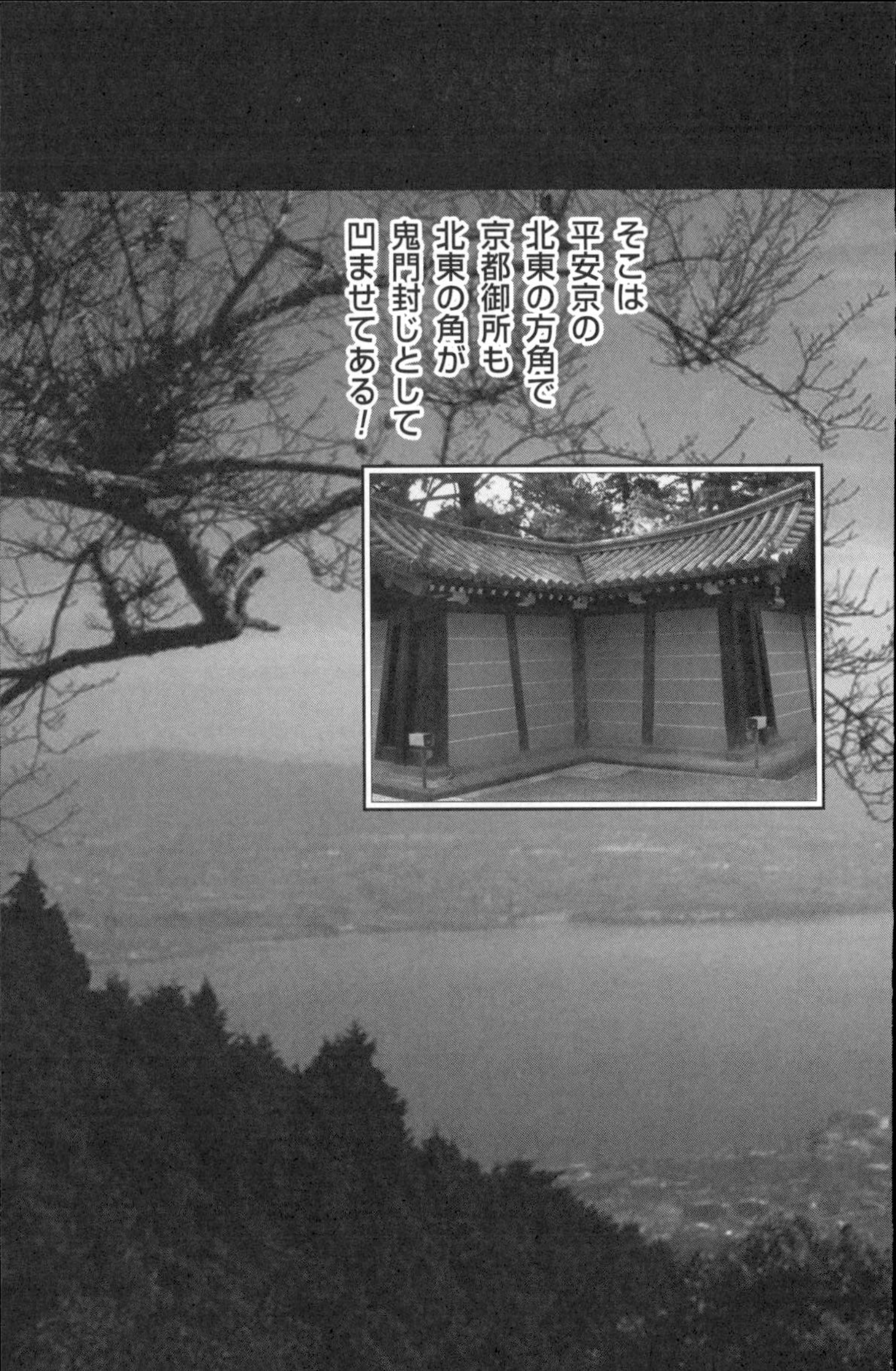
そこは
平安京の
北東の方角で
京都御所も
北東の角が
鬼門封じとして
凹ませてある！

ミスター・カトウ
頂上まで
ケーブルカーで
行かないの？
はい！
私たちは
神社に
向かっていますから！
エッ!?
お寺に
行くんじゃ
ないの？
ホエ〜
彼の名は
サイ九郎！
私の
弟子である！

となると比叡山の麓の日吉大社ですか？
日吉大社
はい！
正確には日吉大社の奥宮です！
牛尾宮ですか？三宮宮ですか？
牛尾宮
三宮

牛尾宮に
なります
あすか先生！
そこは
日吉大社の
御神体である
八王子山の神
大山咋神《おおやまくいのかみ》を
祀っています
ネ！

たしかに牛尾宮と三宮の間に日吉大社の磐座《いわくら》金大巌《こがねのおおいわ》が鎮座してます！

先生
お神輿が
八角形だよ！
うむ！
山王祭の
牛神楽《かぐら》のときに
使われます！
日吉大社の
山王信仰なら
八角神楽の
正体は…
大蛇《おろち》か!!

えっ⁉
オロチって
八岐大蛇《やまたのおろち》って
こと？
八角神輿の
「蕨手《わらびて》」の正体が
八頭の龍を
表すからだ！
これで
牛尾宮の正体が
牛頭天王《ごずてんのう》の
スサノオ命で
八王子山の
御神体が
八岐大蛇と
なる‼

勝手なことをぬかすなあぁ〜!!
エッ!?
!!

につ…ににに
仁王《におう》〜っ!?

おろか者～っ!!
仁王が神社に
おろうか!!

ならば神仏習合の仁王の逆字王仁《おに》となる!!
せ…先生〜っ 3メートルはあるよォ〜っ!!
大本の上田喜三郎は仁王の逆字から出口王仁三郎と改名したことで知られる!

己れが語ることが正しければ八角の高御座《たかみくら》も八岐大蛇となり
即位の聖域で天皇陛下を呑み込んでいることになるぞ〜っ!!
それは八本首の八岐大蛇である八咫烏《やたがらす》が天皇陛下を守護する象徴!!
その具現化が神輿であり高御座であり

八角屋根の夢殿《ゆめどの》(奈良県斑鳩)となる!!
仏教導入の祖である聖徳太子が夢殿に籠《こも》り裏天皇として推古女帝を補佐したのと同じ!!
このことから聖徳太子の正体があなたと同じ八咫烏で八本首の龍の八岐大蛇とわかる!!

われが八咫烏といつ己にいったのかああ〜!!
山王信仰の日吉大社の奥宮に現れた以上は山を表す三王で三柱の足をもつ八咫烏となる!!

八王子山で烏といえば八大龍王の八本首の八岐大蛇で熊野の八咫烏!!
八大龍王の護符にある八頭の龍文字と熊野牛王の烏文字がそれを証明する!

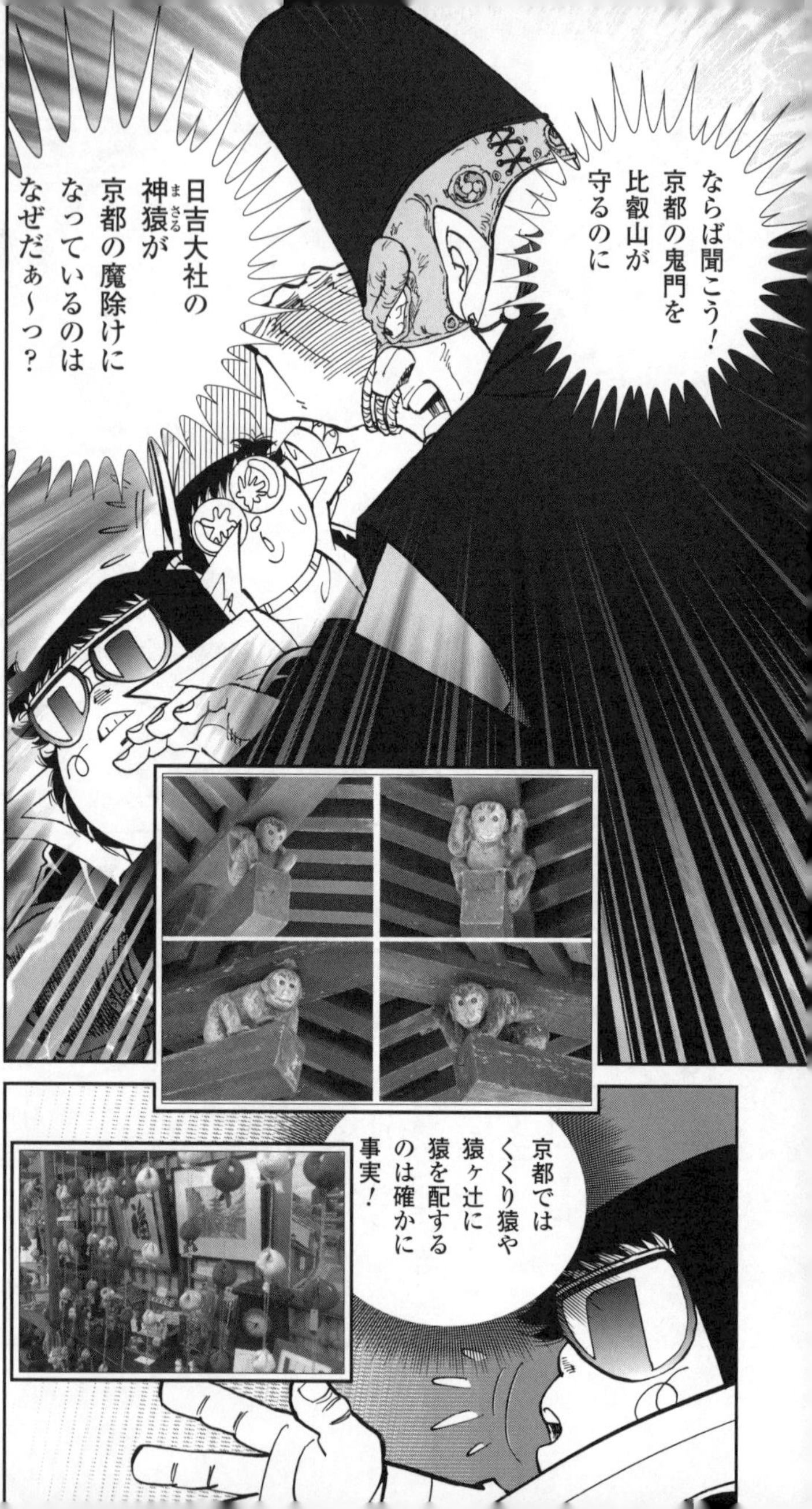
ならば聞こう！京都の鬼門を比叡山が守るのに
日吉大社の神猿《まさる》が京都の魔除けになっているのはなぜだぁ～っ？
京都ではくくり猿や猿ヶ辻に猿を配するのは確かに事実！

しかし御所の北東の凹んだ先が裏鬼門の南西の坤《ひつじさる》の猿を指すというのは
大嘘!!
ぬゎにぃぃぃ〜〜〜っ!!
江戸時代の地図を見れば猿ヶ辻は凹みながら鬼門を指して飛び出している!!
猿ヶ辻
入口 Entrance
京都御所 Kyoto Imperial Palace
羊がいないのも変だし裏鬼門に延暦寺と匹敵する寺は一寺もない!

ならば神猿はなぜ鬼門に配されておるのかあ〜っ⁉
明智光秀‼
な……なにぃ……⁉
比叡山を所領した領主がなんと織田信長を本能寺で討った明智光秀です‼

その延暦寺の
門前町の
近江坂本に
日本初の東照宮
日吉東照宮を
建立したのは
明智光秀と
同一人物とされる
天海大僧正《てんかい》!!

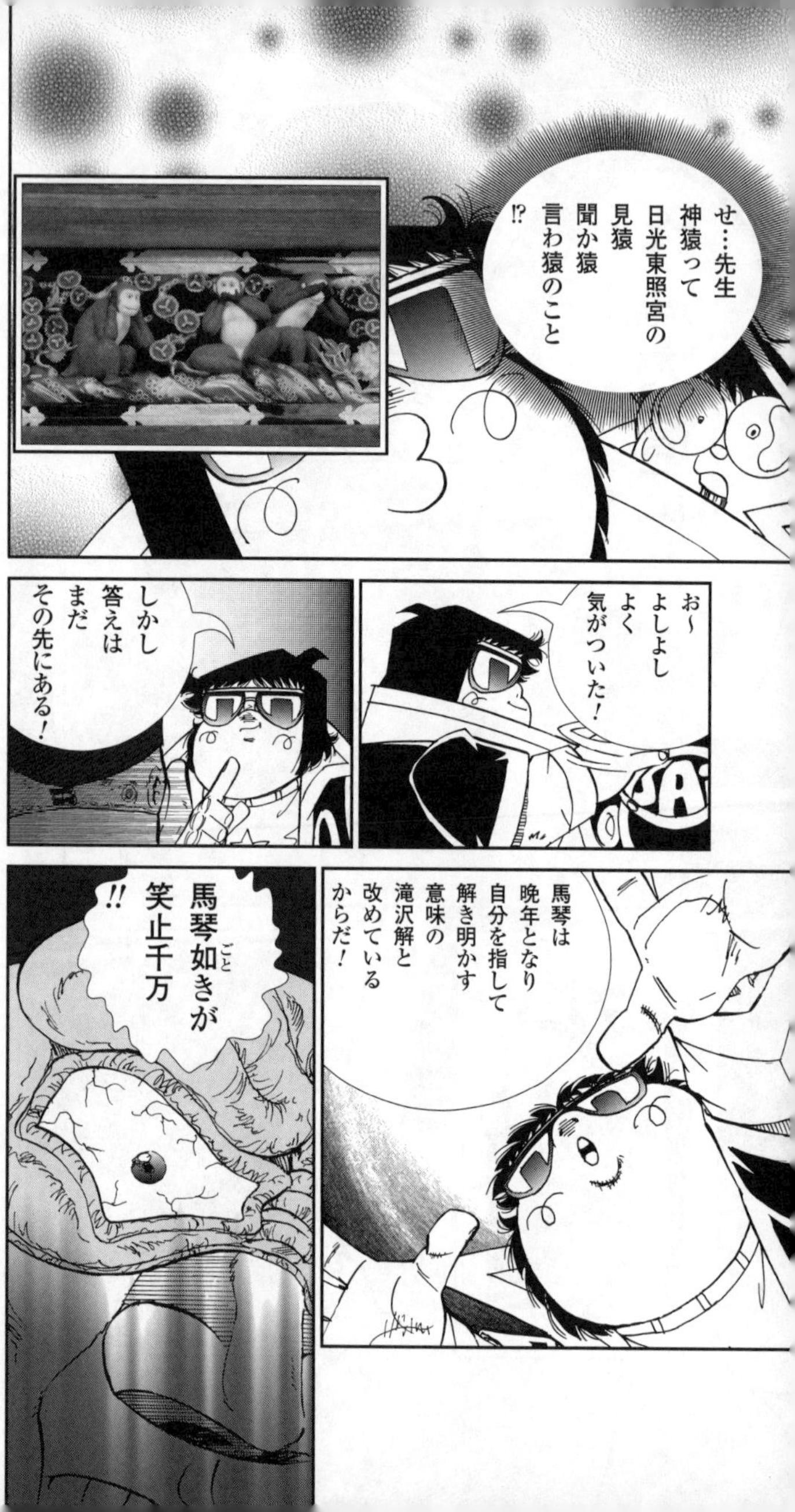
せ…先生
神猿って
日光東照宮の
見猿
聞か猿
言わ猿のこと
⁉
お〜
よしよし
よく
気がついた！
しかし
答えは
まだ
その先にある！
馬琴は
晩年となり
自分を指して
解き明かす
意味の
滝沢解と
改めている
からだ！
馬琴如《ごと》きが
笑止千万
‼

そうでしょうか？
馬琴は
猿《さる》を申と
読むことで
徳川家康を
大権現として
祀る
日光東照宮の
方位に気づき
その秘密を
知った節がある！
そうでないと
『南総里見八犬伝』
どころか
『兎園小説』の
虚舟を著すことも
できなかったはず!!
ぬあにいいいいい〜〜〜〜〜っ!!

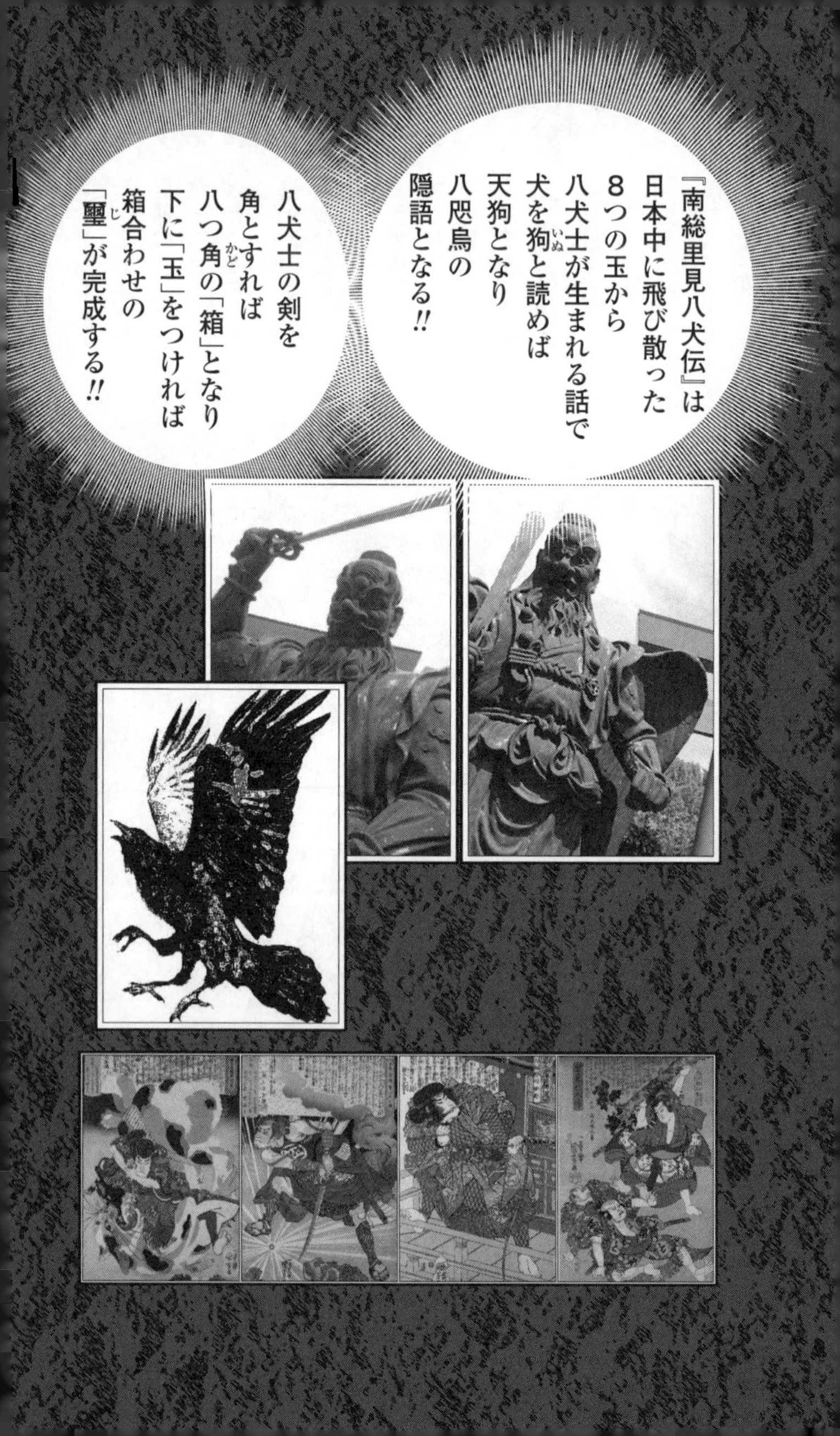
『南総里見八犬伝』は日本中に飛び散った8つの玉から八犬士が生まれる話で犬を狗《いぬ》と読めば天狗となり八咫烏の隠語となる!!
八犬士の剣を角とすれば八つ角《かど》の「箱」となり下に「玉」をつければ箱合わせの「璽《じ》」が完成する!!

また鳥羽上皇の代に現れた九尾（八股）の狐玉藻前《たまものまえ》が退治された後
生け贄を求める「殺生石《せっしょうせき》」となったが打ち砕かれて8つの破片となり日本中に飛散した話とも一致する!!
璽

だあかぁらぁ〜〜！なぁんだあああ〜ぁ!!
せ 先生〜っ!!
牧墨僊《まきぼくせん》の『一宵話《ひとよはなし》』!!
!?

家康が
駿府の城にいた
元和2年(1616年)

小児ほどの
ぬべらんとした
ヒトガタが
城中の庭で
片手を天に
向けていた

家康は
それを聞き
殺さず遠くへ
追いやれと命じ
それは姿を消した!!

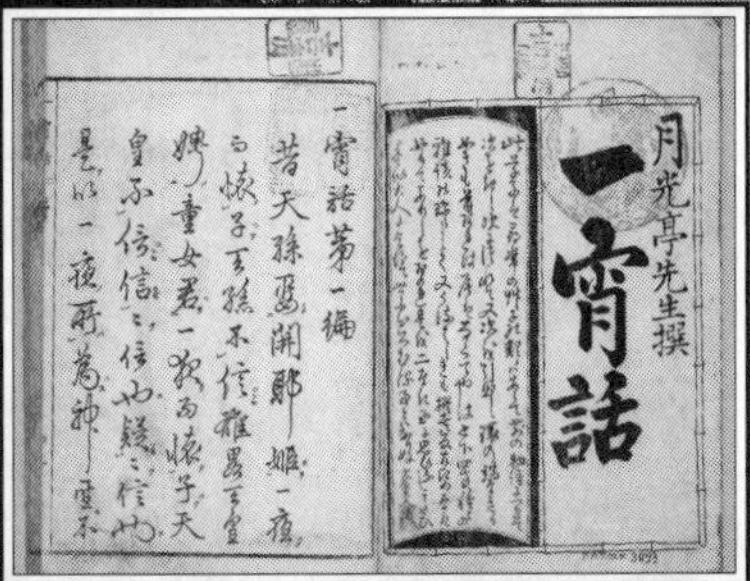

それがぁ～あどうしたああっ～!?
馬琴の挿絵を描いていたのが葛飾北斎で
墨僊は北斎の弟子で『北斎漫画』も手伝っていた！
奇談好きの馬琴と顔を合わせていないほうがおかしい！
どうでもいいことだぁ～あ!!

そうはいかない!!
このとき
家康は
地底世界の
「箱」を受け取って
いるからだ!
正確にいえば
天海がそれを
受け取り
メッセンジャーは
光につつまれ
飛翔体に乗って
消えた!
たわごとを
〜〜〜〜っ!!

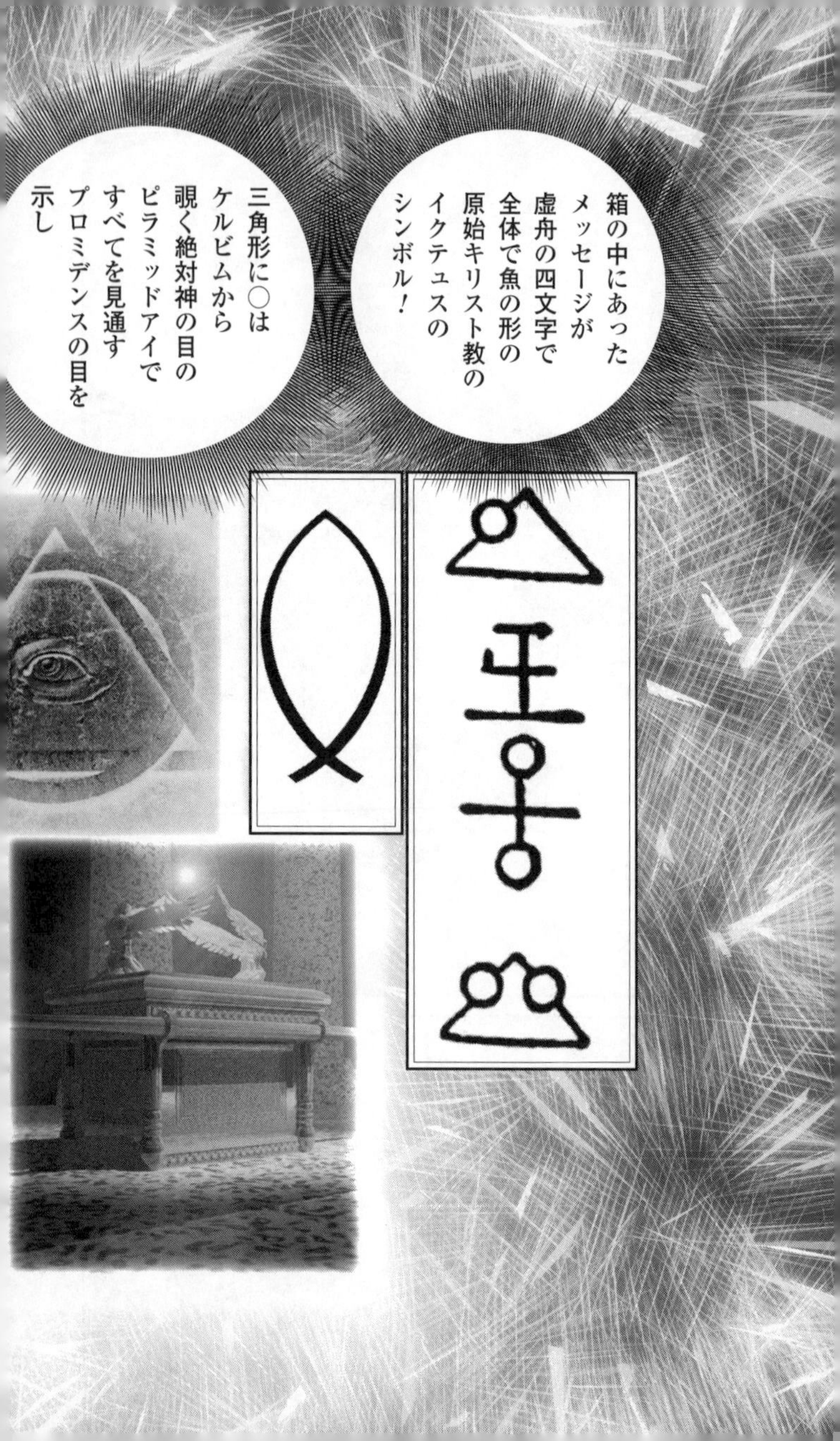
箱の中にあったメッセージが虚舟の四文字で全体で魚の形の原始キリスト教のイクテュスのシンボル！
三角形に○はケルビムから覗く絶対神の目のピラミッドアイですべてを見通すプロミデンスの目を示し

「王」に見えるのは「玉の逆文字」で鏡像反転のため三角の右側の目は左がシンボルになる！
「玉」は箱に入った三種神器でふたつの「〇」とひとつの「十」で生誕と死と復活を！蓋の左右のケルビムと贖いの座を象徴！ふたつの「〇」と三角でふたつの「箱」を示す!!
玉

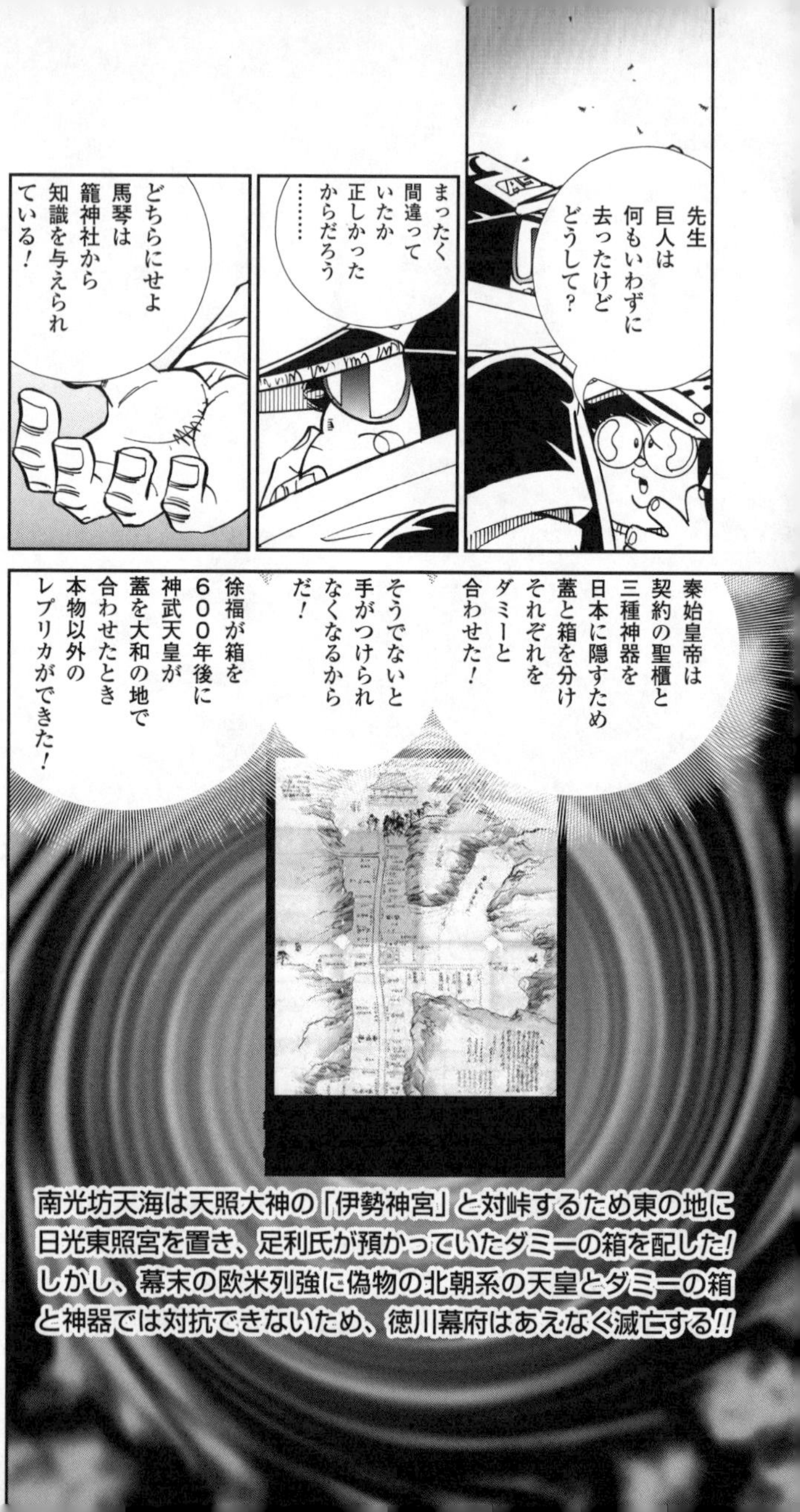
先生
巨人は
何もいわずに
去ったけど
どうして？
まったく
間違って
いたか
正しかった
からだろう
……
どちらにせよ
馬琴は
籠神社から
知識を与えられ
ている！
秦始皇帝は
契約の聖櫃と
三種神器を
日本に隠すため
蓋と箱を分け
それぞれを
ダミーと
合わせた！
そうでないと
手がつけられ
なくなるから
だ！
徐福が箱を
600年後に
神武天皇が
蓋を大和の地で
合わせたとき
本物以外の
レプリカができた！
南光坊天海は天照大神の「伊勢神宮」と対峙するため東の地に日光東照宮を置き、足利氏が預かっていたダミーの箱を配した！しかし、幕末の欧米列強に偽物の北朝系の天皇とダミーの箱と神器では対抗できないため、徳川幕府はあえなく滅亡する!!

第7章

虚舟事件の真相と徳川家康のもとに現れたエイリアン

飛鳥の謎

虚舟《うつろぶね》事件の謎を解く重要な手がかり。そのひとつが文字である。虚舟の船内に書かれていたという4文字「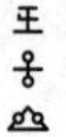」とは、いったい何か。アルファベットであるという有力な説をもとにたどり着いたのは古代ヘブライ語であった。メシャ碑文に記された古代ヘブライ文字を比較した結果、「」は「ASKA／アスカ」と読めることがわかった。日本における「アスカ」といえば、奈良県の「飛鳥」。古代日本において大和朝廷が置かれた「明日香」が有名である。

虚舟事件のストーリーは民俗学でいう「空舟伝説《うつぼぶね》」の一種。主に渡来人とゆかりの深い場所や一族の間で語り継がれてきた。なかでも典型例は秦氏《はたし》である。秦氏の首長、秦河勝《はたのかわかつ》は典型的な空舟伝説の主人公であり、そのルーツは驚くべきことに『旧約聖書』に記された大預言者モーセの故事に由来することがわかった。

それもそのはず、謎の渡来人「秦氏」はユダヤ人原始キリスト教徒だった。のみならず、朝鮮半島における秦人《しんじん》には複数の流れがあり、いずれも古代イスラエル人と関係があった。ひとつはミズラヒ系ユダヤ人、もうひとつは失われたイスラエル10支族である。彼らは4世紀、日本にやってきて、すでに渡来してきていた徐福《じょふく》集団のユダヤ人、すなわちミズラヒ系ユダヤ人と失われたイスラエル10支族が築いていた大邪馬台国に合流し、大和朝廷を築いた。その都の名前が「飛鳥」である。

いったい「飛鳥：アスカ」とは何を意味するのか。文学的に「飛鳥」とは「明日香」にかかる枕詞《まくらことば》「飛ぶ鳥の」に由来する。アスカという音は「斑鳩：イカルガ」のように、「イスカ」という鳥のことだという説もある。

歴史学的には飛鳥が渡来人の里でもあったことから、古代朝鮮語の「安宿《あすか》」のことで、文字通り住みやすい場所という意味になる。実際、日本にも「安宿」と書いて「アスカ」と読む地名や人名がある。飛鳥の住民の7割ほどは渡来人で、なかでも秦氏と並ぶ「漢氏《あやし》」が多く住んでいた。

漢氏は伽耶《かや》諸国のひとつ「安耶《あや》」に住んでいた。漢氏もまた秦人だった。故郷は秦氏と同様、西域にあった。古代ローマ帝国のお隣「パルティア」である。パルティアは「アルサケス朝ペルシア」とも呼ばれるが、彼らの自称は「アスカ」である。これに中国人は「安息」という漢字を当てた。パルティア出身の人間には安息から一字とって「安氏《あんし》」とした。唐の時代に反乱を起こした安禄山《あんろくざん》はパルティア人だった。

秦氏の祖先であるユダヤ人原始キリスト教徒たちはエルサレムからヨルダン河東岸のペラに移住してきたが、ここはパルティア領内に近い。当時、パルティア人はアラム語を使っており、ユダヤ人と普通に会話が成立した。ペラから東方へ向かったエルサレム教団はパルティア人と行動をともにした可能性がある。

イエス・キリストが誕生したとき、東方から占星術の博士たちがやってきた。一説に、彼らはペルシア人のゾロアスター教徒だったともいう。仮にそれが正しければ、彼らはパルティア人だったことになる。イエスがメシアであることを知っていたパルティア人たちが、ペラにやってきたエルサレム教団に合流したとしても不思議ではない。

この推理が正しければ、故国を旅立ったパルティア人は秦人として朝鮮半島にやってくると、ユダヤ人原始キリスト教徒たちとともに秦韓《しんかん》と弁韓《べんかん》、後に伽耶諸国のひとつ安耶を建国する。秦氏が騎馬民族と一体となって日本列島に渡来してきたとき、パルティア人もやってきた。

彼らは安耶からの渡来人ということでアヤ氏＝漢氏と称し、秦氏が祖先を秦始皇帝《しんのしこうてい》に求めたように、漢王朝の霊帝を太祖に位置づけた。が、実態はパルティア人である。漢氏のひとり「坂上田村麻呂《さかのうえのたむらまろ》」は赤い髪に鳶色の瞳をしていたという伝説があるが、これはペルシア人の特徴である。

しかも、飛鳥地方には謎の石造物がたくさんある。とくに酒船石《さかふねいし》や益田岩船《ますだのいわふね》はペルシアの宗教、ゾロアスター教の遺跡ではないかという説がある。作家、松本清張が小説『火の路』で紹介しているので、ご存じの方もいるだろう。古代日本にペルシア人がいたことは京都大学名誉教授の伊藤義教《ぎきょう》博士が著書『ペルシア文化渡来考』で詳細に論証している。

さらに、漢氏のなかには「飛鳥氏」を名乗った者がいる。おそらく住んでいた土地の名前である飛鳥を苗字として名乗っていたのだろうが、漢氏のルーツがパルティアにあることを思えば、アスカ朝ペルシアと関係があったとしても不思議ではない。飛鳥＝アスカとはパルティアのことを意味していた可能性がある。

飛鳥と八咫烏

一般に思っている以上に古代の飛鳥は国際都市であった。文字通り、シルクロードの終着駅である。古代イスラエル人はもちろん、ペルシア人もいた。アスカという言葉にペルシア語の響きがあるのはそのためだ。

しかし、飛鳥という名前には重層的な意味が込められている。アスカという音には「明日香」という漢字が当てられている。よく見てほしい、3つの文字、それぞれに「日」が入っている。明日香とは3つの日、すなわち3つの太陽を暗示しているのだ。

エジプト学者の吉村作治教授は古代エジプトの宗教と日本の神道は非常に似ていると指摘している。ともに太陽神を最高神とし、その子孫が王権を継承している。ピラミッドに相当する神奈備《かんなび》信仰があり、ともに多神教である。

古代エジプトにおける太陽神は3つの相をもち、それぞれ「朝日のケプリ」と「天中のラー」と「夕日のアトゥム」なる神として崇拝された。同様に、神道では「天之御中主神《あめのみなかぬしのかみ》」と「高御産巣日神《たかみむすひのかみ》」と「神産巣日神《かみむすひのかみ》」なる造化三神がいる。天之御中主神を天中の太陽神ラーと見なせば、高御産巣日神はケプリ、神産巣日神はアトゥムに相当する。事実、その名前には「日」がある。これが「明日香」である。

秦神道において造化三神は絶対三神、すなわち御父と御子と聖霊のこと。明日香は絶対三神唯一神会を象徴する名前なのである。

「ア：明：朝日の太陽：ケプリ：高御産巣日神：御子：ヤハウェ＝イエス・キリスト」
「ス：日：天中の太陽：ラー：天之御中主神：御父：エル・エルヨーン＝エロヒム」
「カ：香：夕日の太陽：アトゥム：神産巣日神：聖霊：コクマー＝ルーハ」

では、漢字の「飛鳥」は何を意味するのか。枕詞の「飛ぶ鳥」はいいとして、問題は何の鳥かだ。これに関しても、古代エジプトに興味深いエピソードがある。かのアレキサンダー大王がエジプトのシヴァに赴いたときのこと。突如、嵐に見舞われて、遭難しかけた。そこへ突如、一羽の鳥が飛んできて、安全に一行を導いた。結果、彼らは無事に目的地に到着することができ、アレキサンダー大王はファラオとして即位したという。

実は、これとまったく同じストーリーが記紀にある。神武《じんむ》天皇が大和入りを目指し、熊野の山中に入ったときのこと。異様な動物や悪天候に阻まれて、身動きができなくなってしまう。そこへ、一羽の八咫烏《やたがらす》がやってきて、神武天皇の軍勢を道案内した。結果、彼らは無事に大和入りを果たし、逆賊を討った後、初代天皇として即位した。

⬆3本足で太陽の中に棲むといわれる八咫烏《やたがらす》。「飛鳥」とは八咫烏のことだ。

ここに登場する「烏：八咫烏」こそ、飛ぶ鳥の正体である。絶体絶命の大王を救った鳥こそ、王権のシンボルとしての飛鳥なのだ。

アジアにおいて烏は太陽の中に棲む霊鳥である。古代中国では「金烏《きんう》」と呼んだ。日本においては太陽は天照大神《あまてらすおおみかみ》である。金烏は天照大神の使いであると同時に化身でもある。

八咫烏は輝く「鵄《からす》」、すなわち「金鵄《きんし》」となって神武天皇の弓矢の先に止まった。天照大神の栄光が神武天皇を照らした瞬間である。金鵄もまた、飛鳥である。

飛鳥と天照大神

八咫烏は金烏と呼ばれる。金烏は太陽の中に棲んでいる。おそらく太陽の黒点を烏に見立てたことが始まりだろう。八咫烏は太陽神の使いであると同時に化身でもある。神道でいえば、天照大神と同一神でもあるのだ。したがって、飛鳥は天照大神でもある。

これをユダヤ教神秘主義カッバーラの視点から解き明かしてみよう。カッバーラの象徴図形は「生命の樹」である。

「生命の樹」には、いろいろな形態がある。人体に見立てたアダム・カドモンや七枝の燭台メノラー、そして数の世界を示す魔方陣だ。

魔方陣の基本は3次魔方陣である。1から9までの数字を3行3列の升目に並べる。その際、縦横斜め、どこを足しても同じ数になるように配置しなければならない。具体的に、合計数は1から9までを足した45を3で割れば出てくる。15である。1から9までの数字のうち、真ん中は5である。よって、魔方陣の中心には5がくる。

あとは実際に当てはめていけばいい。専門的にはアフィン代数を使うのだが、3次魔方陣は、そんなに時間はかからない。試していただくとわかるように、四隅は偶数になる。2の場合、その対角線の隅は8で、同様に4の場合は6である。したがって、奇数は、ちょうど十字形の

6	1	8
7	5	3
2	9	4

＝

オ	ア	ミ
オ	ス	テ
マ	カ	ラ

⬆「アマテラスオオミカミ」に頭から番号をつけ、基本の３次魔方陣の数字と照らし合わせると「アスカ」になる。

配置になる。

そこで、神道の儀礼でもある「七五三：7・5・3」を横に並べよう。すると、縦は「1・5・9」になる。この数字を覚えておいてほしい。

次に「天照大神：アマテラスオオミカミ」という名前の各文字に頭から番号をつけていく。全部で10個ある。具体的に「①ア、②マ、③テ、④ラ、⑤ス、⑥オ、⑦オ、⑧ミ、⑨カ、⑩ミ」だ。このうち「①・⑤・⑨」の字を見てほしい。そう「ア・ス・カ」である。魔方陣における天照大神の聖名は「アスカ」である。

秦神道では天照大神はイエス・キリストである。天照大神の聖名がアスカであるということは、イエス・キリストの聖名もまたアスカであることを示している。

イエス・キリストは飛鳥であり、象徴として鳥の翼を背中に生やした天使インマヌエルであり、イスラエルの守護天使ヤハウェなのだ。

鴨族と祭祀氏族

イエス・キリストが洗礼者ヨハネからバプテスマを受けたとき、天から御父エル・エルヨーンの声が響き渡り、地上へ聖霊が鳩のように降臨した。天使の背中に翼が象徴として描かれるように、鳥は天と地をつなぐ者の象徴である。絶対三神も地上へ降臨して、人々の前に姿を現す。その意味で絶対三神も飛鳥である。

先に明日香が太陽三神＝造化三神を象徴すると述べたが、これを3つの光と読み替えると、どうなるか。日本には「三光鳥」なる鳥がいる。鳴き声が「ツキヒーホシ」と聞こえ、これが「日月星：三光」にたとえられるからだ。三光鳥には大きくサンコウチョウとイカルがいる。このうちイカルは漢字で「斑鳩：鵤」と表記する。

斑鳩《いかるが》は聖徳太子が法隆寺を建立した地である。飛鳥の隣にある。ここには晩年、聖徳太子が籠った夢殿がある。兵庫県にも斑鳩という地名がある。こちらにも聖徳太子ゆかりの斑鳩寺《いかるがでら》があり、古来、秦氏が多数住んでいた。

秦神道はもちろん、物部《もののべ》神道においても、鳥は神の象徴であると同時に、祭祀を行う者たちの称号である。ユダヤ教でいうレビ人だ。古代日本における神道祭祀を一手に仕切ってきたのが「忌部氏《いんべし》」である。忌部氏の祖には鳥の名をもつ「天日鷲命《あめのひわしのみこと》」がいる。彼らは、みなレビ族である。

レビ族の中でも大祭司コーヘン・ハ・ガドールに相当するのが「賀茂氏《かもし》」である。賀茂氏は鳥の「鴨氏」とも称す。賀茂氏を直接名乗らなくても、大祭司は自らを「鴨族」と称している。賀茂氏の太祖は「賀茂建角身命《かもたけつぬみのみこと》」といい、八咫烏の別名である。賀茂氏の中には修験道の祖とされる「役小角《えんのおづぬ》」がいる。彼の場合、役とは「燕」のことである。いずれも鳥を暗号としてしのばせているのだ。

大祭司には2系統ある。モーセ系大祭司は「武内宿祢《たけうちのすくね》」の名で呼ばれる。武内宿祢は歴代の天皇に仕えた宰相で、長寿で知られる。一説には300歳以上ともいわれるが、実際は襲名される称号だという。

記紀によれば、武内宿祢の長男は「波多宿祢《はたのすくね》」といった。彼は波多氏の祖である。秦氏と別系統とされるが、さにあらず。武内宿祢は秦氏であり、その息子の波多宿祢も秦氏である。推測するに、この波多宿祢が継体《けいたい》天皇の曽祖父である意富富杼王《おおほどのおおきみ》と同一人物だった可能性がある。意富富杼王もまた、波多氏の祖とされるからだ。

武烈《ぶれつ》天皇のとき、神武天皇＝応神《おうじん》天皇から続く皇統が断絶している。王朝は交代し、王権はガド族からレビ族、しかもモーセ系大祭司に引き継がれたのだ。言葉を換えれば、以後の天皇は武内宿祢でもある。

一方、もうひとつのアロン系大祭司の称号は「倭宿祢《やまとのすくね》」である。記紀には海部氏《あまべし》の祖として登場する。海部氏は物部神道の大祭司である。籠《この》神社の海部宮司は自らを「鴨族」と称している。賀茂氏ではないが、海部氏はアロン系大祭司の鴨族なのである。

陰陽道と迦波羅

祭祀は一種の呪術である。神の言葉を預かる預言はもとより、啓示や幻視、未来予知、異言などはみな呪術であり、魔術だといっても過言ではない。超能力であり、霊能力である。ただし、力の源泉は絶対三神から来る。絶対三神の力を背景に、奇跡や超常現象を起こすことができる。絶対他力という意味では狭義の魔術である。もっとも魔術で召喚するのは光の存在とは限らない。西洋魔術において召喚するのは天使だが、時に悪魔も現れる。よく白魔術と黒魔術といういい方をするが、基本は同じ。ユダヤ教神秘主義カッバーラである。

カッバーラの奥義は「生命の樹」である。「生命の樹」の頂上には絶対三神がいる。三本柱は、そもそも絶対三神の象徴だ。絶対神から雷の閃光カヴを受けた者は、一番下のマルクトからジグザグにパスを通り、「生命の樹」を上昇する。これを「アセンション」と呼ぶ。

アセンションには常に危険が伴う。下手をすればすぐに足を外して、真っ逆さまに「生命の樹」を落下する。マルクトで止まればいいが、その先がある。「生命の樹」の下には「死の樹」

が伸びている。「生命の樹」と「死の樹」は互いに鏡像関係にある。「生命の樹」を上昇しているつもりでも、実は「死の樹」を下降しているときもある。行きつく先は地獄である。

神道におけるカッバーラは「陰陽道《おんみょうどう》」である。森羅万象、すべては陰と陽。陰陽道は徹底した二元論で世界を説明する。神道の儀式や祭礼は、みな陰陽道に則っている。祈禱やお祓い、人形《ひとがた》や護符まで、すべて陰陽道の呪術である。ふだん日本人が何気なく行っている習慣も、実は陰陽道が基本になっている。

陰陽道の使い手を陰陽師《おんみょうじ》と呼ぶ。平安時代に活躍した「安倍晴明《あべのせいめい》」が有名だ。彼の師匠である賀茂忠行《かものただゆき》と、息子で安倍晴明の兄弟弟子である賀茂保憲《かものやすのり》は、ともに鴨族である。彼らは大祭司の権能をもっている。陰陽師には賀茂氏と並んで秦氏も多い。安倍晴明の宿敵である蘆屋道満《あしやどうまん》は本名を秦道満といい、その娘が人魚の肉を食べて不老不死になった八百比丘尼《やおびくに》である。「惟宗氏《これむねし》」を名乗っている陰陽師は、みな秦氏である。

また、陰陽道にも陰と陽がある。表の陰陽道に対して、裏は「迦波羅《かばら》」と呼ぶ。「カッバーラ：カバラ」、そのままだ。同様に裏の陰陽師は「漢波羅《かんばら》」だ。西洋でいう「カッバーリスト：カバリスト」のことである。

たとえば、陰陽道の呪符に「セーマン」と「ドーマン」がある。それぞれ五芒星と九字《くじ》の格子模様で、魔を封じ込める効果がある。名前の由来は安倍晴明と蘆屋道満にあることはいうまでもない。これらは表の陰陽道だ。

裏の迦波羅では、これが「裏セーマン」と「裏ドーマン」、すなわち六芒星と十字になる。十字は九字を切った後、格子模様の中心に点を入れるのだが、実際は、もっと単純だ。そのまま十字を切る。まさに、クリスチャンが胸の前で十字を切ることとまったく同じ。六芒星はダビデの星、すなわちユダヤ人のシンボルだ。したがって、裏セーマンと裏ドーマンで、ユダヤ人原始キリスト教徒を表現しているのである。

飛鳥と漢波羅秘密組織「八咫烏」

古代イスラエル人は絶対三神「御父と御子と聖霊」を崇拝していた。創造神ヤハウェのもと、彼らは秘密組織「サンヘドリン」を設置する。幹部は大預言者モーセと大祭司アロン、そして預言者フルである。ちなみに、フルはモーセとアロン兄弟の姉ミリアムの夫である。彼ら3人のもとにイスラエル12支族の族長が控え、さらに配下には70人の弟子たちが従った。

サンヘドリンを予型として、創造神ヤハウェ＝イエス・キリストは秘密組織「エルサレム教団」を作る。最高幹部はペトロとヤコブとヨハネの3人。彼らを含めて12使徒と配下に70人弟子が控える。

ユダヤ人原始キリスト教徒が日本にやってきて秦氏となり、集合したイスラエル12支族を束

⬆源義経に剣術を教えた鞍馬天狗の正体は八咫烏だ。周りには大勢の烏天狗がいる。

ねたのもエルサレム教団である。日本における秘密組織の名は「八咫烏」という。みな裏の陰陽道、すなわち迦波羅の使い手、漢波羅である。彼らには名前がない。存在するが、存在しない秘密組織ということらしい。

造化三神を崇拝し、天照大神のもと、漢波羅秘密組織八咫烏は神道の儀式を行う。八咫烏の最高幹部は3人からなる「三羽烏」。彼らは特別に「金鵄」の称号をもち、3人でひとりの「裏天皇」を形成する。表の天皇が執行できない儀式も、裏天皇が秘密裏に執行している。

3人の金鵄を含めて、幹部は12人からなる「十二烏」。彼らは「大烏」と呼ばれる。その配下には70人の「烏天狗」が控える。

源義経伝説で知られる鞍馬天狗の正体は八咫烏である。大天狗は裏天皇、烏天狗は八咫烏を象徴しているのだ。

漢波羅秘密組織八咫烏には多くの別名がある。とくに仏教系の秘密組織として活動するときに名乗るのが「飛鳥」である。漢波羅秘密組織飛鳥を設置したのは聖徳太子である。イエス・キリストの預言者である聖徳太子は日本仏教の祖である。

なぜ神道の祭司である八咫烏が仏教に関与するのか。その理由は、お釈迦様にある。お釈迦様は紀元前5世紀、ネパールのコーサラ国の王子「ガウタマ・シッダールタ」として生まれた。「釈迦」とは一族の名前「釈迦族：シャーキャ」を意味する。

一般に釈迦族はアーリア系民族とされるが、仏教学者の中村元《はじめ》博士によれば日本人と同じモンゴロイドだった可能性がある。ペルシアでは釈迦族のことを「サカ族」と呼ぶ。サカ族はスキタイ系の遊牧民で、実は失われたイスラエル10支族だった。

預言者であった聖徳太子は、これを見抜いていた。日本には中国経由で仏教が伝来したため、経典は漢字で書かれている。漢訳された経典のイメージが強いため、違和感があるかもしれないが、本来の原始仏教の経典の内容は『新約聖書』に非常に近い。それゆえイエス・キリストを仏教徒だったと考える学者もいるほどだ。ちなみに、浄土真宗系の某寺院には官長だけが目にすることができる秘密の経典がある。題名は「馬太伝《またいでん》」、すなわち福音書「マタイ伝」であるという。

ご存じのように、日本の仏教には数多くの宗派がある。宗派によってお釈迦様の教えもそれぞれ解釈が異なり、法要などの儀式も違う。こうした宗派の壁を越えて、強い影響力をもつ秘密組織こそ、漢波羅秘密組織飛鳥にほかならない。

はぐれ烏「天海」

漢波羅秘密組織八咫烏の巣、すなわち拠点は京都にある。天皇陛下が江戸にお住まいを移されてからは、東京に常駐する八咫烏もいる。京都に都ができる前は、八咫烏は丹後にいた。丹後の元伊勢「籠神社」が八咫烏の巣だった。籠神社の海部宮司が鴨族と称すのも、八咫烏と縁があったからにほかならない。平安京が建設されても、籠神社は八咫烏の根城であったとされる。

戦国時代、丹後にいた八咫烏の一羽が組織から離れて活動をしだした。本来、八咫烏には名前がない。本名がないので、戸籍がない。生まれてこなかった存在と見なされている。あくまでも裏の世界で秘密の儀式を執り行うのが使命だ。基本的に政治に口を出すことはない。が、この掟を破った八咫烏がいる。武将を名乗り、戦国の世に現れた「明智光秀」である。

一般に明智光秀は美濃出身で、最初、斎藤道三に仕えた。長良川の戦いで浪人となり、各地

⬆徳川家康のブレーンで江戸幕府初期の政治に大きな影響力をもっていた南光坊天海《なんこうぼうてんかい》。その正体は僧侶となった明智光秀である。

を転々とした後、最終的に織田信長の配下となった。が、１５８２年、ご存じのように本能寺の変で織田信長を裏切り、天下人となるも、わずか13日。羽柴秀吉の攻撃を受け、逃走中に農民によって殺されたとも、自害したともいわれる。

　しかし、明智光秀の死には謎が多い。はたして本当に死んだのか。そもそも前半生が不詳で、出自についても諸説ある。明智光秀とは、いったい何者か。今でも論争が尽きないが、正体は足抜けした八咫烏、そう「はぐれ烏」だった。

　織田信長の配下にあったとき、彼は丹波攻めを行っている。功績により、織田信長から丹波国を与えられ、福知山城を築いた。このとき籠神社もまた、明智光秀の支配下になっている。

要は、古巣に戻ったのだ。

三日天下の後、明智光秀は姿を消した。表向きは死んだこととし、実際は別人として生きていた。南光坊《なんこうぼう》「天海《てんかい》」である。徳川家康のブレーンとして仕えた天海は僧侶となった明智光秀である。彼は仏教徒としての八咫烏、すなわち飛鳥なのだ。

このことを徳川家康は知っていた。最後に天下を握り、江戸幕府を開いた徳川家康の家紋は「三つ葉葵」である。葵は別名「鴨斧草」といい、カモが好んで食べる草のこと。葵は賀茂氏の家紋なのだ。当然ながら、徳川家康もまた鴨族である。徳川家康は2度死んでおり、影武者が江戸城に入っている。すべて裏ではつながっているのだ。

滝沢馬琴と八咫烏

漢波羅秘密組織八咫烏を知らずして、日本の歴史を語ることはできない。八咫烏の別名である「飛鳥」を奇しくもペンネームとして名乗る飛鳥昭雄もまた、数奇な縁をもって彼らとつながりがある。

最初にコンタクトがあったのは20歳のころ。成人式を終えて、たまたま京都の鴨川沿いを歩いていると、向こうから黒づくめの老紳士がこっちにやってくる。目の前で立ち止まると、お前は佐藤昭信だな、と本名をいってくる。そうだと答えると、上から目線で、お前にはやることがあるから、これから鍛えてやるという。まったくもって何のことだかさっぱりわからなかったが、以後、定期的に八咫烏から伝令役が派遣されてくる。

八咫烏にとってみれば、極秘情報を一般衆生に知らせるには、実に都合のいい存在であるらしい。何の前触れもなく呼びだされ、驚愕の事実を知らされる。問答無用だ。虚舟事件の一件も、その真相を公開せよというメッセージが突如、来たのだ。本書に書かれている内容は基本、八咫烏によってもたらされた情報である。漢波羅秘密組織八咫烏の極秘伝をもとに構成している。天照大神がイエス・キリストであることも彼らは知っている。虚舟事件がユダヤと深い関係にあることもわかっているのだ。

そもそも、一連の騒動を仕掛けたのは八咫烏である。八咫烏が大きな絵図を描き、事件を仕掛けた。彼らの手先となって動いたのは「滝沢馬琴」である。江戸出身の滝沢馬琴は若いころ、長い放浪生活を送っている。履物商「伊勢屋」の婿になるも、商売には目もくれず、文筆活動に明け暮れる。30代半ばには関西へ旅行に出かけ、そこで知り合った文人たちと交流し、その経験をもとに『羇旅漫録《きりょまんろく》』を書いている。

おそらく、このころ八咫烏の接触があったらしい。筆が立つということで、白羽の矢が立ったのだろう。エンターテインメントの文章、とくに小説が得意だということで、仲間に引き入れたのだ。

ある意味、滝沢馬琴は江戸時代の飛鳥昭雄である。八咫烏の指令のもと、極秘情報をわかりやすいように加工して流す。飛鳥昭雄が漫画として表現するように、滝沢馬琴は小説として発表した。見る人が見れば、その裏が読み取れるようにストーリーを展開し、うまくメディアを利用したのである。

肉人事件の謎

虚舟事件は、多くの研究家が指摘するようにフィクションである。元ネタは金色姫《こんじきひめ》伝説であるが、すべてがフィクションではない。よくある空舟伝説と見せかけて、重要な「しるし」を忍ばせた。それが虚舟文字である。

虚舟文字をもたらしたのは蛮女《ばんじょ》ではない。まったく別の人物である。事件も常陸《ひたちの》国《くに》で起きたのではない。モデルとなった本当の虚舟事件は駿河国《するがのくに》、今の静岡県で起こった。事件の顛末については『一宵話《ひとよはなし》』に

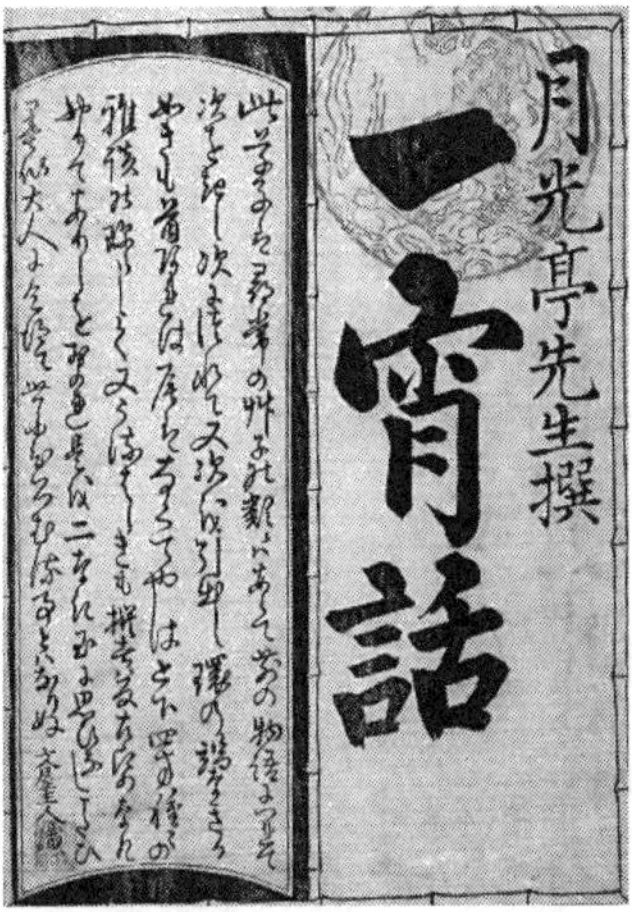

⬆秦鼎《はたのかなえ》（秦滄浪《そうろう》）が書いた『一宵話《ひとよはなし》』。徳川家康が謎の生物と遭遇した話が記載されている。

⬆妖怪の「ぬっぺふほふ」（のっぺらぼう）。

記されている。

　書いたのは江戸時代後期、尾張藩に仕えた儒学者にして秦氏であった「秦鼎《はたのかなえ》：秦滄浪《そうろう》」である。秦鼎が書いた作品に挿絵を描いていた「牧墨《まきぼく》僊《せん》」は葛飾北斎の弟子である。ご存じのように、その葛飾北斎は滝沢馬琴と交流があり、本の挿絵を描いている。

　では、具体的に、どんな事件だったのか。『一宵話』の第2巻から紹介しよう。

「徳川家康が駿府城《すんぷじょう》にいたある朝のこと。突如、庭に子供ほどの背丈の奇妙な人間が現れた。『肉人』ともいうべき姿で、手はありながらも指はなく、片手を上、すなわち天に向けていた。見た人々は驚き、変化《へんげ》が現れたと大騒ぎになった。徳川家康に報告したところ、何も殺すことはない。城外へ追い払えばいいとのこと。これを受けて警護の侍たちは肉人を遠い山へと連れていったという。

これを聞いたある人は、肉人は白澤図《はくたくず》にある封《ほう》という者で、この肉を食えば精力がつく。仙薬として献上すればよかったものをと嘆いたとか」

なんとも奇妙な話だが、フィクションではない。その証拠に、同じことが徳川幕府の公式記録『徳川実紀《とくがわじっき》』にも書かれている。

「1609年4月4日、駿府城に手足に指がなくボロをまとい、髪の毛が乱れた男がいた。不審に思った警護の者が斬り捨てようとしたが、事情を聞いた徳川家康が何も悪さをしていないのだから殺すことはないというので、やむなく城外へ追い払った」

明らかに同じ出来事である。謎の男の正体に関しては妖怪の「ぬっぺふほふ」、俗にいう「のっぺらぼう」ではないかという説があるが、お上の正式な記録にある以上、不審な人間が現れたことは間違いない。

この事件が起こる少し前、同年3月4日、夜空に四角い月が現れて、人々が驚いて騒ぎになったという記録がある。不吉なことの予兆ではないかと噂したらしいが、見ようによってはUFOである。作家の斎藤守弘氏は肉人の正体は宇宙服を着た異星人だったのではないかという説を立てている。実際のところ、どうなのか。

異星人グレイの正体と肉人

真相は八咫烏が知っている。まず当日、事件が起こったことは間違いない。厳重な警備をしている駿府城内に不審な人物が現れた。見慣れない姿をしており、身長は1メートルほどで、頭が大きい。頭に毛髪はなく、目が大きい。服を着ていたかどうかは定かではないが、全身が光っていた。

まるで空から来たかのように、片手を上に向け、もう一方の手を下に向けていた。あたかも、お釈迦様が誕生したとき、そのまま立って7歩歩いて、右手で天を指し、左手で地を指して、天上天下唯我独尊《てんじょうてんげゆいがどくそん》と叫んだ誕生仏の姿を思わせた。これを見て、城内の人々は畏れ多い存在だとひるんでしまった。

だが、不審者であることには変わりはない。警備の者たちは得体の知れない人物をひっとらえるべく近づいたが、不思議なことに体が動かない。金縛りにあったかのように身動きができなくなってしまった。意識が朦朧として頭痛や吐き気をもよおす者もいた。そうした彼らをあざ笑うかのように、不審者は城内を悠々と歩き回り、ときには空中を飛行したらしい。当時の人間が妖怪変化だと思ったのも無理はない。

最終的には取り逃がしてしまうのだが、武士にも面子がある。現れたのは浮浪者であり、すぐさま斬り殺そうとしたのだが、城主にして将軍様である徳川家康が殺生はよせとおっしゃったので、やむなくその指示に従ったということで、この一件は治めた。不可解なことが起こったことは間違いないが、大したことではないと記録したというわけだ。

さて、問題は不審者の正体である。空からやってきたことを示唆し、空中を飛行したとなると、ただ者ではない。作家の斎藤守弘氏が指摘するように、宇宙からやってきた異星人なのだろうか。とりわけ異星人のアイコンともいえる「グレイ」の姿にも似ている。

答えはノーであり、イエスだ。そもそもグレイは異星人ではない。れっきとした地球産の生物である。生物学的分類でいえば、両生類である。主に水辺に棲んでおり、二足歩行をする。指には水かきがあり、体毛はない。

大きな頭部にあるグレイの脳には特殊な機能がある。電磁波を発するのだ。主に狩りをするためにマイクロ波を相手に照射するのだが、出力や周波数によってはプラズマが生じることもある。グレイの近くでは、しばしば火の玉のような発光体が目撃される。これを見て、ついUFOと勘違いしてしまう人が多いのだが、純粋にプラズマである。肉人の体が光っていたのは、

⬆グレイに似た日本の河童像。

プラズマをオーラのように身にまとっていたからだ。

また、プラズマで包んだ物体は自在に動かすことができる。プラズマに吸引される形で移動するので、空中を飛行させることもできる。空中を飛行するグレイは、しばしば怪人フライングヒューマノイドと呼ばれたりする。

日本でいえば、グレイは河童である。河童を目撃した人がしばしば具合が悪くなるのは、プラズマによって自律神経がおかされるからだ。「河童の火やろう」といって火を伴う話も少なくない。河童の一種である沖縄の「キジムナー：ブナガヤ」は火の玉を伴って現れる。九州の「ヒョウスンボ」は空を飛ぶことでも知られる。

肉人も妖怪変化だと思われたが、ある意味、それは正しい。現れたのは河童であるからだ。もっとも実際は妖怪ではなく、実在する生物。学術的に存在が認められていないので、いわば未確認動物UMAの類いだ。

これを最大限利用しているのがアメリカ軍である。アメリカ軍は密かにグレイを捕獲し、飼育している。目的は異星人に仕立てあげるためだ。ヒトのようで、かつ毛髪がなく、頭と目が大きく、かつ体は華奢なので、これを未来のヒューマノイドに見立てた。肉体労働が減り、頭を使う仕事が多くなった結果、地球人もグレイのような姿に進化する。科学技術が進んだ地球外知的生命体のイメージにぴったりだった。

そこで、アメリカ軍は意図的にUFO事件を演出し、わざとグレイを一般市民に目撃させ、異星人のイメージを作りあげてきたのである。そのことが飛鳥昭雄の手元にあるNSAの機密文書『M—ファイル』に記されている。

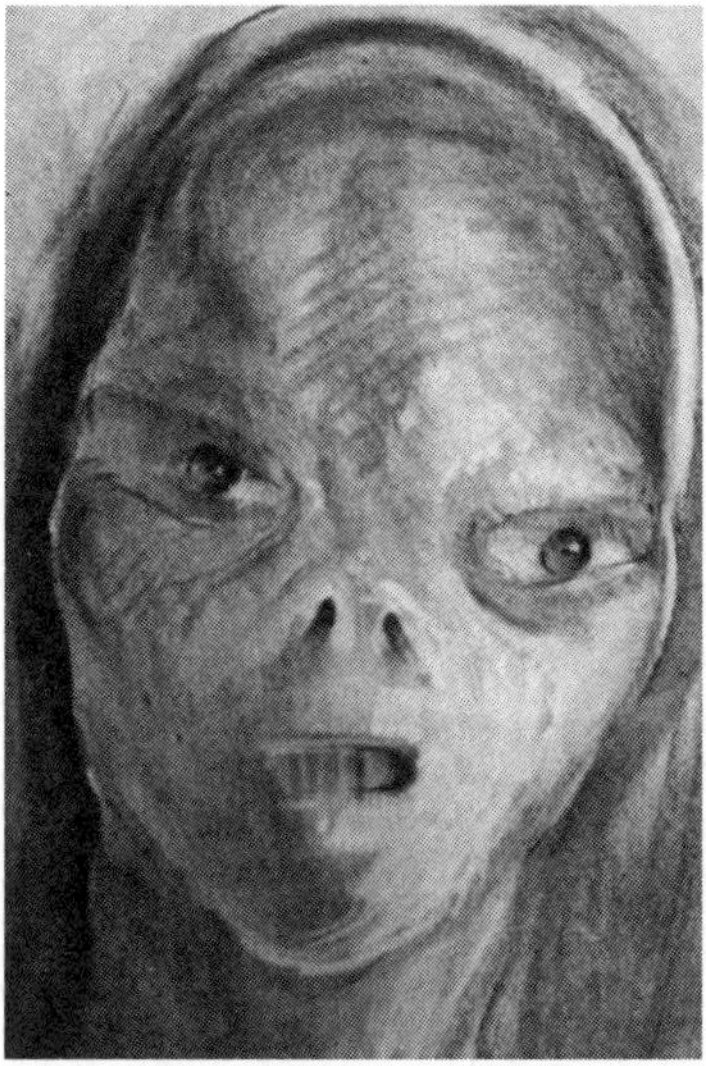

⬆アメリカ軍はグレイを飼育し、異星人のイメージ作りに利用している。

驚くべきことに、グレイには知能がある。ヒトのレベルではないが、イルカやイヌ程度の知能を備えている。人間でいえば、3歳児ぐらいだ。うまくしつければ、人間のいうことを聞く。イルカショーや警察犬を見ればわかるように役に立つ。グレイも幼体から飼育していけば使役することが十分可能なのだ。

河童伝説のひとつに、もとは「式神《しきがみ》」だったという話がある。陰陽師は呪術を使うとき、しばしば人形を作る。御魂を入れると、人形は陰陽師が自在に操ることができる式神となる。ふだんは橋の下に隠しておくのだが、なかには川に流されるものもある。これが後々、河童になったというのだ。伝説の背景にあるのは、実際に生物であるグレイを陰陽師が飼いならしていたという事実である。

実は、この肉人もしかり。駿府城に現れたグレイは、何も好きこのんでやってきたわけではない。主に連れられて、警護する武士たちを翻弄せよと命じられたのだ。その主とは、まさに陰陽師である。

しかし、陰陽師といっても、漢波羅秘密組織の八咫烏ではない。そもそも日本人ではない。いや、地球人でもない。地球外知的生命体エイリアンの陰陽師なのだ。突如、肉人が現れ、城内が騒動に包まれるなか、城主である徳川家康の前にひとり、エイリアンが悠然と姿を現したのだ。

イエスの聖櫃と失われたイスラエル10支族

エイリアンはグレイではない。地球人とまったく同じ姿をしている。駿府城に現れたエイリ

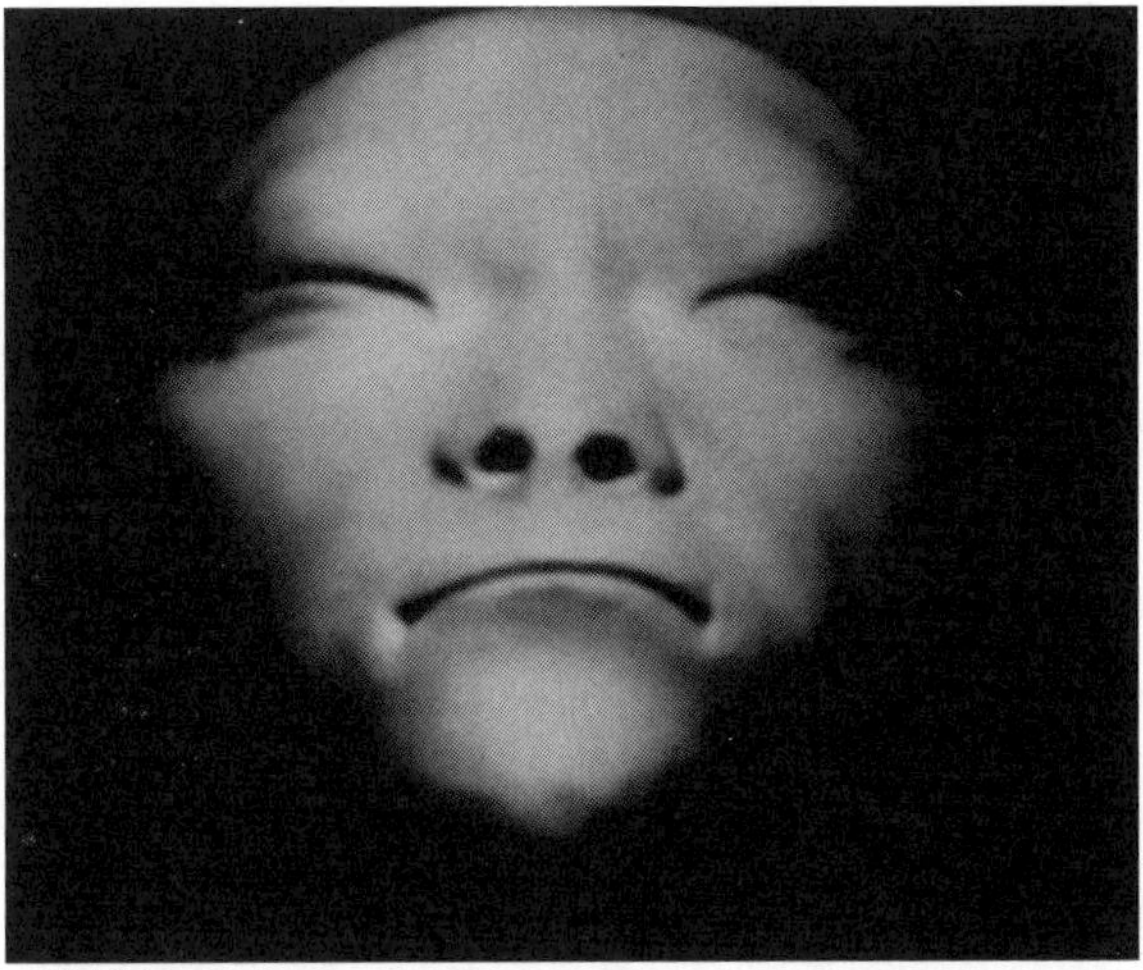

⬆駿府城《すんぷじょう》に現れたエイリアンはモンゴロイドで、日本人と見た目は変わらない。

アンはモンゴロイドである。見た目は日本人と変わらない。着ている服が地球人のファッションとは違うぐらいで、渋谷の交差点を歩いていたとしても、だれもエイリアンであると気づくことはないだろう。

突如、駿府城内に現れたエイリアンを見た徳川家康も、地球外知的生命体だとは、ゆめゆめ思わなかったはずだ。驚愕する将軍様に対応したのは徳川家康のブレーン、南海坊天海僧正である。このとき、エイリアンは天海に対して「小さな箱」を手渡して、その場を去った。

箱の中には一枚の鞣革《なめしがわ》があり、そこに書かれていたのがほかでもない、虚舟文字だったのである。

はぐれ烏である天海によって情報は即座

に京都にいる八咫烏のもとに伝わった。彼らが注目したのは、まず箱である。蓋が山折りになっている。大きさから何かに似ている。はたと気づいたのが、漢波羅秘密組織の秘宝である。契約の聖櫃アークとともに、彼らが手にする聖遺物《せいいぶつ》としての箱、すなわち彼らの祖が中東に持参した「イエスの聖櫃」と同種の箱である‼

イエス・キリストが誕生したとき、東方の博士たちが祝福にやってきて、乳香と没薬《もつやく》と黄金の入った小さな箱を贈った。東方の博士たちの正体はペルシア人とも、ゾロアスター教徒であるともいわれるが、すでに正体はわかっている。

失われたイスラエル10支族である。彼らはエルサレムから見て東方、日の出づる方角から来た。ユーラシア大陸の果て、そこの海に浮かぶ島々から大集団でやってきた。徐福が率いてきた失われたイスラエル10支族とミズラヒ系ユダヤ人たちは、日本においてメシア誕生のしるしとなる星を見た。創造神ヤハウェの啓示であると悟った預言者たちは、誕生したイエス・キリストを礼拝すべく旅に出たのである。

このとき、彼らが手にしていたのがイエスの聖櫃である。ただし、イエスの聖櫃は契約の聖櫃アークをモデルにしているが、少々、形状が異なる。

『旧約聖書』の「民数記」には契約の聖櫃アークを外に持ちだす際、その上に至聖所にあった垂れ幕をかける。それをジュゴンの皮で覆ったうえに、さらに一枚の青い布を広げて、担ぎ棒を差し入れると書かれている。布で覆った契約の聖櫃アークは、ちょうど2体のケルビムの部分が角になるような山形の屋根ができる（240ページの屋根つきアークの絵画を参照）。この光景を再現したのがイエスの聖櫃である。

イエスの聖櫃は長らくヨセフの家にあったが、後に使徒ヨハネの手に渡り、やがてヨハネは証の箱とともにアルザルに向かい、それが後にアルザルメッセージとして地上の支配者たちのもとに届けられることになる！

江戸時代、突如、駿府城に現れたエイリアンが持っていた箱は、山形の屋根になっているイエスの聖櫃とそっくりだった。寸法も、まったく同じだった。まったく同じデザインの箱を持っていたということは、彼らの正体が失われたイスラエル10支族の本隊であることを示唆していた。しかも、中に入っていた鞣革に書かれた虚舟文字が古代ヘブライ語で「アスカ」と読めたとき、八咫烏は確信したのである。

第8章

「シャンバラの聖櫃」とエイリアンが仕掛けた呪詛

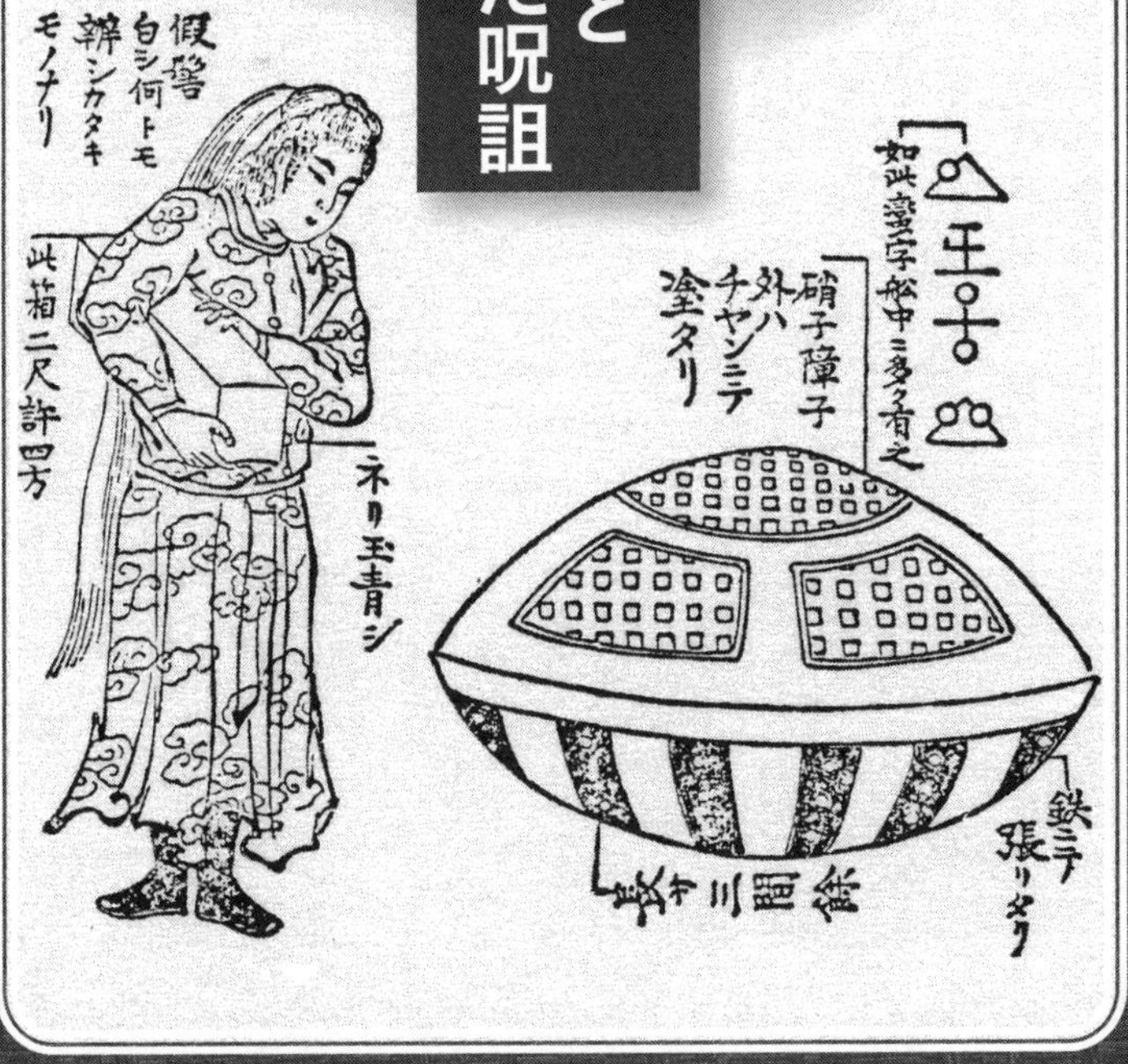

地球＝頭蓋骨説

ペルシア人とインド人は、ともにアーリア人である。同じ神話を共有しながらも、なぜか善と悪が入れ替わっている。ゾロアスター教の最高神アフラ・マズダーはヒンドゥー教では悪魔アスラである。西洋と東洋の境界がインド亜大陸にある。

興味深いことに、この謎を偶然に解き明かした方がいる。三重県にお住まいの主婦、島田奈津江さんである。彼女は、地球全体を覆うプレートの地図を見ているとき、これが人間の頭蓋骨に似ていることに気づいた。頭蓋骨は28個の骨から形成されているが、これらひとつひとつがプレートの形に見えたのだ。ちょうどインド亜大陸が鼻である。ここには地球上でもっとも高いヒマラヤ山脈があるが、頭蓋骨でもっとも飛び出ている鼻骨に相当する。興味深いことに、眉間にあたる部分のツボは「印堂」といい、まさにインドを想起させる。

インド亜大陸を挟んで東西にはインド洋が広がっているが、まさに、ここは眼窩である。頭蓋骨の奥には大脳があるが、それぞれ左右に分かれている。左右の脳の境界が、そのまま東西文明の境にもなっているのだ。合理的な思考を左脳が司り、抽象的なイメージを右脳が司る。西洋と東洋の文化や価値観からすると、真逆に対応しているようにも思えるが、実際、感覚器官は左右逆転している。右半身は左脳、左半身は右脳が司っていることを考えれば、見事としかいいようがない。

さらに、ヨーガでは松果体《しょうかたい》を「第三の目」と呼ぶが、ちょうどヒマラヤ山脈の地下、世にいう地底王国シャンバラがある場所に一致するのである。

島田さんが何より驚いたのは、こめかみである。こめかみの部分には蝶形骨《ちょうけいこつ》があり、その周囲に前頭骨と頭頂骨、側頭骨、頬骨《きょうこつ》が接している。地球に置き換えると、対応する場所はふたつ。中東と東アジアだ。中東にはユーラシア・プレートとアラビア・プレート、アフリカ・プレートがあり、その境界の中心地にイスラエルがある。対する東アジアにはユーラシア・プレートと北米プレート、太平洋プレート、そしてフィリピン海プレートが接しており、その境界の中心地には日本列島が位置する。

さらに、こめかみにあるツボの名前は「太陽」である。天照大神《あまてらすおおみかみ》という太陽神を崇拝する日本と光の絶対神ヤハウェを崇拝するイスラエル、もしくは太陽神ラーを崇拝する古代エジプトも関係してくるからすごい。古代日本人の祖先がかつて古代エジプトに住んでおり、はるばるイスラエルから極東を目指して日本にやってきたことが何か必然のようにも思えてくるから不思議だ。

もちろん、科学的な根拠はない。が、スピリチュアルやオカルトの世界では、これはもはや偶然ではない。ここには大きな仕組みが隠されている。島田さんには、ぜひとも地球＝頭蓋骨

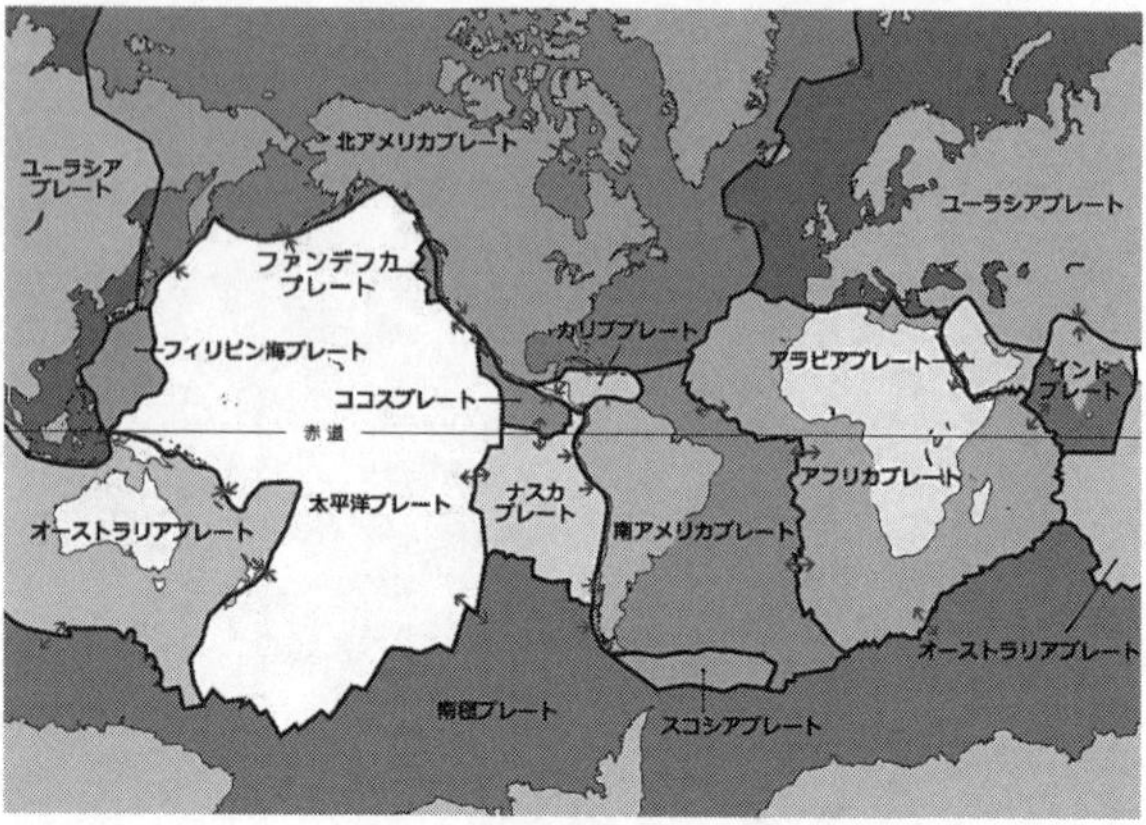

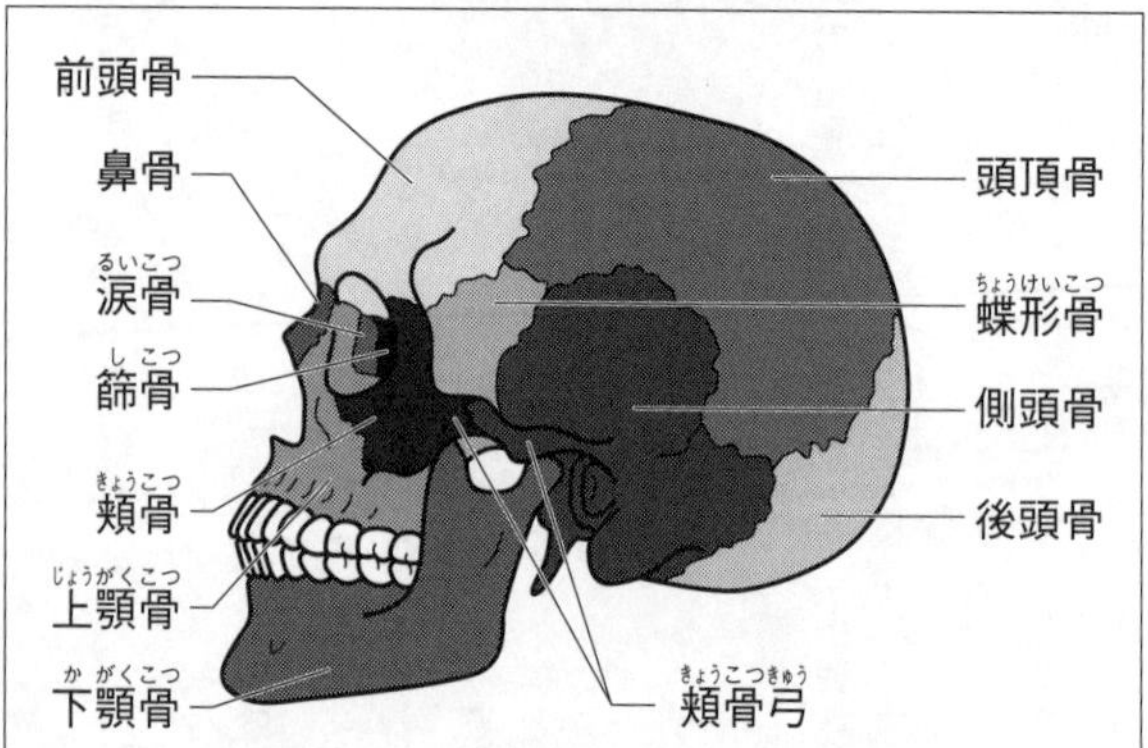

⬆（上）地球のプレート。（下）頭蓋骨の各部の名称。ひとつひとつの頭蓋骨の形や位置は地球のプレートの形や位置と似ている。

説を深く研究してもらいたい。ふだんは農業をされているというから、奇跡のリンゴの木村秋則さんのように、異星人や神様から祝福されているのかもしれない。

聖なる地名アスカ

ペルシアとインドは鏡合わせのような関係だが、アスカに関しても、同様のことがいえる。アルサケス朝ペルシアはアスカ朝ペルシアだった。中国人は、これに漢字を当てて「安息」とした。パルティア人がシルクロードを通って、古代日本にやってきて渡来人「漢氏《あやし》」になったことは、第7章でも紹介した。

実は、古代日本にペルシア人が渡来してきたように、インド人も来ている。『日本書紀』には斉明《さいめい》天皇の時代のこととして、覩貨邏国《とからのくに》の人間が6人、筑紫《つくし》に漂着した。彼らは飛鳥にやってきて須弥山《しゅみせん》を作り、盂蘭盆会《うらぼんえ》を行った。リーダー格の人間の名を「乾豆波斯達阿《げんずはしだちあ》」といったとある。一説に、これはヒンドゥー語で「インドのアリダルア」のこと。つまりはインド人だったと考える研究家がいる。蛇足だが、これをペルシア語で解釈して、インド人ではなく、ペルシア人とする説もある。

さて、インドで仏教に帰依した王様に「アショカ王」がいる。漢字では「愛育王」と表記するが、本来の発音は「アスカ王」である。ヒンドゥー語で「アスカ」とは神聖な意味をもつ。

挨拶の言葉「ナマステ」も、厳粛な場では「ナマスカール」である。ナマスカールとは「ナム・アスカ・アール」で、あなたが最高の安らぎの楽園に導かれますようにという意味。このうちアスカは「最高の安らぎの楽園」を意味する。

さらに、インドにはアスカという地名もある。インドの東部、オリッサ地方にアスカという名の町があるのだ。アスカとは聖なる名前ゆえ、きっとここには古代から続く秘密が隠されているのではないか。このことに気づいた有名な作家がいる。かの三島由紀夫である。

どういう経緯で知ったのかは不明だが、三島はインドのアスカに並々ならぬ興味を抱いていた。海外での受賞式に出席した際、しばらくインドを放浪し、アスカを訪れていたともいわれる。彼は古代日本と失われた文明との関係を探っていたというが、それが発表されることはなかった。帰国後、しばらくして衝撃的な割腹自殺を遂げたからだ。

当時、ジャーナリストとして交流があった作家の五島勉氏は三島から直接、インドのアスカのことを聞いていた。事件後、三島が何を求めていたのかを知るべく、単身、インドに渡り、アスカの地を訪れ、その旅で知られざる古代文明の存在を知ることになる。

超古代アスカ文明

アスカとは失われた楽園を意味する。この言葉を胸に五島勉氏はインドのアスカを探訪し、ひとりの聖者と出会う。聖者の名前は「マハナディ・クリシュナ」。岩山に住みながら、ヨーガやタントラの経典を数多く読み解き、日々、瞑想修行を続けている「聖仙：リシ」である。

聖仙マハナディが古代バラモンから受け継いだ秘伝によれば、かつて地球には超古代文明が存在した。世界中の文明の発祥地であり、その中心地をアスカといった。楽園アスカの記憶は世界中の地名に残っている。アスコ、アスコット、アスコタン、アシュケロン、アショカン、アスキャ、アラスカ、ラスコー、バスコ、ナスカなど、これらは超古代アスカ文明を受け継いだ人々が名づけたものである。

超古代アスカ文明は限られた島やひとつの大陸に存在したのではない。地球上にある大陸すべてがひとつの文明圏を形成していた。当時は海水面が低く、すべての大陸は地続きであった。現在は海底になっている地域にも多くの都市が存在し、世界的な規模で高度な超古代文明が築かれていたという。

一連の言葉から五島氏は超古代アスカ文明が氷河期に存在したことを悟る。大規模な氷床が形成されていた1万2000年以上前、地質学でいうヴュルム氷期以前、確かに地球の海水面は低かった。現在でいう標高マイナス地帯は気圧が高く、平野部は今よりも住みやすかった。

プラトンが著書『クリティアス』と『ティマイオス』で言及したアトランティス大陸が1万2000年前に一夜にして沈んだという伝承も、無関係ではない。

あるとき氷河期が突然、終わった。急激な温暖化によって、海水面が上昇し、超古代アスカ文明は滅んだのだ。世界中の大洪水伝説は、すべて氷河期末の気候変動の記憶であるというわけだ。

五島氏の推理は現在、地球科学でも認められつつある。ベストセラー『神々の指紋』の著者で、ジャーナリストのグラハム・ハンコックは世界中の古代遺跡を調査し、失われた超古代文明の存在を確信。30年以上にわたって科学的に研究し、超古代文明が滅亡した原因は「ヤンガードリアス彗星」の地球激突にあると結論づけた。

今から約1万2800年前、ヤンガードリアス彗星が約21年間にわたって、北米からヨーロッパにかけて雨あられのように降り注いだ。衝突で舞い上がった粉塵が太陽光を遮断し、平均気温が10度も下がった。恐るべきことに、この寒冷化が約1300年も続いた。超古代文明が花開いたのは、このころだ。

しかし、約1万1500年前、またしてもヤンガードリアス彗星が地球を襲った。今度は主に海に落下し、大量の水蒸気が発生。これが温室効果をもたらし、世界中の氷床が融解し、大洪水が発生した。標高の低い平野部に建設されていた都市は、すべて水没。高度な超古代文明は、瞬く間に滅んでしまった。ハンコックは特定の名前で呼んでいないが、まさに、これが超古代アスカ文明である。

失われたムー大陸

アトランティス大陸と並んで、今から約1万2000年前に沈んだとして知られるのがムー大陸である。アトランティス大陸が大西洋上にあったとされるのに対して、ムー大陸は太平洋である。もっとも欧米では、ムー大陸はインド洋にあったというレムリア大陸伝説の亜流と見なされている。

ムー大陸の存在を世に知らしめたのはイギリスの元軍人ジェームズ・チャーチワードである。1931年、彼はアメリカで『失われたムー大陸』という本を発表し、世界の文明の発祥はムー大陸にあると主張した。

曰く、インドの古い寺院で発見された粘土板『ナーカル碑文』によれば、今から約1万2000年前、太平洋上に巨大な大陸が存在し、そこに住む人々は高度な文明を築いていた。人口は約6400万人。10の民族から成り、「ラ・ムー」と呼ばれる帝王を戴き、祭政一致の政治のもと、理想郷で楽園生活を楽しんでいた。

だが、人々の心が徐々に荒廃し、やがて神の怒りを買う。突如、天変地異が襲ってきて、ムー大陸は一夜にして海に沈んでしまった。今あるイースター島やハワイ、フィジーなどの島嶼は、ムー大陸の高い山々の頂だったというのだ。

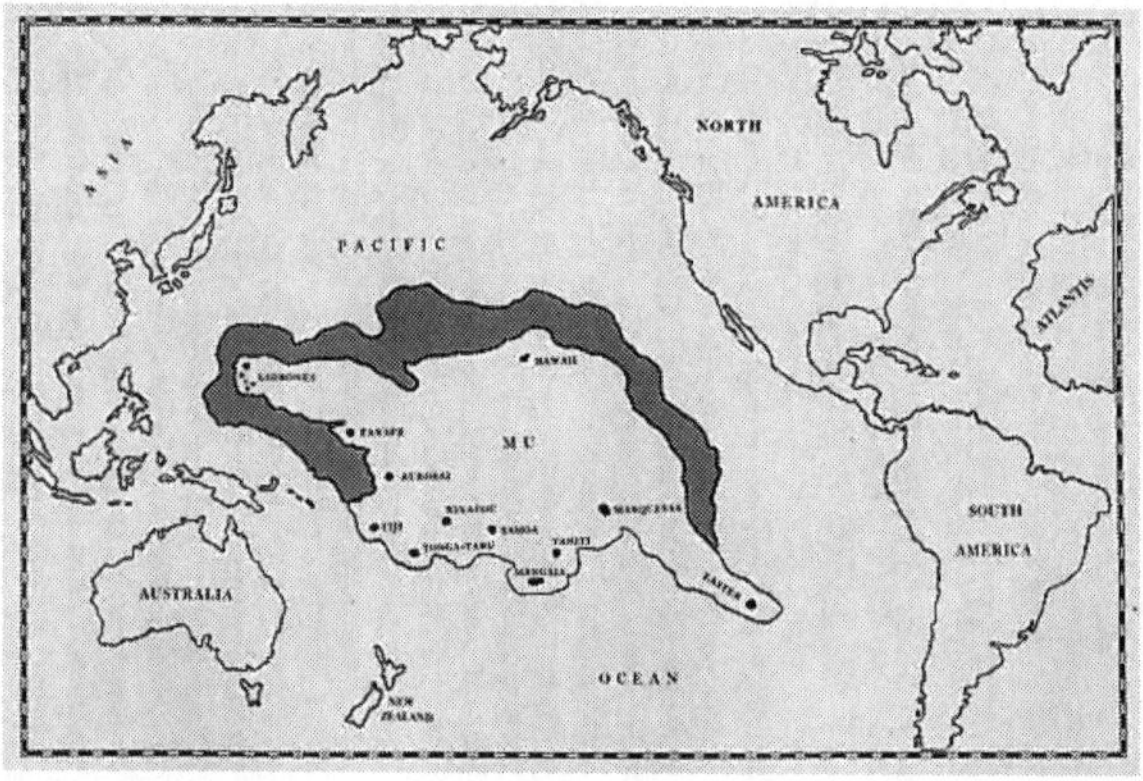

↑太平洋にあったといわれるムー大陸。

しかし、地球科学が発達した今日、ムー大陸が太平洋上に存在した痕跡は皆無。本来ならばあるはずの大陸性の地殻がまったく見当たらない。ニュージーランド周辺には大陸性地殻ジーランディアがあるものの、チャーチワードが語るムー大陸の規模とは比較にならない。それゆえ、ムー大陸伝説をムー文明圏と読み替えて、ポリネシアやミクロネシア、メラネシアを中心としたパン・パシフィック文明論を展開する研究家もいる。

ところが、だ。なんとも奇妙なことであるが、根拠となった『ナーカル碑文』が密かに発見されているのだ。調査したのはアメリカ軍である。彼らはムー大陸伝説を広めた黒幕が旧日本軍であることを突き止めて、戦後、『南輝：ナンアカル』と題された資料を押収。これをもとに問題のインドの寺院を突き止め、『ナーカル碑文』を見つけだして詳細に分析を行った。その結果、ひとつ驚くべきことが判明した。

世界の文明を生みだした母なる巨大大陸の名前は「ムー」ではなく、なんと「アスカ」だったのだ。古いヴェーダ語で楽園を意味する。まさに、五島氏がインドの聖仙から聞かされた超古代アスカ文明こそ、失われたムー文明だったのだ。

超大陸パンゲアと原始地球アスカ

超古代ムー文明とは超古代アスカ文明のことだった。ということは、ムー大陸は太平洋上に存在したわけではなく、この世界大陸すべてだったことになる。確かに、その通りである。ただし、氷河期に海水面が低かったから、すべての大陸が陸続きであったというわけではない。そもそも、超古代において大陸はひとつだった。地球科学がいう「超大陸パンゲア」である。超大陸パンゲアこそ、ムー大陸の正体である。

いったい、どういうことか。まず大前提となるのが年代測定法である。現在使用されている年代測定法は主に放射性同位体を分析する。このとき、条件がある。測定する時代と現在の地球環境が同じであること。もし、これが保証されなければ、はじきだされた数字には何の意味もない。

現在、恐竜が絶滅したのは小惑星や巨大隕石が地球に激突したからだというのが定説である。

ハンコックのヤンガードリアス彗星激突説も、同様だ。生物の大量絶滅や古代文明の滅亡には地球規模の激変が関与している。これによって地球環境が変わったとしたら、もはや年代測定の意味はない。

そこで年代のスケールを無視して、改めて世界大陸を見てほしい。現代地球科学では大陸移動説を認めている。地球を覆う固いプレートが動くことで、大陸が移動する。いわゆる「プレートテクトニクス理論」である。プレートは海嶺で生まれて、海溝に沈んでいく。ときにはプレート同士が衝突して、ヒマラヤ山脈など高い山を形成する。

恐竜が生きていた時代、地球上の大陸はひとつ。超大陸パンゲアだけだった。やがて超大陸パンゲアは分裂して、大西洋ができた。大西洋ができた分だけ、ほかの太平洋やインド洋が狭くなったと思いきや、実際は拡大している。地球上の海溝や山脈よりも、圧倒的に海嶺のほうが長い。これは地球の表面積が拡大したことを意味する。

本来ならば、地球表面に歪みが生じるはずだが、それがない。ということは、だ。考えられることは、ひとつ。体積が増えたのだ。試しに地球の体積を小さくして、超大陸パンゲアの「くの字形」の大きな湾、いわゆるテーチス海を消滅させると、きれいな真ん丸の超大陸ができる。これが本当の超大陸パンゲアの姿であり、失われたムー大陸にして、超大陸アスカである。

しかも不可解なことに、超大陸パンゲアにはほとんど山がなかった。ヒマラヤ山脈ができたのはインド亜大陸がユーラシア大陸に激突したからだ。現在の地球を小さくすると、海水面が上昇し、最後には超大陸パンゲアは完全に水没する。

これがノアの大洪水である。ムー大陸を一夜にして沈めたのは地球規模での大洪水、すなわち全地球水没なのだ。かつて超大陸パンゲアには恐竜が棲んでいたのであるから、もともと乾いた大地が広がっていた。そこに大量の水がやってきたのだ。

いったい、どこからか。答えは月である。月は、かつて内部に熱水を抱えた氷天体だった。ちょうど木星の衛星エウロパと大きさも同じ天体だった。それがあるとき地球に超接近した結果、潮汐作用によって氷の地殻が破壊され、内部の水がスプラッシュし、それが地球に落下してきたのだ。

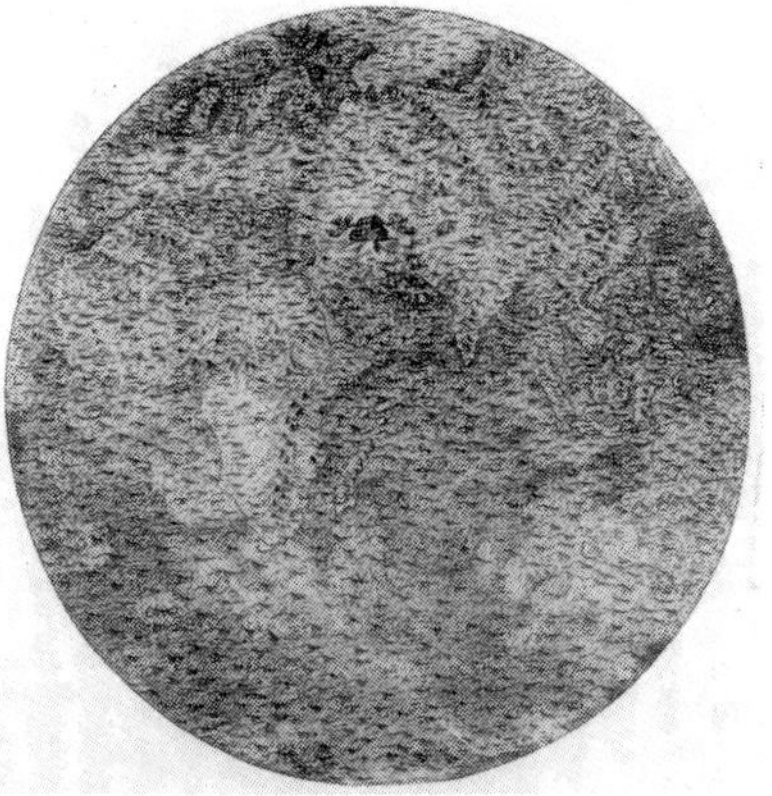

↑超大陸パンゲア＝ムー大陸を一夜にして沈めたノアの大洪水。

もともと起伏がなかった原始地球の超大陸パンゲアは、みるみるうちに水没した。と同時に、月の超接近によって、マントルが相転移を起こし、原始地球が急激に膨張を開始。真ん丸だった超大陸パンゲアはローラシア大陸とゴンドワナ大陸に分裂。さらに大西洋が広がり、大陸放散が起こる。７つの大陸に分かれた後、プレートテクトニクスが働き、現在の世界地図にあるような大陸の配置になったのだ。

ここで重要なことはアスカという名前である。アスカとは超大陸パンゲアを意味するだけではなく、小さかった原始地球をも意味する。いや、膨張して大きくなった現在の地球も、その名はアスカなのだ。

地球生命体ガイアとアスカ

地球をひとつの生命圏と考えた科学者ジェームズ・ラヴロックは、これを「ガイア」と名づけた。あくまでも比喩として地球生命体ガイアと表現されることもあるが、確かに地球は生きている。生きているのみならず、自我を備えている。

先に、地球が人間の頭蓋骨に似ているという島田奈津江さんの発見を紹介した。地球がひとつの頭部であるならば、意識が生じていても不思議ではない。プレートが骨ならば、中にあるマントルは大脳であり、外核と内核は松果体や脳幹、小脳に対応している可能性もある。

地球には地磁気がある。地下には大量のレアメタルがある。構造的に、パソコンのデータを保存する記録媒体と同じである。内核で生じた地磁気がプラズマを形成し、これが地球生命体の体を覆っている。情報処理が行われていれば、そこに意識が生じる可能性は十分ある。

しかも規模からいって、地球上の生物はもちろん、人工知能ＡＩよりも高度な知能と崇高な意識をもっているに違いない。唯物論しか頭にない地球人には、それがわからないだけだ。インドの聖仙やネイティブアメリカン、アフリカのシャーマンたちは、太古の昔から地球は生きていると当たり前のように語り継いできた。

ＮＡＳＡの顧問を務めたコーネル大学のカール・セーガン博士はいう。この宇宙のほとんどがプラズマでできている。ならば、プラズマの体をもった生物が存在したとしても不思議ではない。むしろ、宇宙ではプラズマ生命体のほうが多いのかもしれない、と。

アメリカ軍はすでに、プラズマ生命体の存在を確認している。かねてから噂されてきた宇宙ボタルやクリッター、スカイフィッシュの正体はプラズマ生命体である。同様に、プラズマをまとった地球も、ひとつのプラズマ生命体なのだ。あえていえば「地球プラズマ生命体ガイア」である。

しかも、地球は崇高な自我を備えた「超宇宙生命体：ハイコスモリアン」である。地球だけではない。太陽系の惑星や衛星もまた、プラズマ生命体である。当然ながら、太陽をはじめとする恒星、そしてブラックホールも、みなハイコスモリアンなのだ。

ユダヤ教神秘主義カッバーラにおいて星は天使の象徴でもある。「ヨハネの黙示録」にはサタンである赤龍が天の星々の3分の1を地上に叩きつけたと記されている。夜空の星は天使の象徴であり、地上に落とされた星は堕天使なのだ。これは、単なる比喩のみならず、星々が超宇宙生命体であることを前提に預言されているのである。

地球内天体アスカ

自然界のテーゼとして、生物は生物からしか生まれない。昨今は人造生物も可能になったようだが、そこに関与しているのが生物であることに変わりはない。どんな形態にせよ、生物には親がいる。創造神ヤハウェにも御父エル・エルヨーンがいるように。

ならば、生物である地球生命体ガイア、本名アスカにも親がいる。親は地球と同じく天体である。当然だ。

現代惑星学では、宇宙の創世期において、物質が集積して恒星となり、その周りにガス円盤が形成された後、塵《ちり》が集積して惑星になったと語る。すべてはシミュレーションであり、そもそも太陽系が再現された試しがない。ガス円盤説は、すでに否定された過去の遺物でしかない。

地球の母親は木星である。かつて精神分析学者のイマヌエル・ヴェリコフスキーは、紀元前4000年前に金星はなかったと主張した。世界中の神話を分析した結果、金星の神は、すべからく木星の神から生まれている。よって、金星は木星から誕生した。当初は灼熱の巨大彗星だったが、ほかの惑星とニアミスを繰り返すうち、今の軌道に落ち着いたと主張したのだ。

現代天体論からすれば、突飛な説であり、かのカール・セーガンも終生、ヴェリコフスキー理論を批判しつづけたが、惑星が生物だとすれば、これほど明快なことはない。金星同様、地球を産んだのは木星である。木星は金星と地球の母親である。水星や火星、そして木星の衛星も、みな兄弟なのだ。何も難しい話ではない。

ジェームズ・ラヴロックは地球生命圏をギリシア神話の地母神にちなんでガイアと名づけた。母なる大地という意味でも、地球には女性のイメージがある。もし仮に地球生命体ガイアが女性ならば、いずれ子供を産むことも十分想定できるだろう。

事実、地球生命体ガイア、本名アスカは懐妊している。その身に新たな生命を宿している。地球内部に、小さな天体が存在するのである。

ただし、物質が充填している地球内部には天体が存在する余地などない。この3次元空間ではありえないのだ。かといって、4次元空間でもない。高次元から見ると、ちょうどビルの1階と2階のように、3次元空間が重なっている。異3次元、もしくは亜空間に娘たる天体が浮かんでいるのだ。

理屈を説いても、目の前に示されなければだれも信じない。確かにその通り。世界最強のアメリカ軍の人間でさえ、だれも信じることができなかった。彼らが信じざるを得なかったのは、同僚が亜空間に入ったからだ。

１９４７年2月、北極上空を無着陸で飛行する「ハイジャンプ作戦」が行われた際、リチャード・バード少将が搭乗したフォッカー三発機「ジョセフィン・フォード号」が突如光る霧に包まれ、気がつくと、ジャングル上空を飛行していたのだ。北極圏にジャングルなどあるわけがない。気温は20度、眼下に広がる森には絶滅したはずのマンモスやサーベルタイガーもいた。幸いにして無線が通じており、バード少将の言葉は、すべてリアルに伝えられ、しかも、そこにいたマスコミの人間も耳にした。

異世界に進入したバード少将の飛行機は、再び光る霧に包まれ、今度は元の北極圏上空を飛行していた。一連の出来事が夢ではない証拠に、バード少将は異世界の風景を動画撮影している。予想外の事態に、当初まったく理解不能だった米軍の上層部は、やがて事の重大さを知るに及び、バード少将の日記を没収し、撮影した映像を国家最高機密に指定して封印したのだ。

バード少将が訪れた世界は地球内部の亜空間である。地磁気の磁束密度がもっとも高くなる極地方には、プラズマ・トンネルが形成され、条件が整うと、そこから亜空間へと進入できる。亜空間に浮かんでいるのが地球内天体である。バード少将が報告しているように、そこにはジャングルがあり、動物が生息している。

地球プラズマ生命体アスカが体内に宿す地球内天体だが、その名もアスカである。母と娘は同じ名前である。地球表面にある超大陸パンゲアも、その聖なる都も、そして内部にある天体も、すべて名前はアスカなのだ。

神々の国アースガルドとアスカ

地球内部の亜空間の出入り口は極地方である。磁力線が密になる北極と南極に、プラズマ・トンネルが形成される。

まだ科学が発達していなかった時代、北極圏では異様な現象を人々は目にしてきた。たとえばオーロラ。美しいオーロラは先住民にとって恐怖の対象であった。というのも、オーロラが輝くと、人が消えると昔からいい伝えられてきたからだ。

オーロラは太陽の磁気嵐が強くなると発生する。ちょうど太陽と地球がもつ磁力線が接続して、それに沿って高エネルギーの宇宙線が大気と反応してプラズマを発生させ、これによってオーロラ現象は起こる。そのとき、たまたまプラズマ・トンネルに遭遇し、そのまま地球内部の亜空間へと運ばれてしまった人がいたのだろう。

北極圏に近い北欧の人々は神話として、彼らが体験した現象を語り継いできた。北欧神話には、地球内天体と密接に関わる異世界がある。「アースガルド」である。北欧神話では、この

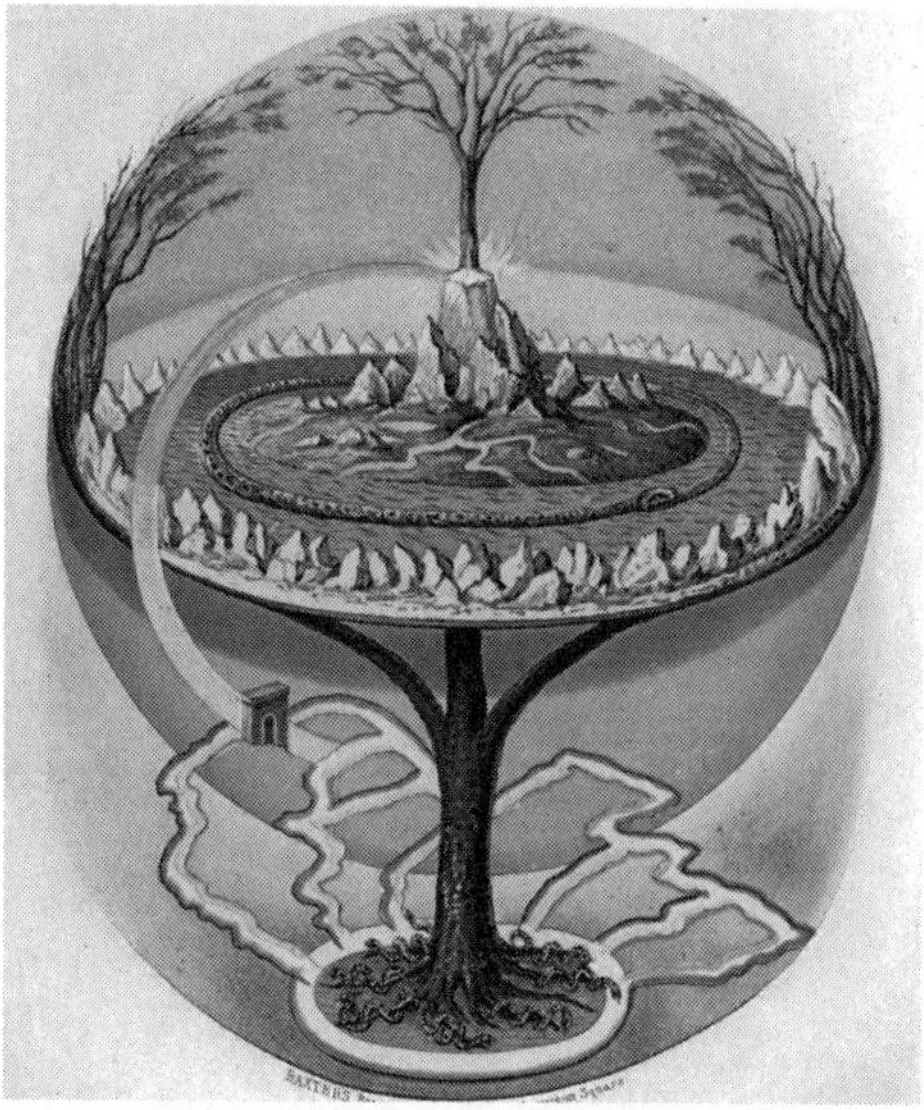

⬆北欧神話で9つの世界を支える大樹「ユグドラシル」。9つの世界の中でアース神族が住む世界を「アースガルド」という。

世には9つの世界があると語る。なかでも、もっとも位階が高いのがアース神族が住む世界アースガルドだとされる。アースガルドは死すべき人間が住む「ミッドガルド」の一部。いわば神とされるが、同じ人間が住んでいる。

　ここでいう「ガルド」とは英語でいう「ガード」のこと。北欧神話では各々の世界を区切る境界、城壁を意味する。最近では、ガードをゲートと解釈し、異世界への境界、出入り口を指すこともある。原義に従えば、アースガルドとは「アースの城壁」。言語学的な転訛を考慮すれば、「アースカの城壁」、もしくは「アスカの城壁」となる。語幹たる「アスカ」は五島勉氏がインドの聖仙から教えられた超古代文明アスカに由来する世界各地のアスカ地名のひとつであり、もっといえば失われた楽園アスカを意味している。

だが、その根源は地球内部である。地球内天体アスカを意味している。かつて、輝くオーロラのもとプラズマ・トンネルを通り、亜空間に浮かぶ地球内天体アスカへと至った北欧の人間がいたのだ。その記憶が異世界アースガルドとして現代にまで語り継がれているのだ。

地底王国アガルタと地球空洞論

北欧神話における神々の国アースガルドには、もうひとつ別名がある。「アガルタ」だ。アガルタは地底に存在する。「神智学」を提唱する神秘主義者たちによれば、アガルタには聖なる「世界の王」がおり、この地上を霊的に支配しているという。

アガルタ伝説の発端は意外に新しい。1876年、フランスのエルヌ・ルナンは著書『夢』のなかで、アースガルドこそ、アーリア人の原郷であると主張。これと期を同じくして、ルイ・ジャコリオが1873年、著書『神の子』を発表。謎のバラモン僧から聞いたという超古代の「アスガルタ」物語を展開した。アスガルタは太陽の都で、ブラフマトマという祭祀長が神権政治を行っていたという。まさに、これはインドの聖仙が語る超古代アスカ文明のことと見て間違いない。

これらに影響を受けたサン＝ティーヴ・ダルヴェードルは1886年、『インドの使命』という本の中で、ハジ・シャリフという人物から聞いた話として、神秘の地底世界を紹介した。ダルヴェードルによれば、現在も地底には「アガルタ」と呼ばれる王国が存在する。アガルタの人々は、もともと地上に住んでいたが、紀元前3200年ごろ、大規模な戦争が発生。それを避けて、地底に入ったという。これがアガルタという名前の初出である。

続いて1920年、中央アジアの探検を行ったポーランドの鉱物学者フェルディナンド・オッセンドフスキーは著書『獣・人・神々』を発表。モンゴル人の伝説として、「アガルティ」という名の地下世界を紹介した。

整理すると、神秘の地底世界アスカは「アスカ〜アースガルド〜アスガルタ〜アガルタ〜アガルティ」と少しずつ名前を変えながら、現代にまで語り継がれてきた。とくに霊能者としても有名なブラヴァツキー夫人が著書『シークレット・ドクトリン』や『ヴェールを脱いだイシス』などでアガルタに言及し、後の神秘主義者たちに多大な影響を与えた。今でも「神智学」においては重要な教義のひとつになっている。

もっとも、彼らは地下にアガルタが存在すると信じている。地面を掘り進んでいけば、広大なる空間が広がるアガルタに行きつける。アガルタに行くためのトンネルは世界中に張り巡らされており、そこを通って聖者は地底世界と地上を行き来していると主張する。スケールの大きな話では、そもそも地球内部はがらんどうの空洞になっており、その内側にへばりつくようにして大陸や海が広がっていると考える。いわゆる地球空洞論である。

ハレー彗星を発見したことで知られる天文者エドモンド・ハレー以来、かつて地球空洞論はアカデミズムでも議論されてきた。古典的なモデルとしては、中心に小さな太陽が浮かんでおり、北極と南極に大きな穴が存在し、地上世界と接続している。球殻はひとつのほか、三重や五重になっているモデルもある。なかには、そもそも内側と外側が逆転しており、地上に見えるのは球殻の内側だという、まさに地球平面説をも凌駕する地球空洞論もある。

しかし、地球科学が進んだ現代、地球が空洞ではないことは自明である。地震波を解析するまでもなく、両極に穴などない。地球内部は金属の内核と液体の外核、それを包むマントルと表面に地殻がある。物質が隙間なく充塡しており、ひとつの都市や国が存在しうる空間はない。

あるとすれば、この3次元ではなく、別の3次元。異3次元たる亜空間にある。地底世界アスカとは、亜空間に浮かぶ地球内天体のことなのだ。

地底の理想郷シャンバラ

神秘主義における地底世界アガルタの首都は「シャンバラ」と呼ばれる。アガルタとシャンバラが同義語として使われることもある。シャンバラとはチベット語で「幸福の源」という意味である。仏教の最終経典『カーラチャクラ・タントラ：時輪密教』によれば、シャンバラは

⬆理想郷「シャンバラ」を表した「シャンバラ・タンカ」。

チベットから見て北方、あるいは地底に存在する。そこには悟りを得た聖仙が住んでいるという。

チベット密教よりも古いボン教では「チェンバラ」と呼ばれ、幻の聖地「ウルモ・ルンリン」の別名として登場する。インドの『ヴィシュヌ・プラーナ』には酒の湖に浮かぶ美しい島の名前としてシャンバラが登場する。

最終経典『カーラチャクラ・タントラ』によれば、シャンバラは、7つの大きな山々に囲まれ、その中央部に蓮の花を広げたように存在する。蓮の花弁は8枚あるが、それぞれに12の属国があり、領主が存在する。さらに、属国には100ずつの領域があり、個々に10万の町がある。

蓮の中央部に当たる地域には、神々が建設したという首都「カラーパ」が存在し、宝石と純金で築かれた建物が立ち並び、まばゆいばかりに輝いている。カラーパにはバラモンの聖仙が住んでおり、1億2000万戸の家々がある。広さは約168キロ四方、南方には左右を小さな池と蓮の池に挟まれたマーラヤの園林があるという。

絵にかいた理想郷とは、まさにシャンバラのことだ。伝説というよりも、もはや神話に近い。現実世界の話ではなく、あくまでも寓話として考えるべきだと主張する学者も少なくない。修行するうえで目標とする世界を象徴として描いたのがシャンバラであるというわけだ。

しかし、チベット密教ゲルク派の最高権威「ダライ・ラマ14世」は、幻想説や象徴説といった非実在説をはっきりと否定する。シャンバラは目には見えないが、この世に実在する世界だと断言する。それゆえ、チベットの首都ラサにあるポタラ宮殿には、シャンバラへ通じる秘密の回廊があると噂されている。

シャンバラがアガルタと同一の地底世界だとすれば、まさに、それは地球内天体アスカのことである。確かに、ダライ・ラマ14世が語るように、シャンバラは目に見えない。この3次元空間には存在しないが、亜空間には実在している。地球内天体アスカには地球上と同じ自然環境がある。バード少将が報告しているようにジャングルが広がり、そこには動植物がいる。もちろん、そこには人間もいる。

アガルタ伝説や最終経典『カーラチャクラ・タントラ』が語るように、シャンバラには聖なる人々が住んでいる。彼らは理想世界を実現し、恒久平和を享受している。かつて地球上に存在した楽園、超古代アスカ文明のように、シャンバラの人々は争いのない社会を築き上げているのである。

ニコライ・レーリッヒ

20世紀初頭、地底世界シャンバラを求めてアジアを探検した男がいる。ロシア系アメリカ人のニコライ・レーリッヒである。彼は画家であったが、あるときから神秘主義に深く傾倒。神智学を研究し、理想郷シャンバラの存在を知る。

シャンバラが実在すると確信したレーリッヒは探検隊を組織し、1925年から5年半にわたり、中央アジアを踏査。北西インドのスリナガルからカラコルム山脈を越え、中央アジアに入ってロシア領のバイカル湖を南下。そのまま、チベット高原を通って北東インドのシッキムに至った。その総距離は、なんと1万キロにも及んだという。

はたして、レーリッヒはシャンバラを発見できたのか。日記や書物には、ひと言も書かれていないが、彼は確実にシャンバラに入っている。時は1928年5月、シャンバラの入り口が

⬆レーリッヒが描いたシャンバラ島。聖なる蛇ナーガが守っている。

あると噂されるチベットの奥地、サンポ峡谷に至ったときのこと。現地の人々が畏怖する禁足地を前に、やむなく一行は野営することになった。

その夜、レーリッヒの姿がないことに仲間が気づく。周辺を捜したが、どこにもいない。翌朝、何食わぬ顔で現れたレーリッヒを見て、彼らは禁足地に入ったに違いないと確信した。どうも、このときレーリッヒはシャンバラに進入したらしい。

問題の禁足地には白い3本の柱が立っている。これがシャンバラの入り口を示す道標である。目の前には氷河が溶けてできた大きな湖がある。湖の中央には小さな島がある。インドの経典『ヴィシュヌ・プラーナ』にあるシャンバラ島とは、このことである。レーリッヒは聖なる蛇ナーガが守る島として絵画に描いている。

興味深いことに、シャンバラ島には正五角形をしたピラミッドが建っている。横から見ると遊牧民のパオ

⬆シャンバラの入り口を示す「シャンバラ・ピラミッド」。

のような形で、ちょうどアメリカの国防総省ペンタゴンの建物とほぼ同じ大きさである。岸辺から撮影した写真も残っている。まさしく、これが地底世界シャンバラの入り口「シャンバラ・ピラミッド」である。

禁足地は一般人の立ち入りが禁じられている聖なる場所である。現地の人々は畏れて中に入ろうとしなかったが、レーリッヒは違う。冒険というより何かに導かれ、禁足地の中に入った。ある意味、シャンバラから招待されたのだろう。

島に渡り、レーリッヒはシャンバラ・ピラミッドに入った。内部には人間がいた。シャンバラ・ピラミッドの門番である。彼らはレーリッヒのことをよく知っていた。邪な野心がないことを見抜いた門番たちはレーリッッヒをシャンバラへと案内した。光るプラズマ・トンネルを通って地底世界に行くと、そこは正六角形をしたピラミッド内部だった。シャンバラにおける地上世界への玄関口とでもいおうか。

ピラミッドを出ると、そこには夕暮れのような空が広がっていた。空全体が光っているようだが、太陽は見当たらない。かくして、レーリッヒは地底世界シャンバラ、すなわち地球内天体アスカに降り立ったのである。

当然ながら、レーリッヒが招待されたのには理由がある。シャンバラの人々は、ある目的があって、レーリッヒを招き入れた。彼らは地上世界の人類に対して危惧を抱いていた。戦争に明け暮れて、互いに殺し合う地球人は、いつか自滅するときがくる。人類滅亡を防ぐためには、恒久平和を実現しなくてはならない。そのために、シャンバラの聖人たちは世界の要人たちにメッセージを届けてきた。そのメッセンジャーのひとりとして選ばれたのがレーリッヒだったのである。

シャンバラの聖印とUFO

シャンバラから帰還したレーリッヒは積極的に平和活動にいそしみ、文化財保全を目的とした国際条約、通称「レーリッヒ条約」を成立させている。レーリッヒ条約の目的をひと言でい

⬆丸点を三角形に配置した「シャンバラの聖印」が刻まれた遺跡。

えば、戦時下の文化財保護である。戦争状態にあっても、互いに敵国の文化財を攻撃対象としないことを約束するものである。

レーリッヒは条約のシンボルとして、ひとつのマークを考案している。それは、白地に赤い円を描き、その中に3つの赤い丸点を三角形に配置したもので、後に「文化赤十字」と呼ばれた。レーリッヒは、このマークがお気に入りだった。シャンバラをテーマにした絵画には、しばしば象徴的に描き込まれた。

というのも、実はこれ、「シャンバラの聖印」なのだ。チベットやシベリアなど、シャンバラに関係する遺跡や史跡には必ずこのマークが描かれている。赤い丸点は御魂を表し、神様を象徴している。3つの丸があるので、3人の神である。3人の神が大きな輪で囲まれ、ひとつの世界を形成している。どこかで聞いた話だ。そう「生命の樹」だ。ユダヤ教神秘主義カッバーラが説く絶対三神唯一神会を表現しているのである。つまり、シャンバラの住民はカッバーラを手にしていると考えていい。

シャンバラの聖印に関して、レーリッヒは、もうひとつ不思議な体験をしている。1926年、カラコルム山脈を移動中、メタリックに輝く謎の飛行物体に遭遇。双眼鏡で確認したところ、それは明らかに人工的な円盤型の飛行物体だった。同行したラマ僧に尋ねたところ、あれは「シャンバラの印だ」と答えたと記録にある。

なぜ、ラマ僧は飛行物体を見てシャンバラの印だといったのか。考えられることは、ひとつ。飛行物体にマークがあったからだ。機体に描かれていたというより、底部の構造がシャンバラの聖印だったのだ。

おわかりのように、レーリッヒが遭遇したのはUFOである。アダムスキー型UFOの底部は円形をしており、小さな3つのギアが三角に配置されている。これと同じ構造をもったUFOだったのだ。下から見上げていたラマ僧には、それがシャンバラの聖印に見えたに違いない。

興味深いことに、アダムスキー型UFOと同じ構造をもっていたのが、1989年にベルギー上空に現れたデルタUFOである。デルタUFOの底部にもまた、シャンバラの印と同じく光り輝く3つのライトがあり、その中央にもうひとつ大きなライトがある。少し配置は異なる

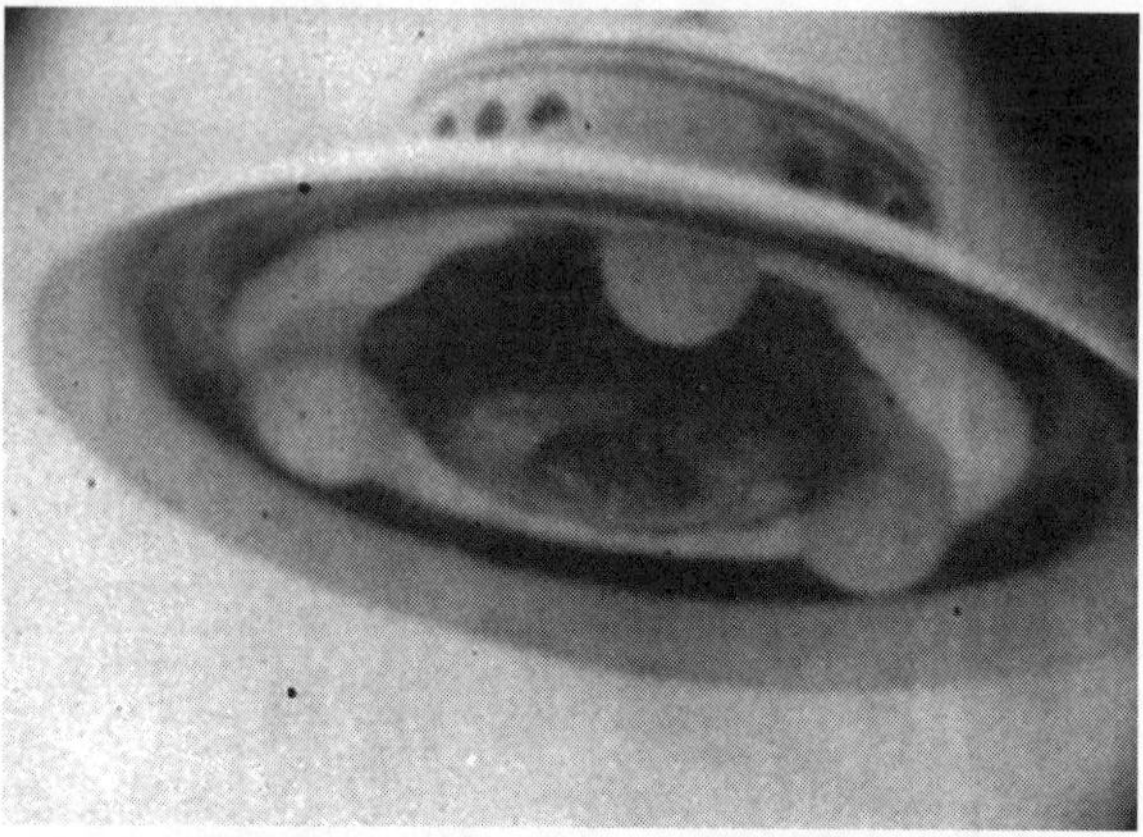

⬆アダムスキー型UFO。底部には３つのギアが三角に配置されている。

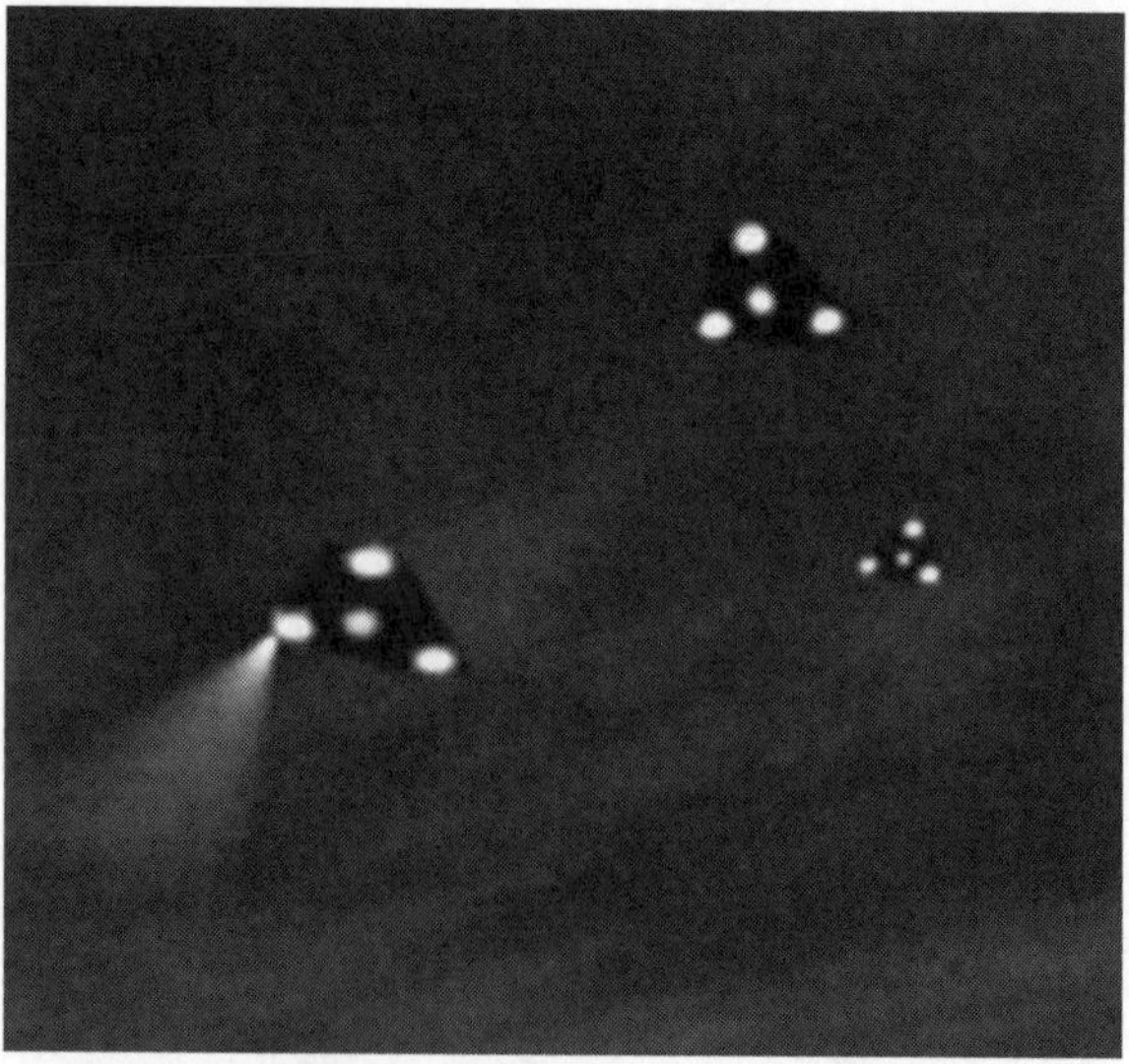

⬆デルタUFOの底部にも三角の形に３つのライトがある。

が、カッバーラの絶対三神唯一神会の象徴「生命の樹」である。

つまり、だ。ＵＦＯに乗っていたエイリアンの正体は遠い宇宙の彼方から飛来した異星人ではなく、地底王国シャンバラの人間だった。その理想郷アスカに住んでいたのは、何を隠そう、失われたイスラエル10支族の本隊だったのだ。

エイリアンと失われたイスラエル10支族

紀元前７２２年、北朝イスラエル王国はアッシリア帝国によって滅亡。住民はメソポタミア地方へと連行された。いわゆるアッシリア捕囚は、その後、アッシリア帝国がメディアや新バビロニア王国によって滅ぼされるまで続いた。捕囚から解放された人々は、一部を除いて故国に帰ってくることはなく、やがて歴史上から消える。

調査の結果、この失われたイスラエル10支族は大きく二手に分かれて行動している。ひとつはアジアに広がった人々。彼らはシルクロードを通って、中国にまで来ている。アフガニスタンやインド、ミャンマーなど各地に末裔が確認されている。北方の遊牧民と合流し騎馬民族となったガド族や中国で羌族《きょうぞく》になった者は秦人《しんじん》と呼ばれ、ほかの失われたイスラエル人とともに朝鮮半島を経て、この日本に渡来してきた。

もう一方の本隊はユーフラテス河を遡行して、北アジアに向かった。彼らがいた場所にはシヤンバラの聖印が残された。シャンバラの聖印は北極圏にまで続いている。紀元前7世紀ごろ、失われたイスラエル10支族の本隊がシベリアにいたことは間違いない。北極海を目の前にしたとき、彼らの身に異変が起こった。突如、地球規模の天変地異が起こり、失われたイスラエル10支族は一気に亜空間へと運ばれてしまったのだ。

このとき起こったことを「イザヤ書」が記している。紀元前701年、南朝ユダ王国がヒゼキヤ王の時代である。神のしるし、すなわち奇跡を求めたヒゼキヤ王に応えて、預言者イザヤが天に祈ると、日時計の影が10度戻ったとある。何気ない奇跡のように見えるが、これは恐ろしいことを意味する。地球の自転に異変が起こった。自転が停止し、かつ逆回転した後、再び正常に動いたのか。もしくは地軸に異変が起こったか。答えは「極移動：ポールシフト」である。

先に紹介したイマヌエル・ヴェリコフスキーによれば、灼熱の巨大彗星だった金星は楕円軌道を描いていたため、ほかの惑星とニアミスを繰り返していた。紀元前7世紀には、当時、地球の軌道の内側を公転していた火星とニアミス。その反動で金星が現在の公転軌道に落ち着く一方、弾かれた火星が地球に超接近。潮汐作用によって地球の地軸に異変が起こり、ついにはポールシフトが起こった。かつては南アフリカに南極点、カナダに北極点があったが、これがずれて現在の位置に移動した。このとき地上では太陽の運行が一瞬、逆行したように見えたというわけだ。

両極には地磁気の磁力線が集まるゆえ、プラズマ・トンネルが発生している。プラズマに包まれた物体ならば、地球内部に広がる亜空間に進入できる。これがポールシフトが起こっている最中、ちょうど失われたイスラエル10支族がいたシベリア地方を通過した。おそらく彼らの体も大気異常で生じたプラズマで覆われていたのだろう。瞬く間に、亜空間へと飛ばされ、ついには地球内天体アスカへと運ばれてしまったのである。

失われたイスラエル10支族がいる世界は「アルザル」と呼ばれている。ヘブライ語で、この地上ではない異世界を意味する言葉だが、まさに地球内天体アスカというアルザルに彼らは住んでいる。ちなみに、NASAが地球内天体に与えたコードネームは、まさに「アルザル」である。

地球内天体アルザルは亜空間に浮かんでおり、大気がプラズマ発光している。地上のように太陽がないため、夜もない。一年中、温暖な気候で、かつ有害な宇宙線もない。好条件がそろっているため、そこに住んでいると寿命が延びる。だれでも、普通に1000歳を超える。老化せず、だれもが若々しい。

当然、知識や経験も豊富である。となれば、科学技術は一気に進む。アインシュタインが1000歳まで現役だったとしたら、さぞかし物理学は進んだことだろう。こうして、失われた

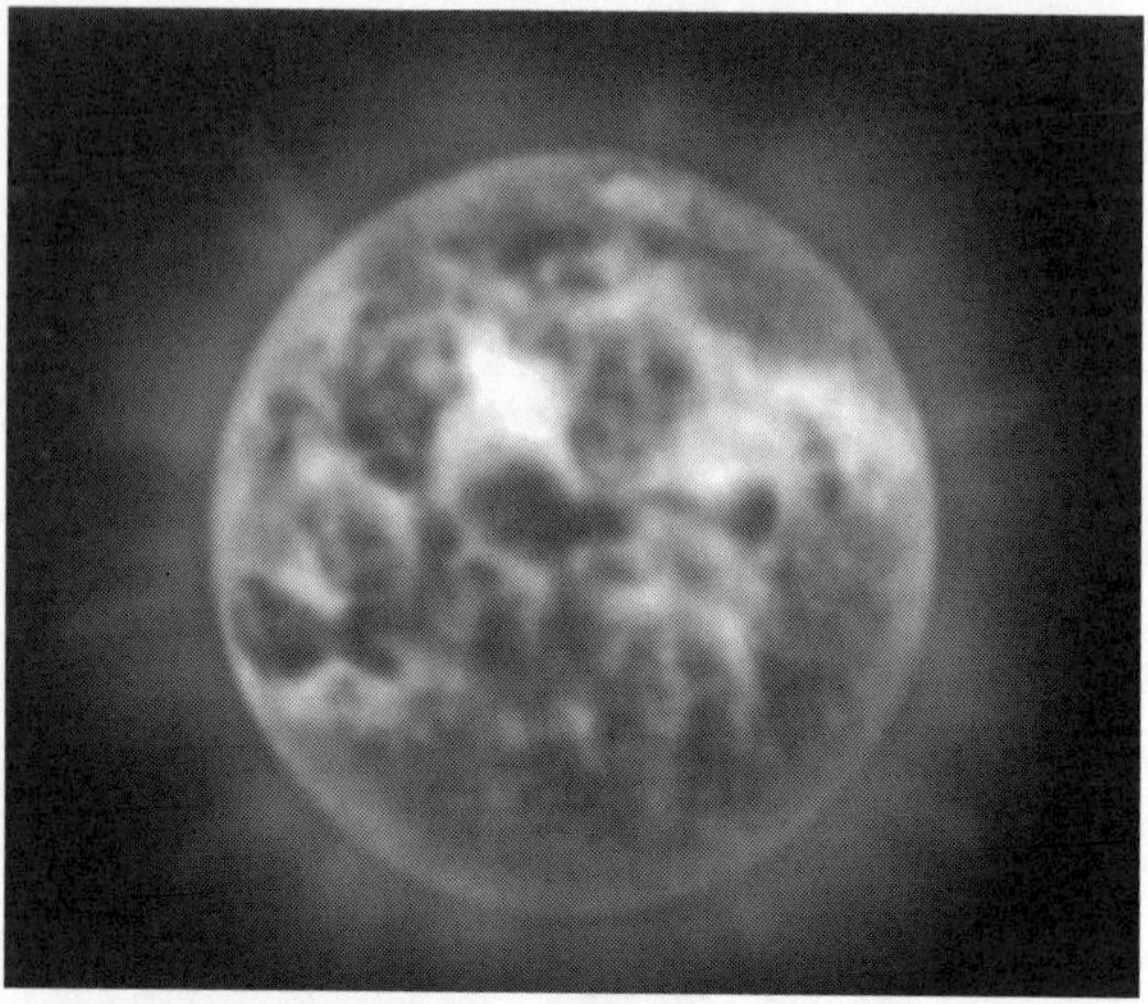

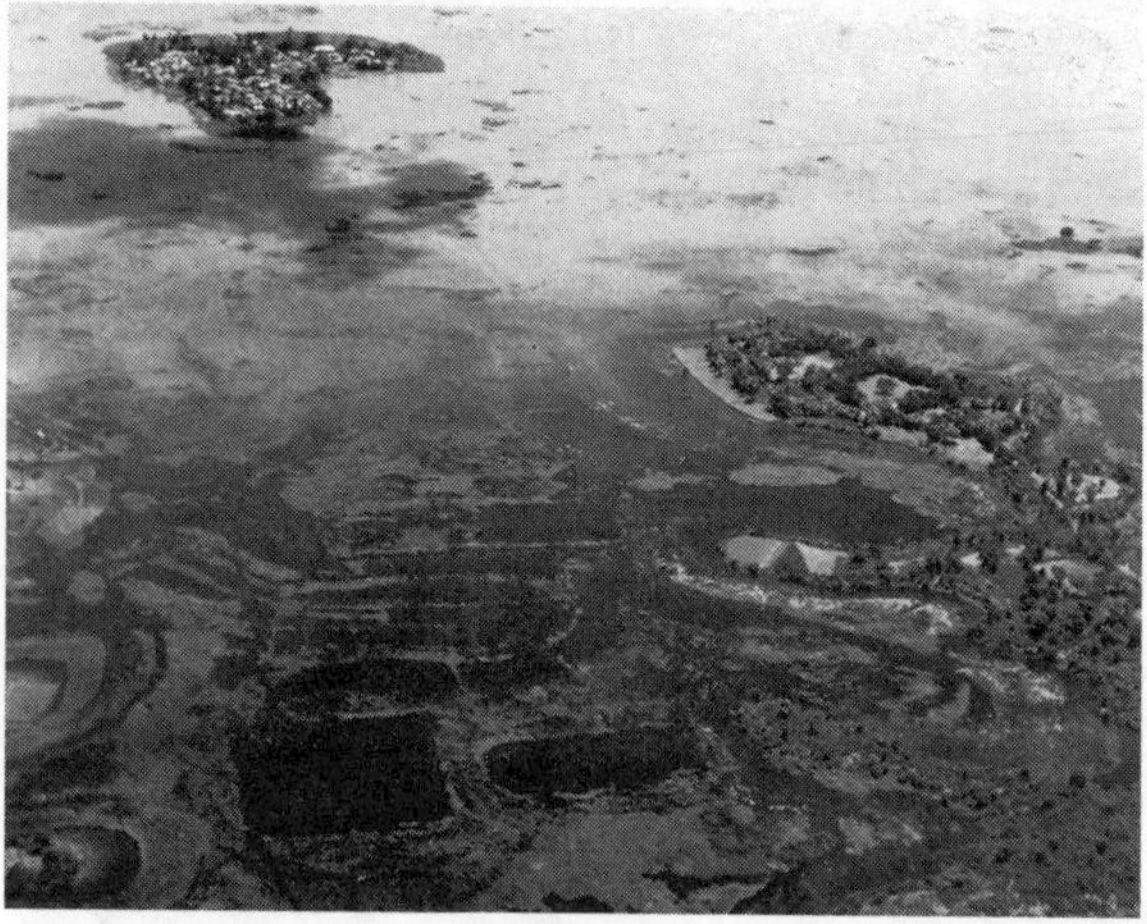

⬆（上）亜空間に浮かぶ地球内天体アルザル。（下）アルザルの空撮。一年中温暖で平和な世界だ。

⬆地球内天体アルザルに住む失われたイスラエル10支族が生みだした葉巻型UFO。

イスラエル10支族が生みだしたのがUFOである。

UFOだけではない。彼らは何よりも大切な理想社会を実現した。カッバーラの思想のもと、絶対三神を崇拝し、戦争のない恒久平和を手に入れたのである。それゆえ、地上にやってきても、彼らが地上の人間たちに攻撃を仕掛けることはない。ベルギーのUFOフラップの際も、ただ自分たちの存在と圧倒的な科学技術を見せつけ、いかに戦争が無意味であるかを訴えているのだ。

シャンバラの聖櫃：エイリアン・アーク

ニコライ・レーリッヒは画家である。シャンバラをテーマにした絵画をたくさん描いている。なかには「シャンバラの使者」を描いた絵

⬆レーリッヒが描いたシャンバラの使者。三角屋根のような蓋のついた直方体の箱を持っている。

もある。いかにも聖者らしいたたずまいで、後光のようなものが差している。

　興味深いことによく見ると、シャンバラの使者は手に何かを持っている。直方体のような箱である。蓋が山折りになっており、横から見ると三角形をしている。小さな平屋の屋根のイメージだ。あえて名づけるなら「シャンバラの聖櫃《せいひつ》」だろうか。

　同じような箱をレーリッヒ自身が持った絵もある。これはレーリッヒの息子が描いた肖像画で、同じ箱は奥さんの肖像画にもある。レーリッヒが持っている箱、すなわち「レーリッヒの聖櫃」は実在する。記録によれば、フランスの秘密結社フリーメーソンの人間から贈られたもので、中にはヒンドゥー教の秘宝「チンタマニ」、仏教でいうところの「如《にょ》

⬆「シャンバラの聖櫃《せいひつ》」を持ったレーリッヒの肖像画。

⬆レーリッヒの妻の肖像画。そばに「シャンバラの聖櫃」が置かれている。

意《い》宝珠《ほうじゅ》」なる石が入っている。一説には、オリオン座の隕石だという噂もある。

ひょっとして、レーリッヒの聖櫃はシャンバラの聖櫃なのではないか。シャンバラに進入したレーリッヒはシャンバラの聖人と会っている。彼らは失われたイスラエル10支族にして、UFOに乗ったエイリアンである。エイリアンならば、遠い宇宙の彼方にあるオリオン座の惑星から石を持ち帰ることも不可能ではあるまい。

しかし、これはシャンバラの聖櫃をモデルにして地球上で作られた箱である。レーリッヒの聖櫃の側面には装飾されたアルファベットが描かれている。デザイ

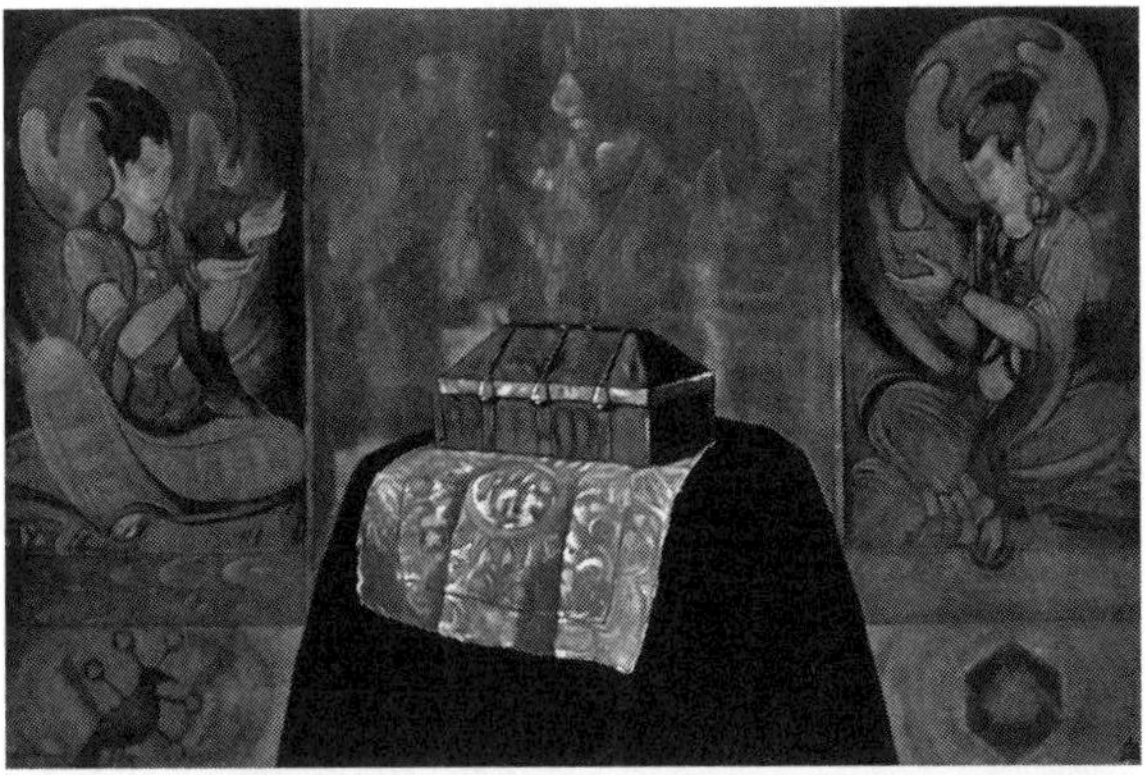

⬆フリーメーソンからレーリッヒに贈られた「レーリッヒの聖櫃」。シャンバラの聖櫃と思われるが、本物は別にある。

ンも中世のドイツ的である。贈ったフリーメーソンも、きっとシャンバラの秘密を知っていたに違いない。同じ形状をした箱を贈るあたり、かなり意味深長だ。

本物は別にある。シャンバラの使者が手にしたシャンバラの聖櫃は実在する。しかも複数ある。どれも金属と革で覆われ、中にはメッセージが入っている。モデルはイエスの聖櫃である。そもそも、イエスの聖櫃を作ったのは東方の博士たちであり、日本にいた失われたイスラエル10支族である。

イエスの聖櫃の予型は契約の聖櫃アークである。大きさは違えど、これは契約の証でもある。シャンバラの聖櫃も、いうなれば「エイリアン・アーク」なのだ。

歴史的に、シャンバラの聖櫃は地球上の要人に渡された。いずれも、要人が支配する領域にはイスラ

⬆レーリッヒに贈られた「シャンバラの聖櫃」の中に入っているとされる「チンタマニ」。

エルの失われた羊たちがいる。最終的には、彼らに送ったメッセージなのだ。江戸時代、徳川家康の前にエイリアンが現れ、エイリアン・アークを贈ったのは、この日本に失われたイスラエル10支族やユダヤ人原始キリスト教徒たちがいるからだ。

ほかにも、シャンバラの使者は中世ヨーロッパのカール大帝にもエイリアン・アークを贈っている。ヨーロッパ各地にイスラエル人がいたからだ。後にヨーロッパ諸国のもとになるフランク王国を築いたカール大帝だったが、残念ながら、これを理解することはできなかった。

むしろ恐怖した。ヨーロッパ最強、当時の状況からすれば、世界でもっとも偉大な権力を握ったと自負していたのに、はるかに強大な力をもった人々がいる。武力を背景にのし上がったカール大帝にとって、それは悪夢であった。そう、エイリアン・アークは手にする者の心次第で、祝福にもなれば呪詛にもなりうるのだ。

シャンバラの聖櫃の呪詛

20世紀の段階で、新たにシャンバラの聖櫃を手にした人物は、レーリッヒを除いて3人いることがわかっている。ひとりはソ連のヨシフ・スターリン、もうひとりは中国共産党の毛沢《もうたく》東《とう》、そしてベルギー王室のアルベール1世である。

プロローグで紹介したように、アルベール1世が手にした聖櫃の中には鞣革《なめしがわ》が一枚入っており、そこに虚舟《うつろぶね》文字が記されていた。古代ヘブライ語で「アスカ」、あなたたち地上に住む人間のほかに、別世界に圧倒的な科学技術をもつ人類がいることを示していた。

権力者にとって、自分たちよりも強大な力をもった人間がいることは恐怖でしかない。弱肉強食を是とする者にとっては悪夢である。ある意味、虚舟文字が記された鞣革はそれ自体、呪詛が込められた霊符だ。

アルベール1世は精神を病み、あるとき崖から落ちて死んだ。毛沢東はシャンバラの入り口を捜しだし、人民解放軍の精鋭を投入したが、だれひとり戻ってくることはなかった。スターリンはダライ・ラマの密使クンゴ・ジグメらを幽閉し、シャンバラの秘密を聞きだそうとしたが、すべて失敗に終わった。

現在、シャンバラの聖櫃は、それぞれベルギー王室とロシアのプーチン、中国の習近平《しゅうきんぺい》が継承している。このほかに、カール大帝が手にした聖櫃と日本の徳川家康に贈られた聖櫃がある。

虚舟事件の元になった「肉人の聖櫃」は八咫烏《やたがらす》の一羽、天海《てんかい》が預かり、現在は日光東照宮の某所に保管されている。そこには、表アークと裏アークが合体して、蓋と箱が本物である「真アーク」ができた際、残るレプリカで作られた「権アーク」が安置されている。肉人の聖櫃は権アークとともに地下に納められていると聞いている。

おそらく、まだあるはずだ。状況から考えて、ダライ・ラマ法王が統治していたチベットや世界最強の超大国であるアメリカ合衆国、失われたイスラエル10支族と同族がいるイスラエルに存在していても不思議ではない。

しかし、忘れてはならない。シャンバラの聖櫃は正しき者にとっては祝福の護符となるが、邪悪な者にとっては呪詛の霊符である。抑制が効いているうちはいいが、我欲によって世界支配をしようとすれば、必ず呪われる。

2022年2月、ロシアはウクライナに軍事的侵攻を開始した。プーチンの目的は強大なるロシア帝国の復活である。そのために、ワルシャワ条約機構の国々、すなわち旧ソ連の支配域

⬆（上下）シャンバラの聖櫃は正しき者にとっては祝福の護符となるが、邪悪な者にとっては呪詛の霊符となる。今後の世界情勢によってはデルタUFOが大挙して飛来するかもしれない……。

を再び取り戻そうとしている。

ウクライナが敵陣である北大西洋条約機構に入ることは、けっして許さない。もし、西側諸国が介入してくれれば、第3次世界大戦も辞さない。必要であれば、核兵器の使用も躊躇しないと宣言している。

同様の問題は中国も抱えている。チベットやウイグルにおける人権問題で、中国は欧米から批判されている。習近平もまた、一歩も引かない。事実上の一党独裁のもと、民主化運動は力でねじ伏せる。香港が共産党の支配下になった今、残るは台湾である。台湾への軍事侵攻はありえない話ではない。

欧米諸国がウクライナ問題にかかりっきりになっている今、手薄になったアジアで行動を起こす可能性は十分ある。

はたして、そのとき日本はどう行動するのか。シャンバラの聖櫃を手にする国々の出方次第では、彼らが姿を現すかもしれない。1989年のように、デルタUFOが大挙して飛来したなら、もはやだれもエイリアンの存在を疑うことはないだろう。

ひょっとしたら、その事態を見越して、アメリカ軍は2021年にUFOの存在を公式に認めたのかもしれない。一般の国民が知らないところで事態は急速に進んでいる。虚舟文字の呪詛は着実に人類を追い詰めているのだ。

八咫烏はいった。世界中に贈られたシャンバラの聖櫃は、やがて世に出るときがくる。シャンバラの聖櫃はイスラエル人集合の鍵であり、いずれ一か所に集められる。しかるべき大祭司が現れ、契約の聖櫃アークとイエスの聖十字架を前に儀式を行うとき、天照大神が地上へ再臨するのだと。

あとがき

江戸の虚舟《うつろぶね》事件が起こったとされるのは常陸国《ひたちのくに》、現在の茨城県である。現場となった波崎舎利浜《はさきしゃりはま》には星福寺《しょうふくじ》がある。ここで祀られている金色姫《こんじきひめ》の伝説が虚舟事件のベースになっていることは、これまでも多くの研究家が指摘してきた。

しかし、盲点がひとつある。水戸徳川家である。水戸黄門で知られる徳川御三家のひとつで、明治期に入って侯爵の地位を得た。今でも、水戸藩の弘道館と一対である偕楽園が有名である。

水戸藩が治めた地域には養蚕の神様である金色姫にまつわる伝承が少なくない。筑波の蚕影《こかげ》神社は、その総本山ともいえる。当然ながら、水戸徳川家も、これを十分に認識していた。したがって、虚舟事件が世に知れわたったとき、これが、かつて徳川家康の時代に起こった肉人事件と関係があると見抜いた者もいたはずだ。

徳川家康に関しては謎が多い。江戸幕府が開かれて後に記された歴史書は、みな徳川家康にとって都合のいい内容になっている。逆に不都合な真実は隠され、新たな事実が捏造された。徳川家のルーツである松平家が新田源氏であること自体、そもそも怪しい。当初、家康は藤原氏を名乗っていた。当時、系図の改竄《かいざん》はごく普通に行われていた。先祖は由緒ある源平藤橘であると自称せんがためである。

下剋上の世にあって、影武者を立てたり、別人とすり替えたりしたこともあったに違いない。はたして、今川義元のところで人質になっていた竹千代と後に天下を取った徳川家康は同一人物なのか。

素朴な疑問として、なぜ徳川家の御紋は「葵」なのか。歴史的に信頼がおける資料で、松平家が葵を家紋としたことはない。もともと葵は賀茂神社の神紋である。今でも、京都の下鴨神社と上賀茂神社は、ともに双葉葵を神紋とする。

葵は別名を「鴨斧草」といって鳥の鴨が好んで食べる植物であるがゆえ、鴨氏＝賀茂氏の象徴とされたのだ。

当然ながら、葵の御紋を掲げた徳川家康も、賀茂氏ゆかりの人物だったはず。いや、本人自身、賀茂氏だったに違いない。実際、大阪の某神社には、徳川家康が賀茂氏であり、その出自を知る者を皆殺しにしたという伝承がある。

もちろん、ただの賀茂氏ではない。鴨族にして、陰陽師《おんみょうじ》だった。八咫烏《やたがらす》に通じていたことだけは間違いない。なにしろ、バックにいたのは天海《てんかい》なのだから。天海の正体は明智光秀であり、八咫烏の一羽である。京都にある烏の巣から離れて、武将として生きた後、素性を隠して密教僧という陰陽師になった。

徳川家康を天下の将軍に仕立てたのは天海だといっても過言ではない。もちろん、天海は家康の正体を知っている。世にいう人質の竹千代と家康は別人である。もともと別人であるうえに、かつ大坂の陣で死んでいる。ただし、世にいう大坂夏の陣ではない。大坂冬の陣で死んでいる。その後の家康は影武者である。

さらに、その影武者もまた、晩年、わけあって春日局によって殺されている。いずれ、このことは改めて紹介したいと思う。

晩年、駿府城にいた徳川家康、すなわち影武者である家康は肉人、すなわちエイリアンと会見した。正確にはエイリアンと配下の式神グレイだ。対応したのは、もちろん天海である。八咫烏ゆえ、エイリアンの正体も即座に見抜いた。

エイリアンから託された聖櫃《せいひつ》は、今も日光東照宮にある。奥の宮の某所に契約の聖櫃アークの形代《かたしろ》とともに安置されている。いったい、これが何を意味するのか。続刊では、地底世界シャンバラと日本の知られざる秘密に迫っていきたい。

今回も全面的に協力していただいた共著者の三神たける氏はもちろん、編集作業をしていただいた西智恵美氏に、この場を借りて感謝を申し上げたい。

サイエンス・エンターテイナー　飛鳥昭雄

●編集制作●西智恵美
●写真提供●茨城新聞社／ムー編集部ほか
●イラスト●久保田晃司
●聖書引用●日本聖書協会
●ＤＴＰ制作●明昌堂

MU SUPER MYSTERY BOOKS

失われた江戸のUFO事件「虚舟」の謎

2023年1月3日第1刷発行

著者———飛鳥昭雄／三神たける
発行人——松井謙介
編集人——長崎有
発行所——株式会社　ワン・パブリッシング
〒110-0005　東京都台東区上野3-24-6
印刷所——中央精版印刷株式会社
製本所——中央精版印刷株式会社

●この本に関する各種お問い合わせ先
本の内容については、下記サイトのお問い合わせフォームよりお願いします。
https://one-publishing.co.jp/contact/

不良品（落丁、乱丁）については　Tel 0570-092555
業務センター　〒354-0045　埼玉県入間郡三芳町上富279-1

在庫・注文については書店専用受注センター　Tel 0570-000346